公　　式

● 三角関数の公式 ●

加法定理

(1) $\sin(x \pm y) = \sin x \cos y \pm \cos x \sin y$

(2) $\cos(x \pm y) = \cos x \cos y \mp \sin x \sin y$

2 倍角の公式

(3) $\sin 2x = 2 \sin x \cos x$

(4) $\cos 2x = 2 \cos^2 x - 1 = 1 - 2 \sin^2 x$

半角の公式

(5) $\sin^2 \dfrac{x}{2} = \dfrac{1 - \cos x}{2}, \quad \cos^2 \dfrac{x}{2} = \dfrac{1 + \cos x}{2}$

和・差を積にする公式

(6) $\sin \alpha + \sin \beta = 2 \sin \dfrac{\alpha + \beta}{2} \cos \dfrac{\alpha - \beta}{2}$

(7) $\sin \alpha - \sin \beta = 2 \cos \dfrac{\alpha + \beta}{2} \sin \dfrac{\alpha - \beta}{2}$

(8) $\cos \alpha + \cos \beta = 2 \cos \dfrac{\alpha + \beta}{2} \cos \dfrac{\alpha - \beta}{2}$

(9) $\cos \alpha - \cos \beta = -2 \sin \dfrac{\alpha + \beta}{2} \sin \dfrac{\alpha - \beta}{2}$

積を和・差にする公式

(10) $\sin A \cos B = \dfrac{1}{2} \{\sin(A+B) + \sin(A-B)\}$

(11) $\cos A \cos B = \dfrac{1}{2} \{\cos(A+B) + \cos(A-B)\}$

(12) $\sin A \sin B = -\dfrac{1}{2} \{\cos(A+B) - \cos(A-B)\}$

● 2 項定理 ●

異なる n 個のものから r 個取り出す組合せの総数を ${}_n\mathrm{C}_r$ で表すと,

(13) ${}_n\mathrm{C}_r = \dfrac{n(n-1) \cdots (n-r+1)}{r!} = \dfrac{n!}{r!(n-r)!}$

$(r! = r(r-1) \cdots 2 \cdot 1, \quad 0! = 1)$

(14) $(a+b)^n = {}_n\mathrm{C}_0 a^n + {}_n\mathrm{C}_1 a^{n-1} b + \cdots + {}_n\mathrm{C}_r a^{n-r} b^r + \cdots + {}_n\mathrm{C}_n b^n$

新・演習数学ライブラリ＝2

演習と応用
微分積分

寺田文行・坂田 泩 共著

サイエンス社

サイエンス社のホームページのご案内
http://www.saiensu.co.jp
ご意見・ご要望は　rikei@saiensu.co.jp　まで．

まえがき

　微分積分の演習書は既刊のものが多数あり，きわめて多くの大学生に愛用されています．このような状況の中，なぜ本書を刊行するのかについて述べることにしましょう．

これまでの演習書の理念と目的

　(i)　**活用できる数学**　科学の基礎としての役目を数学の中に求めるとすれば，微分積分学に始まる解析学を挙げなければならないでしょう．そのためには単に理論を学ぶだけではなく，適当な具体例による反復履修が望まれます．将来自分が専攻する応用分野において，微分積分学の理論を活用するためには，具体例を通して身につけたものでなくては到底その目的にかなうものではありません．

　(ii)　**基礎を厳選**　すなわち，特殊問題ではなく，後の応用に通じる基礎的なものを厳選するということです．演習書によっては，数学を専攻する者でも，生涯ほとんど必要としないテクニックを楽しむ問題を掲載しています．もちろん特殊な問題を楽しむことの良さを否定はしませんが，理工系全体の学生諸君のためには，まず将来の応用上の基礎となるものを定着させて欲しいのです．

　(iii)　**学期末，学年末の試験に向けて**　(i), (ii) のような配慮のもとでも，逆に易しすぎてはつまらない．そこで内容のレベルを試験のレベルに置きました．すなわち，かつて著者ら自らが，また現在友人の教授達が期末試験で取り上げるような問題を標準に取り上げたわけです．

　(iv)　**高校のカリキュラムに接続**　言うまでもなく，大学の理工系で一般に取り扱う数学は，高校の数学カリキュラムに接続したものでなくてはなりません．しかし，講義内容に，ちょっとした気遣いを欠いたり，接続の仕方を誤ったりしますと，高校の数学と大学の数学に大変なギャップがあるものと錯覚して，学習の意欲を欠くことがあり得るのです．それを助けるのが演習書の役目です．

本書の理念と目的

基本的には，これまでと何も変わらない．特に前頁の (i), (ii), (iii) はそのまま踏襲しなければならない．(iv) も同様であるが，そこに問題がある．

(iv) **高校カリキュラムの変遷** ここ数年来，高校数学は，数学的な知識のみの収集ではなく，創造的な姿勢に立つ学習と論理的な思考の養成に重きを置くことに向けられている．高校生の学力と志望の多様化も配慮され，高校においても，学生諸君はよく知っている通り，基礎学力の徹底に重点が置かれ，高校数学の全課程を履修しないままに理工系の進学をしている場合もあります．

(v) **大学入試の変遷** これは大学入試の要求にも現れています．入試で要求されない範囲は学習も薄くなり，大学に進学してはじめて『コマッタ』と言うことにもなるわけです．そのために理工系の初年級においては，それを配慮し，それに良く接続した展開が必要とされるのですが，大学では，初年級においてすら，そこまで配慮した講義展開をする余裕がないのです．これを補うのが演習書の大きな役目でありましょう．

最後に一言

現在の大学生の要望に添って，サイエンス社の既刊の「演習 微分積分」をもとにより役に立つ演習書を作成したということであります．君は理工系の大学生です．情報化の時代とはいえ，数学を見て学ぶだけでは役に立つ力は育ちません．例題の後に続く問題は，必ず自分で解決して，内容を納得するようにして下さい．それが君の専門分野において，数学が役に立つようになるただ 1 つの方法です．

最後に，本書の作成に当たり，終始ご尽力いただいた編集部の田島伸彦氏と鈴木まどか女史に心からの感謝を捧げます．

寺田　文行

坂田　浩

目次

第1章 微分法 　　1

1.1 数列の極限 　　1
数列の極限値 (1)　　数列の極限値 (2)

1.2 関数の極限と連続関数 　　5
関数の極限値 (1)　　関数の極限値 (2)　　$\lim_{x \to \pm\infty}\left(1+\frac{1}{x}\right)^x = e$　　関数の連続性　　逆三角関数　　中間値の定理, 閉区間における最大値・最小値の存在

1.3 導関数 　　15
関数の導関数 (1)　　関数の導関数 (2)　　微分可能性

第2章 平均値の定理とその応用 　　21

2.1 平均値の定理 　　21
平均値の定理　　極値, 最大値 (最小値)　　増加 (減少) 関数　　不定形の極限値

2.2 高次導関数とその応用 　　27
高次導関数　　テーラーの定理　　関数の増減, 凹凸　　ニュートン法

第3章 積分法とその応用 　　35

3.1 不定積分 　　35
積分の基本公式の適用　　置換積分法・部分積分法　　有理関数の積分 (1)　　有理関数の積分 (2)

3.2 三角関数, 無理関数, 指数関数, 対数関数の積分法 　　41
三角関数の積分法　　無理関数の積分法 (1)　　無理関数の積分法 (2)　　指数関数, 対数関数等の積分法

3.3 定積分 　　46
定積分　　定積分の置換積分法　　定積分の部分積分法　　種々の定積分　　面積

3.4 定積分の定義の拡張（広義積分）　　54
広義積分 (1)　　広義積分 (2)

3.5 定積分の応用 　　57
面積・曲線の長さ　　極座標表示の場合の面積・曲線の長さ　　回転体の体積・表面

積　シンプソンの公式

第4章　偏微分法　　66

4.1　多変数の関数とその極限 ‥‥‥‥‥‥‥‥‥‥‥‥‥‥‥‥‥ 66
2変数の関数の極限　　2変数の関数の連続性

4.2　偏導関数 ‥‥‥‥‥‥‥‥‥‥‥‥‥‥‥‥‥‥‥‥‥‥‥‥ 70
偏微分法，合成関数の偏微分法　　偏微分可能性，全微分可能性，接平面

4.3　高次偏導関数，テーラーの定理と2変数関数の極値 ‥‥‥‥‥‥ 74
$f_{xy} \not= f_{yx}$　　マクローリン展開，ラプラシアン Δ　　2変数の関数の極値

4.4　陰関数の存在定理，陰関数の極値，包絡線 ‥‥‥‥‥‥‥‥‥‥ 79
接線の方程式，陰関数の微分　　陰関数の極値　　条件つき極値（ラグランジュの未定乗数法）　　包絡線

第5章　重積分法　　85

5.1　2重積分 ‥‥‥‥‥‥‥‥‥‥‥‥‥‥‥‥‥‥‥‥‥‥‥‥ 85
2重積分 (1)　　2重積分 (2)　　2重積分の順序交換，ディリクレの変換

5.2　2重積分における変数変換,広義の2重積分,重積分の応用,3重積分 ‥‥ 91
2重積分の変数の変換　　2重積分の変数の変換 $(x = r\cos\theta, y = r\sin\theta)$　　広義の2重積分（不連続な点,不連続な曲線のある場合）　　広義の2重積分（無限領域の場合）　　体積　　曲面積　　3重積分

第6章　微分方程式　　100

6.1　1階微分方程式，定数係数の2階線形微分方程式 ‥‥‥‥‥‥‥‥ 100
変数分離形，同次形の微分方程式　　1階線形微分方程式，ベルヌーイの微分方程式　　完全微分形，クレーローの微分方程式　　1階微分方程式の近似解法（オイラー・コーシーの解法）　　定数係数の2階線形微分方程式（斉次，非斉次）

付録　ガンマ関数とベータ関数　　108
ガンマ関数の基本性質　　ベータ関数の基本性質　　ガンマ関数とベータ関数の関係

総合問題　　113

問題解答 　　　　　　　　　　　　　　　　　　　　　　115

第 1 章の解答 ································· 115
第 2 章の解答 ································· 123
第 3 章の解答 ································· 135
第 4 章の解答 ································· 162
第 5 章の解答 ································· 173
第 6 章の解答 ································· 185
総合問題の解答 ······························· 193

索　　引　　　　　　　　　　　　　　　　　　　　　　　201

1 微分法

1.1 数列の極限

●**実数** 正の整数（自然数），負の整数，正の分数，負の分数，零を総称して**有理数**という．つぎに $\sqrt{2}$ や π のように整数でも分数でもなくて，循環しない無限小数で表される数を**無理数**という．この有理数と無理数をあわせて**実数**という．

●**実数の集合** 実数全体の集合を R とする．集合 R では四則演算（加減乗除）と大小関係が考えられている．条件 $p(x)$ をみたすような実数のつくる集合を
$$\{x\,;\,p(x)\}$$
で表す．$\{x\,;\,a \leqq x \leqq b\}$ を $[a,b]$ で表し，**閉区間**といい，$\{x\,;\,a < x < b\}$ を (a,b) で表し，**開区間**という．

同様に $\{x\,;\,a \leqq x < b\}$，$\{x\,;\,a \leqq x\}$ なども**区間**といい，それぞれ $[a,b)$，$[a,\infty)$ で表す．

実数全体は $(-\infty, \infty)$ で示される．

●**数列，数列の極限** ある規則で順に並べられた実数の集合 $a_1, a_2, \cdots, a_n, \cdots$ を**数列**といい，$\{a_n\}$ と書く．a_n を**第 n 項**（**一般項**）という．n を限りなく大きくすると a_n が限りなく実数 a に近づくとき，数列 $\{a_n\}$ は a に**収束する**といい，
$$\lim_{n \to \infty} a_n = a \quad \text{または} \quad a_n \to a \quad (n \to \infty)$$
で表す．このとき a を a_n の**極限値**という．

$\{a_n\}$ がどんな実数にも収束しないとき，$\{a_n\}$ は**発散する**という．特に n を限りなく大きくすると，a_n が限りなく大きくなるとき，$\{a_n\}$ は ∞（**正の無限大**）に**発散する**という．また $a_n < 0$ で $|a_n|$ が限りなく大きくなるとき，$\{a_n\}$ は $-\infty$（**負の無限大**）に発散するという．このとき，それぞれつぎのように書く．

$$\lim_{n\to\infty} a_n = \infty \quad \text{または} \quad a_n \to \infty \quad (n\to\infty),$$

$$\lim_{n\to\infty} a_n = -\infty \quad \text{または} \quad a_n \to -\infty \quad (n\to\infty).$$

またたとえば $1, -1, \cdots, (-1)^n, \cdots$ のように発散数列であるが, ∞ にも $-\infty$ にも発散しないことを**振動する**という.

● **数列の単調増加, 単調減少, 有界** ● 数列 $\{a_n\}$ が $a_1 \leqq a_2 \leqq \cdots \leqq a_n \leqq \cdots$ ならば**単調増加**であるといい, $a_1 \geqq a_2 \geqq \cdots \geqq a_n \geqq \cdots$ ならば**単調減少**であるという.

また数列 $\{a_n\}$ の一般項 a_n がある一定数より小さいとき, **上に有界**であるという. 同様にある一定数より大きいとき**下に有界**であるという. 上および下に有界であるとき単に**有界**であるという(単調増加(減少)の数列で等号をすべて許さないとき狭義の単調増加(減少)という).

● **数列の収束に関する基本定理** ● 本書で述べる関数の微分や積分の理論はつぎの定理を出発点とする.

定理 1 (数列の収束) 単調増加で上に有界な数列は収束する. 単調減少で下に有界な数列は収束する.

● **数列の極限に関する基本性質** ●

定理 2 (数列の極限) $\lim_{n\to\infty} a_n = a, \lim_{n\to\infty} b_n = b$ ならば

(i) $\lim_{n\to\infty} (a_n \pm b_n) = a \pm b$

(ii) $\lim_{n\to\infty} a_n b_n = ab$

(iii) $\lim_{n\to\infty} \dfrac{a_n}{b_n} = \dfrac{a}{b}$ (ただし, $b_n \neq 0, b \neq 0$)

定理 3 (はさみうちの定理)

$$a_n \leqq c_n \leqq b_n, \quad \lim_{n\to\infty} a_n = \lim_{n\to\infty} b_n = a \quad \text{ならば} \quad \lim_{n\to\infty} c_n = a$$

追記 数列の収束についての ε 論法 上で述べた "限りなく近づく" ということをより精密に述べるとつぎのようになる.

$\{a_n\}$ が a に収束するとは「どんな小さな正の数 ε に対しても, ある自然数 n_0 があって, $n \geqq n_0$ ならば $|a_n - a| < \varepsilon$ が成り立つ」ことである. 数列の収束についてのこのような取り扱いは本書では触れないことにする(くわしくは「高木貞治著 改訂解析概論 岩波書店」を参照のこと).

例題 1 — 数列の極限値 (1)

(1) 数列 $\{\sqrt{n^2+1} - \sqrt{n^2-1}\}$ の極限値を求めよ．

(2) (i) $a > 1$ のとき $a^n \to \infty \, (n \to \infty)$

(ii) $|a| < 1$ のとき $a^n \to 0 \, (n \to \infty)$

であることを証明せよ

解答 (1) $\dfrac{\sqrt{n^2+1} - \sqrt{n^2-1}}{1}$ の分母分子に $\sqrt{n^2+1} + \sqrt{n^2-1}$ をかけると，

$$\sqrt{n^2+1} - \sqrt{n^2-1} = \frac{(\sqrt{n^2+1})^2 - (\sqrt{n^2-1})^2}{\sqrt{n^2+1} + \sqrt{n^2-1}}$$

$$= \frac{2}{\sqrt{n^2+1} + \sqrt{n^2-1}} = \frac{2/n}{\sqrt{1+1/n^2} + \sqrt{1-1/n^2}} \to 0 \quad (n \to \infty)$$

(2) (i) $a = 1 + h \, (h > 0)$ とおく．二項定理（前見返し参照）により，

$$a^n = (1+h)^n = 1 + nh + \frac{n(n-1)}{2}h^2 + \cdots + h^n > nh$$

となる．ここで $n \to \infty$ とすると，$a^n \to \infty$ となる．

(ii) $-1 < a < 1$（ただし $a \neq 0$）のときは $\dfrac{1}{a} = b$ とおくと，$b > 1$ または $b < -1$ であり，(i) より $|b^n| \to \infty \, (n \to \infty)$ である．

よって，$|a^n| = \dfrac{1}{|b^n|} \to 0 \, (n \to \infty)$ となって $a^n \to 0 \, (n \to \infty)$．

問題

1.1 第 n 項がつぎのように与えられる数列の極限値を求めよ．

(1) $\dfrac{n^2 - 2n - 3}{-3n^2 + 1}$ (2) $\dfrac{1-n}{2+\sqrt{n}}$

(3) $\dfrac{\sin n\pi}{n}$ (4) $\dfrac{1 + 2 + \cdots + n}{n^2}$

1.2 つぎの事項は正しいか．正しくないときは，それが成り立たない例をあげよ．

(1) 数列 $\{a_n\}$ は a に収束し，すべての n に対して $a_n < K$ であるならば，$a < K$ である．

(2) 2つの数列 $\{a_n\}, \{b_n\}$ において，$\lim_{n \to \infty} a_n = a$, $\lim_{n \to \infty} b_n = b$ で，つねに $a_n < b_n$ であれば $a < b$ である．

―― 例題 2 ――――――――――――――――――――― 数列の極限値 (2) ――

(1) つぎの漸化式によって定義された数列がある．その数列の単調性と有界性を調べ極限値を求めよ．
$$a_1 = 3, \quad a_{n+1} = 2\sqrt{a_n}$$
(2) つぎのような数列の例をあげよ．
$a_n - a_{n+1} \to 0 \,(n \to \infty)$ であるが，$\{a_n\}$ は収束しない．

[解答] (1) まず $0 < a_n < 4$ と仮定する．$a_{n+1} = a_n \dfrac{2}{\sqrt{a_n}}$ と書き直すと，$\dfrac{1}{\sqrt{a_n}} > \dfrac{1}{2}$ であるので，$a_{n+1} > a_n$ となる．よって，
$$a_{n+1} = a_n \frac{2}{\sqrt{a_n}} < \frac{2}{\sqrt{a_n}} a_{n+1} = 4 \quad \left(\because \ \frac{a_{n+1}}{\sqrt{a_n}} = 2 \right)$$

ゆえに，$0 < a_{n+1} < 4$ となる．a_1 は $0 < a_1 < 4$ であるので，数学的帰納法により $\{a_n\}$ は単調増加で，つねに 4 より小さい．

したがって，p.2 の定理 1 より極限値 $\alpha\,(>0)$ をもつ．

$a_{n+1} = 2\sqrt{a_n}$ において，$n \to \infty$ とすると，$\alpha = 2\sqrt{\alpha}$ である．ゆえに $\alpha = 4$ となる．

(2) たとえば $a_n = \sqrt{n}$ とすると
$$a_n - a_{n+1} = \sqrt{n} - \sqrt{n+1} = \frac{n - (n+1)}{\sqrt{n} + \sqrt{n+1}} = \frac{-1}{\sqrt{n} + \sqrt{n+1}}$$

$\displaystyle\lim_{n \to \infty} \frac{-1}{\sqrt{n} + \sqrt{n+1}} = 0$ であるので前半の条件は満足する．

また $\displaystyle\lim_{n \to \infty} \sqrt{n} = \infty$ であるので，求める数列は $a_n = \sqrt{n}$ である．

―― 問　題 ――

2.1* つぎのような数列の例をあげよ．

(1) $\{a_n\}, \{b_n\}$ はともに発散するが $\{a_n + b_n\}$ は収束する．

(2) $\{a_n\}, \{b_n\}$ は収束するが，$\left\{\dfrac{a_n}{b_n}\right\}$ は発散する．

(3) $\{a_n\}$ は発散するが $\{|a_n|\}$ は収束する．

---

* 1 通りでなくできるだけ多くの例を考えよ．

1.2 関数の極限と連続関数

●**関数の極限**● x の関数 $f(x)$ が a を含むある区間で定義されているとする（$x = a$ では定義されていても定義されていなくてもよい）．x がその区間内を変化して a に限りなく近づくとき，$f(x)$ が一定値 A に限りなく近づくならば，x が a に近づくとき $f(x)$ は極限値 A に収束するといって記号で

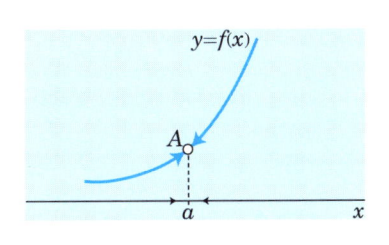

$$\lim_{x \to a} f(x) = A \quad \text{あるいは} \quad f(x) \to A \ (x \to a)$$

などと書く．数列のときと同様に $\lim_{x \to a} f(x) = \infty$, $\lim_{x \to a} f(x) = -\infty$ も定義される．また $f(x)$ が $x \geq a$ で定義されていて，x が限りなく大きくなるとき，$f(x)$ が一定値 A に限りなく近づくならば，x が限りなく大きくなるとき $f(x)$ は極限値 A に収束するといって

$$\lim_{x \to \infty} f(x) = A \quad \text{あるいは} \quad f(x) \to A \ (x \to \infty)$$

などと書く．$\lim_{x \to -\infty} f(x) = A$, $\lim_{x \to \infty} f(x) = \infty$, $\lim_{x \to -\infty} f(x) = \infty$ なども同様に定義される．

●**右側極限値，左側極限値**● x を a の右側（正の方）から a に近づけたとき，$f(x)$ が一定値 A に近づくならば

$$\lim_{x \to a+0} f(x) = A$$

と書き，A を**右側極限値**という．また x を左側（負の方）から a に近づけたときの**左側極限値**

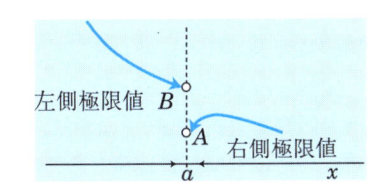

$$\lim_{x \to a-0} f(x) = B$$

も同様に定義される．特に $a = 0$ のとき $x \to 0+0$ を単に $x \to +0$, $x \to 0-0$ を $x \to -0$ と書く．

● **関数の極限に関する基本定理** ● 関数の極限に関して，一般につぎのことが成り立つ．

定理 4 （関数の極限） $\lim_{x\to a} f(x) = A$, $\lim_{x\to a} g(x) = B$ のとき，

(i) $\lim_{x\to a}\{f(x) \pm g(x)\} = A \pm B$

(ii) $\lim_{x\to a} f(x)\,g(x) = AB$, とくに $\lim_{x\to a} cf(x) = cA$

(iii) $\lim_{x\to a} \dfrac{f(x)}{g(x)} = \dfrac{A}{B}$ （ただし $B \neq 0$ とする）

定理 5 （はさみうちの定理） a の前後で $f(x) \leqq h(x) \leqq g(x)$ であり，$\lim_{x\to a} f(x) = \lim_{x\to a} g(x) = A$ ならば $\lim_{x\to a} h(x) = A$ である．

定理 6 (i) $\lim_{x\to 0} \dfrac{\sin x}{x} = 1$ (ii) $\lim_{x\to \pm\infty}\left(1 + \dfrac{1}{x}\right)^x = e$

● **連続関数** ● **点 a で連続** 関数 $y = f(x)$ が $x = a$ で定義され $\lim_{x\to a} f(x) = f(a)$ のとき，この関数は点 a で**連続**であるという．そうでないとき**不連続**であるという．つぎの各場合は点 a で不連続である．

(1) $x \to a$ のとき $f(x)$ の極限値が存在しないとき．

つまり $\pm\infty$ に発散したり，右側，左側極限値が一致しないとき．

不連続の例 (1)

(2) $x \to a$ のとき $f(x)$ の極限値が存在しても，$f(a)$ が存在しないとき．

(3) 右側，左側極限値は一致するが，$f(a)$ と等しくならないとき．

不連続の例 (2)

片側連続，区間で連続 $\lim_{x\to a+0} f(x) = f(a)$ のとき，$f(x)$ は $x = a$ で**右側連続**という．**左側連続**も同様に定義される．あわせて**片側連続**という．

関数 $f(x)$ が区間内のすべての点で連続であるとき，その**区間で連続**という．ただし，区間が端点を含むときは，そこでは片側連続であればよいものとする．

不連続の例 (3)

関数の連続性に関してはつぎの諸定理が成り立つ．

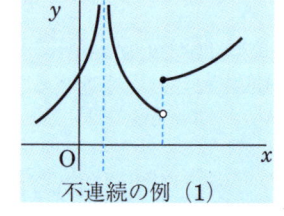

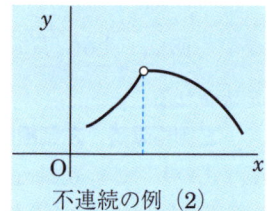

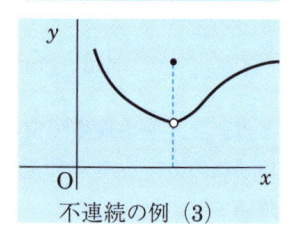

定理 7 （連続関数の和，差，積，商） $f(x), g(x)$ がともに点 a で連続ならば，$cf(x)$（c は定数），$f(x) \pm g(x)$, $f(x)\,g(x)$ および $f(x)/g(x)$ （$g(a) \neq 0$ とする）も a で連続である．

定理 8 （**合成関数の連続性**） $y=f(x)$ が点 a で連続で，$z=g(y)$ が点 $f(a)$ で連続ならば，合成関数 $z=g\{f(x)\}$ は点 a で連続である．

定理 9 $f(x)$ が点 a で連続で $f(a) \neq 0$ ならば，a に十分近い点 x において $f(x)$ は $f(a)$ と同符号である．

定理 10 （**中間値の定理**） $f(x)$ が閉区間 $[a,b]$ で連続で $f(a) < f(b)$ とする．η を $f(a) < \eta < f(b)$ なる任意の値とするとき，$f(c) = \eta$ となる c が開区間 (a,b) の中に少なくとも 1 つ存在する（$f(a) > f(b)$ のときも同様である）．

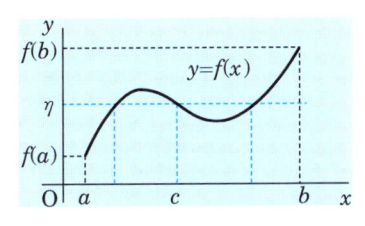

したがってとくに，$f(a)f(b) < 0$ ならば方程式 $f(x) = 0$ は開区間 (a,b) において少なくとも 1 つの実根をもつ．

定理 11 （**閉区間における最大値，最小値の存在**） $f(x)$ が閉区間 $[a,b]$ で連続ならば，$f(x)$ はこの区間で最大値，最小値をとる．

● **増加（減少）関数，狭義の増加（減少）関数** ● 関数 $y = f(x)$ がその定義域の任意の a, b に対して，

$$a < b \quad \text{ならば} \quad f(a) \leq f(b)$$

をみたすとき，$f(x)$ を**増加関数**という．特に等号の成り立たないとき**狭義の増加関数**という．**減少関数**，**狭義の減少関数**も同様に定義される．

● **逆関数** ● $f(x)$ が連続で狭義の増加関数（狭義の減少関数としてもよい）のときは，$f(x)$ の値域の y を 1 つ決めると，$y = f(x)$ となる x の値はただ 1 つ決まる．よって x は y の関数である．この y の関数を $x = f^{-1}(y)$ と書いて $f(x)$ の**逆関数**という（右上図）．

$y = f(x)$ の逆関数 $x = f^{-1}(y)$ は通例 x と y を入れかえて $y = f^{-1}(x)$ と書くことが多い．このとき $y = f^{-1}(x)$ のグラフは，$y = f(x)$ のグラフを直線 $y = x$ に関して折り返したものになる（右下図）．

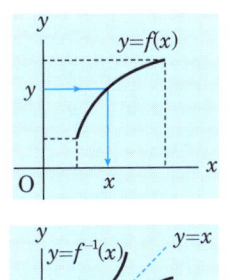

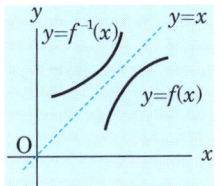

定理 12 （**逆関数の存在**） 関数 $y = f(x)$ が連続で狭義の増加関数（狭義の減少でもよい）であれば，その逆関数も連続で狭義の増加関数（狭義の減少）である．

● **逆三角関数** ● $y = \sin x$ は $[-\pi/2, \pi/2]$ で連続，狭義の増加関数だから $[-1,1]$ を定義域，$[-\pi/2, \pi/2]$ を値域とする逆関数がある．これを**逆正弦関数**といい，

$x = \sin^{-1} y$, あるいは x と y を入れかえて $y = \sin^{-1} x$ で表す（アークサインと読む）. すなわち

$$y = \sin^{-1} x \quad (-1 \leqq x \leqq 1) \iff x = \sin y \quad \left(-\frac{\pi}{2} \leqq y \leqq \frac{\pi}{2}\right)$$

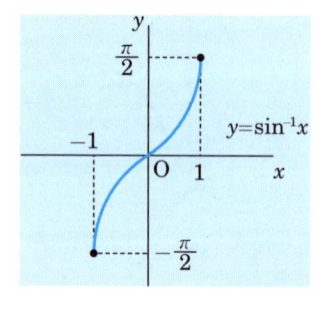

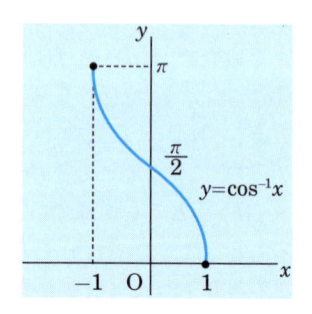

$y = \cos x$ は $[0, \pi]$ で連続, 狭義の減少関数だから $[-1, 1]$ を定義域, $[0, \pi]$ を値域とする逆関数がある. これを**逆余弦関数**といい, $x = \cos^{-1} y$ あるいは x と y を入れかえて $y = \cos^{-1} x$ で表す（アークコサインと読む）.

$$y = \cos^{-1} x \quad (-1 \leqq x \leqq 1) \iff x = \cos y \quad (0 \leqq y \leqq \pi)$$

$y = \tan x$ は $(-\pi/2, \pi/2)$ で連続, 狭義の増加関数だから $(-\infty, \infty)$ を定義域, $(-\pi/2, \pi/2)$ を値域とする逆関数が存在する. これを**逆正接関数**といい, $x = \tan^{-1} y$ あるいは x と y を入れかえて $y = \tan^{-1} x$ で表す（アークタンジェントと読む）. すなわち

$$y = \tan^{-1} x \quad (-\infty < x < \infty) \iff x = \tan y \quad \left(-\frac{\pi}{2} < y < \frac{\pi}{2}\right)$$

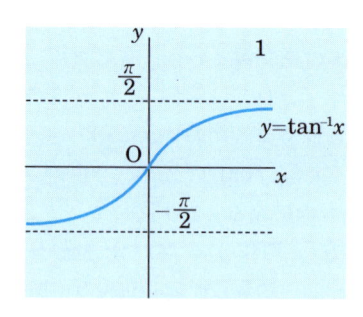

$y = \sin^{-1} x, \cos^{-1} x, \tan^{-1} x$ を総称して**逆三角関数**という.

―― 例題 3 ――――――――――――――――――――――― 関数の極限値 (1) ――

つぎの極限値を求めよ．
(1) $\displaystyle\lim_{x\to 1}\dfrac{x^3-2x^2+2x-1}{x^2-3x+2}$ (2) $\displaystyle\lim_{x\to\infty}\dfrac{x^2+bx+c}{ax^2+1}$
(3) $\displaystyle\lim_{x\to -\infty}x(\sqrt{x^2+4}+x)$

[解答] (1) $\dfrac{x^3-2x^2+2x-1}{x^2-3x+2}=\dfrac{(x-1)(x^2-x+1)}{(x-1)(x-2)}=\dfrac{x^2-x+1}{x-2}\quad (x\neq 1)$

そして，$x\to 1$ のときは，$\dfrac{x^2-x+1}{x-2}\to -1$. よって，
$$\lim_{x\to 1}\dfrac{x^3-2x^2+2x-1}{x^2-3x+2}=-1$$

(2) $a\neq 0$ ならば $\displaystyle\lim_{x\to\infty}\dfrac{x^2+bx+c}{ax^2+1}=\lim_{x\to\infty}\dfrac{1+b/x+c/x^2}{a+1/x^2}=\dfrac{1}{a}$

$a=0$ のときは，与式 $=\displaystyle\lim_{x\to\infty}(x^2+bx+c)=\lim_{x\to\infty}x^2\left(1+\dfrac{b}{x}+\dfrac{c}{x^2}\right)=\infty$

(3) $x=-z$ とおくと，$x\to -\infty$ のとき $z\to\infty$ となる．
$x\left(\sqrt{x^2+4}+x\right)=-z\left(\sqrt{z^2+4}-z\right)$ となり，分母分子に $\sqrt{z^2+4}+z$ をかけると，$\dfrac{-z(\sqrt{z^2+4}-z)(\sqrt{z^2+4}+z)}{\sqrt{z^2+4}+z}=\dfrac{-4z}{\sqrt{z^2+4}+z}$. よって，
$$\lim_{z\to\infty}\dfrac{-4z}{\sqrt{z^2+4}+z}=\lim_{z\to\infty}\dfrac{-4}{\sqrt{1+\dfrac{4}{z^2}}+1}=-2$$

～～～ 問 題 ～～～～～～～～～～～～～～～～～～～～～～～～～～

3.1 つぎの極限値を求めよ．

(1) $\displaystyle\lim_{x\to 2}\dfrac{2x^2-x-6}{3x^2-2x-8}$ (2) $\displaystyle\lim_{x\to 0}\dfrac{1}{x^n}$ （n は正の整数）

(3) $\displaystyle\lim_{x\to -\infty}(\sqrt{x^2+x+1}+x)$ (4) $\displaystyle\lim_{x\to 4}\dfrac{\sqrt{x}-2}{x-4}$

(5) $\displaystyle\lim_{x\to\infty}(\sqrt{x+a}-\sqrt{x})\quad (a\neq 0)$ (6) $\displaystyle\lim_{x\to 0}x\sin\dfrac{1}{x}$

[注意] 関数 $y=f(x)$ が x の値のいかんにかかわらず一定の値 c をとるとき，y を定数関数という．c が定数関数のとき，$\displaystyle\lim_{x\to a}c=c$ と定める．

―― 例題 4 ―――――――――――――――――――――――――― 関数の極限値 (2) ――

つぎの極限値を求めよ．

(1) $\displaystyle\lim_{x \to 1} \frac{x^2 - 1}{|x - 1|}$ (2) $\displaystyle\lim_{x \to 0} \frac{1 - \cos x}{x^2}$ (3) $\displaystyle\lim_{x \to 0} \frac{1 - \cos 2ax}{x \sin bx}$ $(ab \neq 0)$

解答 (1) $x = 1$ では分母が 0 となるので関数の値は存在しない．

$x > 1$ のとき，
$$f(x) = \frac{x^2 - 1}{x - 1} = x + 1$$

$x < 1$ のとき，
$$f(x) = \frac{x^2 - 1}{-(x - 1)} = -(x + 1)$$

よって，$\displaystyle\lim_{x \to 1} \frac{x^2 - 1}{|x - 1|}$ は存在しない*．

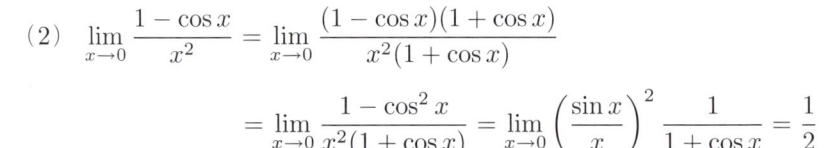

(2) $\displaystyle\lim_{x \to 0} \frac{1 - \cos x}{x^2} = \lim_{x \to 0} \frac{(1 - \cos x)(1 + \cos x)}{x^2(1 + \cos x)}$
$= \displaystyle\lim_{x \to 0} \frac{1 - \cos^2 x}{x^2(1 + \cos x)} = \lim_{x \to 0} \left(\frac{\sin x}{x}\right)^2 \frac{1}{1 + \cos x} = \frac{1}{2}$

(3) $\displaystyle\lim_{x \to 0} \frac{1 - \cos 2ax}{x \sin bx} = \lim_{x \to 0} \frac{1 - (1 - 2\sin^2 ax)}{x \sin bx}$
$= \displaystyle\lim_{x \to 0} \frac{2\sin^2 ax}{x \sin bx} = \lim_{x \to 0} 2a^2 \left(\frac{\sin ax}{ax}\right)^2 \bigg/ b \left(\frac{\sin bx}{bx}\right) = \frac{2a^2}{b}$

―― 問 題 ――

4.1 つぎの極限値を求めよ．

(1) $\displaystyle\lim_{x \to 1+0} \frac{2x^2 - x - 1}{|x - 1|}$ (2) $\displaystyle\lim_{x \to 0} \frac{x}{|x|}$ (3) $\displaystyle\lim_{x \to 0} \frac{\sin ax}{x}$ $(a \neq 0)$

(4) $\displaystyle\lim_{x \to 0} \frac{\tan ax}{\tan bx}$ $(a \neq 0, b \neq 0)$ (5) $\displaystyle\lim_{x \to 0} \frac{1 - \cos x}{x \sin x}$

---

* $\displaystyle\lim_{x \to 1+0} \frac{x^2 - 1}{|x - 1|} = 2, \quad \lim_{x \to 1-0} \frac{x^2 - 1}{|x - 1|} = -2$ である．

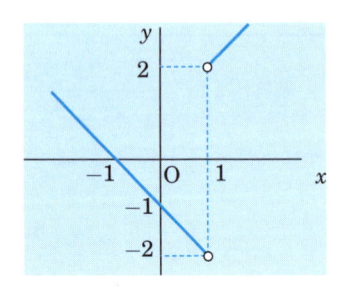

例題 5 — $\lim_{x \to \pm\infty}\left(1+\frac{1}{x}\right)^x = e$

つぎを証明せよ．

(1)* $\displaystyle \lim_{x \to 0}(1+x)^{1/x} = e$ (2)* $\displaystyle \lim_{x \to 0}\frac{\log(1+x)}{x} = 1$

(3)* $\displaystyle \lim_{x \to 0}\frac{e^x - 1}{x} = 1$ (4) $\displaystyle \lim_{x \to 0}\frac{\log(2-e^x)}{2x} = -\frac{1}{2}$

解答 (1) $x = 1/z$ とおくと，$x \to +0$ のとき $z \to \infty$ となるので，p.6 の定理 6 (ii) より $\displaystyle \lim_{x \to +0}(1+x)^{1/x} = \lim_{z \to \infty}\left(1+\frac{1}{z}\right)^z = e$．また，$x \to -0$ のとき，$z \to -\infty$ となるので，$\displaystyle \lim_{x \to -0}(1+x)^{1/x} = \lim_{z \to -\infty}\left(1+\frac{1}{z}\right)^z = e$．

(2) $\displaystyle \frac{\log(1+x)}{x} = \log(1+x)^{1/x}$ であるので，前問より，
$$\lim_{x \to 0}\log(1+x)^{1/x} = \log e = 1$$

(3) $e^x - 1 = z$ とおくと，$x = \log(z+1)$ で，$z \to 0\,(x \to 0)$ であるから，前問より
$$\lim_{x \to 0}\frac{e^x-1}{x} = \lim_{z \to 0}\frac{z}{\log(1+z)} = \lim_{z \to 0} 1 \Big/ \frac{\log(1+z)}{z} = 1$$

(4) $1 - e^x \to 0\,(x \to 0)$ だから，上記 (2), (3) より
$$\lim_{x \to 0}\frac{\log(2-e^x)}{2x} = \lim_{x \to 0}\frac{1}{2}\frac{\log(1+(1-e^x))}{1-e^x} \cdot \frac{1-e^x}{x} = -\frac{1}{2}$$

問題

5.1 つぎの極限値を求めよ．

(1) $\displaystyle \lim_{x \to 0}\frac{\log_a(1+x)}{x}$ $(0 < a \neq 1)$ (2) $\displaystyle \lim_{x \to 0}\frac{a^x - 1}{x}$ $(0 < a \neq 1)$

(3) $\displaystyle \lim_{x \to 0}\frac{e^{2x}-1}{\sin 2x}$ (4) $\displaystyle \lim_{x \to \infty}\left(1+\frac{a}{x}\right)^x$ $(a > 0)$

(5) $\displaystyle \lim_{x \to 0}(1+ax)^{1/x}$ $(a > 0)$

---

* 例題 5 (1), (2), (3) は公式として記憶せよ．

---例題 6---　　　　　　　　　　　　　　　　　　　　　　　　　　　　　　---関数の連続性---

つぎの関数の連続性を吟味せよ

(1) $f(x) = \dfrac{x^2 - 3x + 2}{x - 1}$ 　　(2) $f(x) = \begin{cases} x \sin \dfrac{1}{x} & (x \neq 0) \\ 0 & (x = 0) \end{cases}$

ヒント　(1) は $x = 1, x \neq 1$ と分けて吟味し，(2) では $\lim_{x \to 0} f(x)$ と $f(0)$ を比べる．

解答　(1) $x^2 - 3x + 2, x - 1$ はともに連続関数であるから，$f(x)$ は $x \neq 1$ では連続である（p.6 の定理 7）．つぎに

$$\lim_{x \to 1} \frac{x^2 - 3x + 2}{x - 1} = \lim_{x \to 1} \frac{(x - 2)(x - 1)}{x - 1} = \lim_{x \to 1} (x - 2) = -1$$

は存在するが $f(1)$ は定義されていないから $f(x)$ は $x = 1$ で不連続である．

(2) $x, \sin(1/x)$ $(x \neq 0)$ はともに連続関数であるから $f(x)$ が $x \neq 0$ で連続であることは (1) と同様である．

また，$|\sin(1/x)| \leq 1$ であるので

$$\left| x \sin \frac{1}{x} \right| \leq |x| \to 0 \ (x \to 0)$$

となるから，p.2 の定理 3 より

$$\lim_{x \to 0} f(x) = \lim_{x \to 0} x \sin \frac{1}{x} = f(0) = 0$$

したがって，$f(x)$ は $x = 0$ でも連続である．

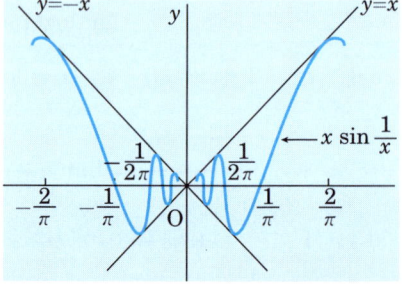

注意　$f(x) = x \sin(1/x)$ は $x = 0$ で不連続であるが，$f(0) = 0$ と改めて定義すると，$f(x)$ は $x = 0$ でも連続となることが上記 (2) からわかる．このような不連続点を**除去可能な不連続点**という．これに対して $f(x) = 1/(1 + e^{1/x})$ については，$e^{1/x} \to \infty \ (x \to +0)$，$e^{1/x} \to 0 \ (x \to -0)$ であるので，$f(x) \to 0 \ (x \to +0), f(x) \to 1 \ (x \to -0)$ である．このような場合 $x = 0$ は除去可能な不連続点ではない．

〰〰 **問　題** 〰〰〰〰〰〰〰〰〰〰〰〰〰〰〰〰〰〰〰〰〰〰〰〰〰〰〰〰〰

6.1　つぎの関数の連続性を吟味せよ．

(1) $f(x) = \dfrac{x(x + 1)}{x^2 - 1}$ $(x \neq -1)$, $f(x) = \dfrac{1}{2}$ $(x = -1)$

(2) $f(x) = \dfrac{1}{x} \sin x$ $(x \neq 0)$, $f(x) = 1$ $(x = 0)$

6.2　$f(x)$ が $x = a$ において連続であるとき，$|f(x)|$ もまた $x = a$ で連続であることを証明せよ．

---例題 7---------------------------------------逆三角関数---

(1) $\sin^{-1}\dfrac{1}{2}$ の値を求めよ．

(2) 方程式 $\sin^{-1}x = \cos^{-1}\dfrac{3}{5}$ をみたす x を求めよ．

解答 (1) $-1 \leqq x \leqq 1$, $-\dfrac{\pi}{2} \leqq y \leqq \dfrac{\pi}{2}$ のとき，$y = \sin^{-1}x \Longleftrightarrow x = \sin y$ であるから，$\sin y = \dfrac{1}{2}$ を $-\dfrac{\pi}{2} \leqq y \leqq \dfrac{\pi}{2}$ で解いて，$\sin^{-1}\dfrac{1}{2} = \dfrac{\pi}{6}$．

(2) $\theta = \sin^{-1}x = \cos^{-1}\dfrac{3}{5}$ とおく．θ の範囲は $\sin^{-1}x$ の値で，また $\cos^{-1}x$ の値ともなるから，その共通部分の $0 \leqq \theta \leqq \dfrac{\pi}{2}$ である．よって $x = \sin\theta \geqq 0$, $\cos\theta = \dfrac{3}{5}$ であるから，

$$x = \sin\theta = \sqrt{1-\cos^2\theta} = \sqrt{1-\dfrac{9}{25}} = \dfrac{4}{5}$$

問 題

7.1 つぎの式の値を求めよ．

(1) $2\sin^{-1}1 - \cos^{-1}\left(-\dfrac{1}{\sqrt{2}}\right) + \tan^{-1}(-1) + \tan^{-1}0$

(2) $\sin^{-1}(-1) + \cos^{-1}\dfrac{\sqrt{3}}{2} - \tan^{-1}1 + \sin^{-1}0$

(3) $\displaystyle\lim_{x\to\infty}\tan^{-1}x$ 　(4) $\displaystyle\lim_{x\to 0}\dfrac{x}{\sin^{-1}x}$

7.2 つぎの等式を証明せよ．

(1) $\sin^{-1}x + \cos^{-1}x = \dfrac{\pi}{2}$ 　(2) $\tan^{-1}x + \cot^{-1}x = \dfrac{\pi}{2}$

7.3 $\sinh x = \dfrac{e^x - e^{-x}}{2}$, $\cosh x = \dfrac{e^x + e^{-x}}{2}$, $\tanh x = \dfrac{e^x - e^{-x}}{e^x + e^{-x}}$
で定義される関数を**双曲線関数**という（sinh はハイパボリックサインと読む．他も同様である）．

(1) $\cosh^2 x - \sinh^2 x = 1$ を示せ．

(2) $\sinh(x+y) = \sinh x \cosh y + \cosh x \sinh y$ を示せ．

(3) $\sinh x$ の逆関数を求めよ．

―― 例題 8 ――――――――中間値の定理，閉区間における最大値・最小値の存在 ――
(1) 方程式 $(x^2-1)\cos x + \sqrt{2}\sin x - 1 = 0$ は $[0, \pi/2]$ に少なくとも 1 つ の実根を有することを証明せよ．
(2) $f(x) = 2x^2$ は開区間 $(0, 1)$ で最大値，最小値をとり得るか．

[解答] (1) $f(x) = (x^2-1)\cos x + \sqrt{2}\sin x - 1$ とおくと，$f(x)$ は $[0, \pi/2]$ のすべての点で連続である．また，
$$f(0) = (0-1)\cos 0 + \sqrt{2}\sin 0 - 1 = -2 < 0$$
$$f\left(\frac{\pi}{2}\right) = \left(\left(\frac{\pi}{2}\right)^2 - 1\right)\cos\frac{\pi}{2} + \sqrt{2}\sin\frac{\pi}{2} - 1 = \sqrt{2} - 1 > 0$$
であるので，p.7 の定理 10（中間値の定理）によって，$f(x) = 0$ は $(0, \pi/2)$ に少なくとも 1 つの実根を有する．

[注意] 微分法を使って $f(x)$ は $[0, \pi/2]$ において増加関数であることを示せば，$f(x) = 0$ は 0 と $\pi/2$ の間にただ 1 つの実根をもつことがわかる．

(2) $f(x) = 2x^2$ は開区間 $(0, 1)$ で連続である．しかし，開区間 $(0, 1)$ では最大値はとり得ない．なぜなら，$f(1) = 2$ であるが，x は 1 に十分近づくことはできても，ちょうど 1 にはならないので，$f(x)$ は 2 のきわめて近くまでは増加しても，ちょうど 2 の値にはならないからである．$f(0) = 0$ のときも同様に考えて，最小値もとり得ない．

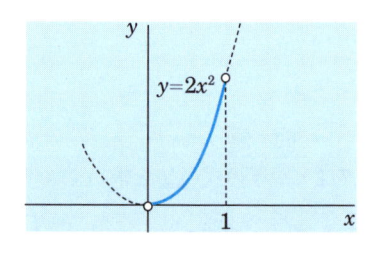

[注意] 閉区間 $[0, 1]$ では $f(x)$ は連続であるので p.7 の定理 11 により最大値 $f(1) = 2$，最小値 $f(0) = 0$ をとる．

～～～ 問 題 ～～～

8.1 つぎの各方程式はいずれも指定された区間内に少なくとも 1 つの実根をもつことを証明せよ．
 (1) $x - \cos x = 0 \quad (0 < x < \pi/2)$
 (2) $\sin x - x\cos x = 0 \quad (\pi < x < 3\pi/2)$

8.2 方程式 $x^3 - 9x^2 + 23x - 13 = 0$ は 0 と 1 の間，および 3 と 4 の間に実根をもつことを示せ．また他の一根はどの範囲にあるか．

8.3 $f(x)$ が閉区間 $[0, 2]$ で定義されていても，この閉区間内に不連続な点を含めば，$f(x)$ は，p.7 の定理 11 の条件をみたしていないので，最大値，最小値をとり得るとは限らない．このような例をあげよ．

1.3 導関数

●**微分係数**● 関数 $y = f(x)$ が与えられたとき，この関数のグラフ上の点 $A(a, f(a))$ の近くに点 $P(x, f(x))$ をとるとき，関数の値の変化 $f(x) - f(a)$ を変数の値の変化 $x - a$ で割った商の極限値，すなわち，

$$\lim_{x \to a} \frac{f(x) - f(a)}{x - a}$$

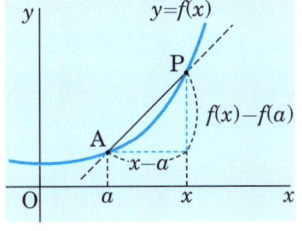

が定まるとき，$f(x)$ は $x = a$ で**微分可能**であるといい，この極限値を $f'(a)$ で表し，$x = a$ における**微分係数**という．つまり

$$f'(a) = \lim_{x \to a} \frac{f(x) - f(a)}{x - a}$$

この式の右辺で，$x = a + h$ とおくと，$x \to a$ は $h \to 0$ であり，$x - a = h$ より微分係数はつぎのようにも表される．

$$f'(a) = \lim_{h \to 0} \frac{f(a+h) - f(a)}{h}$$

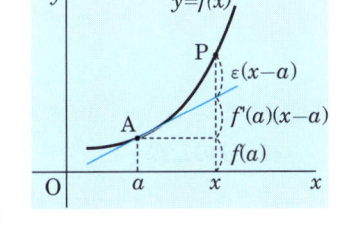

また $\dfrac{f(x) - f(a)}{x - a} - f'(a) = \varepsilon$ とおくと，$x \to a$ のとき $\varepsilon \to 0$ であり，この式より $f(x)$ はつぎのように表される．

$$f(x) = f(a) + f'(a)(x - a) + \varepsilon(x - a)$$

そして

$$\lim_{h \to +0} \frac{f(a+h) - f(a)}{h} = f'_+(a) \quad \text{および} \quad \lim_{h \to -0} \frac{f(a+h) - f(a)}{h} = f'_-(a)$$

と表し，それぞれ a における**右側微分係数**，**左側微分係数**とよぶ．微分係数が定まるのは，$f'_+(a) = f'_-(a)$ のときである．

$x = a$ における $y = f(x)$ の微分係数は，曲線 $y = f(x)$ の点 $A(a, f(a))$ における接線が x 軸の正方向となす角の正接と等しく，この点 A における**接線の方程式**は

$$y - f(a) = f'(a)(x - a)$$

定理13 （微分可能性と連続性） 関数 $y=f(x)$ が $x=a$ で微分可能ならば $x=a$ で連続である．この定理の逆は一般には成り立たない．

● **導関数** ● 関数 $y=f(x)$ が区間 I の各点で微分可能のとき，$y=f(x)$ は区間 I で微分可能であるという（ただし I が閉区間の場合は右，左の端点ではそれぞれ左側，右側微分係数を考えるものとする）．区間 I の各点 x に対して，その点における $f(x)$ の微分係数を対応させる関数を $y=f(x)$ の**導関数**といってつぎのように書く．

$$y', \quad f'(x), \quad \frac{dy}{dx}, \quad \frac{d}{dx}f(x)$$

導関数を求めることを**微分する**という．また微分係数 $f'(a)$ は導関数の $x=a$ における値であるから，微分係数 $f'(a)$ をつぎのように表す．

$$y'_{x=a}, \quad \left(\frac{dy}{dx}\right)_{x=a}$$

$y=f(x)$ の $x=a$ における微分係数 $f'(a) = \lim_{h \to 0} \dfrac{f(a+h)-f(a)}{h}$ において，a を x に，h を Δx と書きかえ，$f(x+\Delta x) - f(x) = \Delta y$ とすると，

$$f'(x) = \lim_{\Delta x \to 0} \frac{f(x+\Delta x) - f(x)}{\Delta x} = \lim_{\Delta x \to 0} \frac{\Delta y}{\Delta x}$$

とも表される．Δx, Δy をそれぞれ x, y の**増分**という．

● **微分法の公式** ● 微分法に関する基本公式としてつぎのものがある．

定理14 (i) $\dfrac{d}{dx}c = 0$ （c は定数） (ii) $\dfrac{dx^n}{dx} = nx^{n-1}$ （n は自然数）

定理15 （微分可能な関数の和，差，積，商） 2つの関数 $u=u(x), v=v(x)$ が与えられた範囲内で微分可能とすると，

(i) $(cu)' = cu'$ （c は定数） (ii) $(u+v)' = u'+v'$, $(u-v)' = u'-v'$

(iii) $(uv)' = u'v + uv'$ (iv) $\left(\dfrac{u}{v}\right)' = \dfrac{u'v - uv'}{v^2}$ （ただし $v \neq 0$）

定理16 （合成関数の導関数） 関数 $y=f(u), u=g(x)$ がともに微分可能ならば，関数 $y=f(g(x))$ も微分可能であり

$$\frac{dy}{dx} = \frac{dy}{du} \cdot \frac{du}{dx}$$

● **逆関数の導関数** ●

定理17 （逆関数の導関数） $x=f(y)$ が増加（減少）する関数で，微分可能ならば，$\dfrac{dx}{dy} \neq 0$ であるような x に対して $x=f(y)$ の逆関数 $y=f^{-1}(x)$ も微分可能であり

$$\frac{dy}{dx} = \frac{1}{\dfrac{dx}{dy}} \quad \left(\frac{dx}{dy} \text{ は } x = f(y) \text{ の導関数}\right)$$

● **媒介変数を用いて表される関数の導関数** ● x の関数 y が媒介変数 t によって $x = f(t), y = g(t)$ のように与えられたとする（ただし $x = f(t)$ は単調な関数）.

定理 18 （媒介変数を用いて表される関数の導関数） $x = f(t), y = g(t)$ はともに微分可能な関数で，$x = f(t)$ は単調でかつ $f'(t) \neq 0$ とする.

$$\frac{dy}{dx} = \frac{dy}{dt} \bigg/ \frac{dx}{dt} = \frac{g'(t)}{f'(t)}$$

定理 19 $f(x)$ が微分可能で 0 にならなければ，

$$\frac{d}{dx} \log |f(x)| = \frac{f'(x)}{f(x)}$$

● **基本的な関数の導関数** ●

	$f(x)$	$f'(x)$		$f(x)$	$f'(x)$
(1)	x^α （α は実数）	$\alpha x^{\alpha-1}$	(12)	$\sin^{-1} x$	$\dfrac{1}{\sqrt{1-x^2}}$
(2)	e^x	e^x			
(3)	$a^x (a>0)$	$a^x \log a$	(13)	$\cos^{-1} x$	$\dfrac{-1}{\sqrt{1-x^2}}$
(4)	$\log|x|$	$\dfrac{1}{x}$	(14)	$\tan^{-1} x$	$\dfrac{1}{1+x^2}$
(5)	$\log_a |x| \, (0 < a \neq 1)$	$\dfrac{1}{x \log a}$	(15)	$\cot^{-1} x$	$\dfrac{-1}{1+x^2}$
(6)	$\sin x$	$\cos x$			
(7)	$\cos x$	$-\sin x$	(16)	$\sec^{-1} x$	$\dfrac{1}{|x|\sqrt{x^2-1}}$
(8)	$\tan x$	$\sec^2 x$			
(9)	$\cot x$	$-\operatorname{cosec}^2 x$	(17)	$\operatorname{cosec}^{-1} x$	$\dfrac{-1}{|x|\sqrt{x^2-1}}$
(10)	$\sec x$	$\sec x \cdot \tan x$			
(11)	$\operatorname{cosec} x$	$-\operatorname{cosec} x \cdot \cot x$			

($\sec x = 1/\cos x, \quad \operatorname{cosec} x = 1/\sin x, \quad \cot x = 1/\tan x$)

―― 例題 9 ――――――――――――――――――――――― 関数の導関数 (1) ――

つぎの関数の導関数を求めよ．
(1) $y = \sqrt[3]{(x^2+1)^2}$ (2) $y = \cos(\sin x)$
(3) $y = e^{x^x}$ $(x > 0)$ (4) $y = \cos^{-1}\dfrac{x^2-1}{x^2+1}$

解答 (1) $y = \sqrt[3]{(x^2+1)^2} = (x^2+1)^{2/3}$
$$y' = \frac{2}{3}(x^2+1)^{-1/3} \cdot 2x = \frac{4}{3}\frac{x}{\sqrt[3]{(x^2+1)}}$$

(2) $u = \sin x$ とおくと，$y = \cos u$．p.16 の定理 16（合成関数の導関数）より
$$\frac{dy}{dx} = \frac{dy}{du} \cdot \frac{du}{dx} = -\sin u \cdot \cos x = -\sin(\sin x) \cdot \cos x$$

(3) $y = e^{x^x}$ $(x > 0)$ は $y = e^{(x^x)}$ という意味である．この両辺の対数をとると $\log y = x^x$．この両辺を x で微分すると $y'/y = (x^x)'$ となる．

$u = x^x$ とおき，u' を求める．そのためこの両辺の対数をとると $\log u = x \log x$．この両辺を x で微分すると $u'/u = \log x + 1$．よって $u' = x^x(\log x + 1)$．

$$\therefore\quad y' = e^{x^x} \cdot x^x (\log x + 1)$$

(4) $y' = -\dfrac{1}{\sqrt{1 - \left(\dfrac{x^2-1}{x^2+1}\right)^2}} \dfrac{d}{dx}\left(\dfrac{x^2-1}{x^2+1}\right)$

$ = -\dfrac{x^2+1}{2x} \dfrac{2x(x^2+1) - 2x(x^2-1)}{(x^2+1)^2} = -\dfrac{2}{x^2+1}$ $(x > 0)$

～～ **問　題** ～～～～～～～～～～～～～～～～～～～～～～～～～～

9.1 つぎの関数の導関数を求めよ．

(1) e^{x^2} (2) $x^2\sqrt{\dfrac{1-x^2}{1+x^2}}$ $(-1 < x < 1,\ x \neq 0)$

(3) $\sqrt{x^2+1}\sqrt[3]{x^3+1}$ (4) $\dfrac{x}{\sqrt{x^2+1}}$ (5) $\dfrac{x}{x - \sqrt{x^2+a^2}}$ $(a > 0)$

(6) $(\tan x)^{\sin x}$ $(0 < x < \pi/2)$ (7) $\log(x + \sqrt{x^2+1})$

9.2 つぎの関数の導関数を求めよ．

(1) $y = \tan^{-1}\left(\dfrac{1}{\sqrt{2}}\tan\dfrac{x}{2}\right)$ (2) $y = \cos^{-1}\dfrac{4 + 5\cos x}{5 + 4\cos x}$

(3) $y = \sin^{-1}\sqrt{1-x^2}$

例題 10 — 関数の導関数 (2)

サイクロイド $\begin{cases} x = a(\theta - \sin\theta) \\ y = a(1 - \cos\theta) \end{cases}$ 上の $\theta = \dfrac{\pi}{2}$ における接線の方程式を求めよ. ただし $a > 0$ とする.

解答 p.17 の定理 18（媒介変数を用いて表される関数の導関数）を用いる.

$$\frac{dx}{d\theta} = a(1 - \cos\theta), \qquad \frac{dy}{d\theta} = a\sin\theta$$

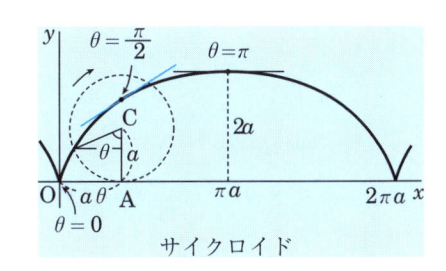

よって,
$$\frac{dy}{dx} = \frac{a\sin\theta}{a(1-\cos\theta)}$$

$$= \frac{2\sin\dfrac{\theta}{2}\cos\dfrac{\theta}{2}}{2\sin^2\dfrac{\theta}{2}} = \cot\frac{\theta}{2}$$

$\theta = \dfrac{\pi}{2}$ のときは

$$x = \left(\frac{\pi}{2} - 1\right)a, \quad y = a, \quad \frac{dy}{dx} = \cot\frac{\pi}{4} = 1$$

したがって, 接線の方程式は

$$y - a = 1 \cdot \left\{x - \left(\frac{\pi}{2} - 1\right)a\right\} \quad \text{よって,} \quad y = x + \left(2 - \frac{\pi}{2}\right)a$$

問 題

10.1 つぎの関係から $\dfrac{dy}{dx}$ を求めよ（結果は t の関数のままでよい）.

(1) $\begin{cases} x = a\cos^3 t \\ y = a\sin^3 t \end{cases}$ $(a > 0)$

(2) $\begin{cases} x = \dfrac{3t}{1+t^3} \\ y = \dfrac{3t^2}{1+t^3} \end{cases}$

(3) $\begin{cases} x = 1 - t^2 \\ y = t^3 \end{cases}$

(4) $\begin{cases} x = a(\cos t + t\sin t) \\ y = a(\sin t - t\cos t) \end{cases}$ $(a > 0)$

10.2 双曲線関数 $\sinh x = \dfrac{e^x - e^{-x}}{2}$, $\cosh x = \dfrac{e^x + e^{-x}}{2}$, $\tanh x = \dfrac{\sinh x}{\cosh x}$ の導関数を求めよ.

例題 11 ───────────────────────── 微分可能性 ─

関数 $f(x) = \dfrac{1}{|x|+1}$ の微分可能性について調べよ.

解答　まず $x = 0$ における微分可能性を調べる.

$$\lim_{h \to +0} \frac{f(h) - f(0)}{h} = \lim_{h \to +0} \frac{\dfrac{1}{|h|+1} - 1}{h} = \lim_{h \to +0} \frac{-h}{h(h+1)} = -1$$

$$\lim_{h \to -0} \frac{f(h) - f(0)}{h} = \lim_{h \to -0} \frac{-|h|}{h(|h|+1)} = \lim_{h \to -0} \frac{h}{h(-h+1)} = 1$$

となって, $f'_+(0) \neq f'_-(0)$. ゆえに $f(x)$ は $x = 0$ で微分可能ではない.

つぎに, a を 0 以外の任意の実数とすると,

$$\lim_{h \to 0} \frac{f(a+h) - f(a)}{h} = \lim_{h \to 0} \frac{\dfrac{1}{|a+h|+1} - \dfrac{1}{|a|+1}}{h} = \lim_{h \to 0} \frac{|a| - |a+h|}{h(|a+h|+1)(|a|+1)}$$

$a > 0$ のとき, 十分小さい h に対して $a + h > 0$. つまり, $|a| - |a+h| = -h$ より,

$$\lim_{h \to 0} \frac{f(a+h) - f(a)}{h} = \lim_{h \to 0} \frac{-h}{h(|a+h|+1)(|a|+1)} = \frac{-1}{(|a|+1)^2}$$

また $a < 0$ のとき, 十分小さな h に対して $a + h < 0$. つまり, $|a| - |a+h| = h$ より,

$$\lim_{h \to 0} \frac{f(a+h) - f(a)}{h} = \lim_{h \to 0} \frac{h}{h(|a+h|+1)(|a|+1)} = \frac{1}{(|a|+1)^2}$$

したがって $f(x)$ は $x = 0$ 以外の点で微分可能である.

問　題

11.1　つぎの関数はかっこ内の点で微分可能であるか.
　　(1)　$f(x) = |2x - x^2|$ 　$(x = 2)$ 　　(2)　$f(x) = |x|$ 　$(x = 0)$

11.2　つぎの関数の微分可能性を調べよ.

　　(1)　$f(x) = \begin{cases} x \sin \dfrac{1}{x} & (x \neq 0) \\ 0 & (x = 0) \end{cases}$ 　　(2)　$f(x) = \begin{cases} x^2 \sin \dfrac{1}{x} & (x \neq 0) \\ 0 & (x = 0) \end{cases}$

2 平均値の定理とその応用

2.1 平均値の定理

● 平均値の定理 ●

定理 1 （ロルの定理） 閉区間 $[a,b]$ で連続で，開区間 (a,b) で微分可能な関数 $f(x)$ があり，$f(a)=f(b)$ であれば
$$f'(c)=0 \quad (a<c<b)$$
となるような c が少なくとも 1 つ存在する．

定理 2 （平均値の定理） 閉区間 $[a,b]$ で連続で，開区間 (a,b) で微分可能な関数 $f(x)$ に対して
$$\frac{f(b)-f(a)}{b-a}=f'(c) \quad (a<c<b)$$
となるような c が少なくとも 1 つ存在する．

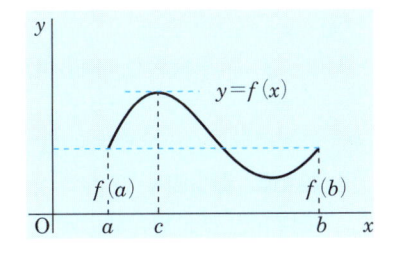

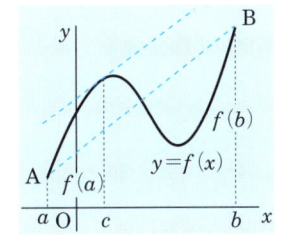

注意 $h=b-a,\ \theta=(c-a)/(b-a)$ とおくと，この平均値の定理はつぎのようにかくことができる．
$$f(a+h)=f(a)+hf'(a+\theta h) \quad (0<\theta<1)$$
をみたす θ が存在する．

この定理から $f'(x)=0$ ならば $f(x)=$ 定数 であることがわかる．

定理 3 （コーシーの平均値の定理） 閉区間 $[a,b]$ で連続で，開区間 (a,b) で微分可能な関数 $f(x),\ g(x)$ に対して
$$\frac{f(b)-f(a)}{g(b)-g(a)}=\frac{f'(c)}{g'(c)} \quad (a<c<b)$$
となるような c が少なくとも 1 つ存在する．ただし (a,b) において $g'(x) \neq 0$, $g(a) \neq g(b)$ とする．

注意 この定理 3 でとくに $g(x)=x$ とおくと上記の定理 2 (平均値の定理) となる．

● 関数の増減 ●

定理 4 （関数の増減） 閉区間 $[a,b]$ で連続で，開区間 (a,b) で微分可能な関数 $f(x)$ があり，(a,b) においてつねに $f'(x) > 0$ ($f'(x) < 0$) であれば，$f(x)$ は開区間 (a,b) において**狭義の増加**(**狭義の減少**)関数である．

● **極値** ● $x = a$ の近くで連続な関数 $f(x)$ が $x = a$ で**極大**(**極小**)であるというのは，a の近くの $x \, (\neq a)$ に対して，

$$f(x) < f(a) \quad (f(x) > f(a))$$

が成り立つことである．

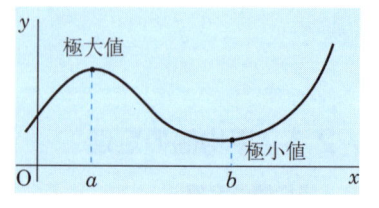

いま，$f(a)$ を**極大値**(**極小値**)という．この両方をあわせて**極値**という．$f(x)$ が $x = a$ の近くで微分可能なとき，$x = a$ で極値をもつならば $f'(x) = 0$ である．ただし，この逆は必ずしも成り立たない．

● 最大値，最小値 ●

定理 5 （最大値，最小値） 関数 $f(x)$ が $[a,b]$ で連続で，(a,b) で微分可能のとき，$f(x)$ は $f'(x) = 0$ となる点または端点で最大値あるいは最小値をとる．

● 不定形の極限値 ●

$f(x) \to 0 \, (x \to a)$, $g(x) \to 0 \, (x \to a)$ のとき，$\lim_{x \to a} \dfrac{f(x)}{g(x)}$ を $0/0$ 型の**不定形**という．不定形にはこの他に ∞/∞, $0 \times \infty$, $\infty - \infty$, 1^∞, ∞^0 などの型がある．

定理 6 （**ロピタルの定理**）(**0/0 型**) $f(x), g(x)$ は $x = a$ の近くで $(x \neq a)$ 微分可能で，$f(a) = g(a) = 0$ とする．いま $\lim_{x \to a} \dfrac{f'(x)}{g'(x)} = A$ ならば $\lim_{x \to a} \dfrac{f(x)}{g(x)} = A$ である．ただし，a の近くで $g(x) \neq 0, g'(x) \neq 0$ であり，A は実数または $\pm \infty$ である．

系 $f(x), g(x)$ は大きな x に対して導関数をもち，$f(x) \to 0 \, (x \to \infty)$, $g(x) \to 0 \, (x \to \infty)$ とする．いま $\lim_{x \to \infty} \dfrac{f'(x)}{g'(x)} = A$ ならば $\lim_{x \to \infty} \dfrac{f(x)}{g(x)} = A$ である．ただし大きな x に対して $g(x) \neq 0, g'(x) \neq 0$ とし，A は実数または $\pm \infty$ である．また $x \to \infty$ の代わりに $x \to -\infty$ としたときも同じである．

定理 7 （**ロピタルの定理**）(**∞/∞ 型**) $f(x), g(x)$ は $x = a$ の近くで $(x \neq a)$ 微分可能であり，$f(x) \to \infty \, (x \to a)$, $g(x) \to \infty \, (x \to a)$ とする．いま，もし $\lim_{x \to a} \dfrac{f'(x)}{g'(x)} = A$ ならば $\lim_{x \to a} \dfrac{f(x)}{g(x)} = A$ である．ただし $x \neq a$ で，$g(x) \neq 0$, $g'(x) \neq 0$. ここに A は実数または $\pm \infty$ であり，a も $\pm \infty$ としてよい．

─ 例題 1 ─────────────────────────────── 平均値の定理 ─

(1) 実係数の n 次方程式
$$f(x) = a_0 x^n + a_1 x^{n-1} + \cdots + a_n = 0 \quad (a_0 \neq 0)$$
の相隣る 2 つの実数解の間には，$f'(x) = 0$ の実数解が少なくとも 1 つ存在することを示せ．

(2) $\lim_{x \to \infty} f'(x) = a$ のとき，
$$\lim_{x \to \infty} \{f(x+1) - f(x)\} = a$$
となることを証明せよ．

[解答] (1) 実係数の n 次方程式 $f(x) = 0$ の相隣る 2 つの実数解を a, b とすると，$f(a) = 0$, $f(b) = 0$ である．また $f(x) = a_0 x^n + a_1 x^{n-1} + \cdots + a_{n-1} x + a_n$ は $[a, b]$ で連続で，(a, b) で微分可能である．よって p.21 の定理 1 (ロルの定理) により，$f'(c) = 0$ となるような c が a と b との間に少なくとも 1 つ存在する．

すなわち $f'(x) = 0$ は a と b との間に少なくとも 1 つの実数解をもつ．

(2) $x, x+1$ の間で平均値の定理を用いると
$$\frac{f(x+1) - f(x)}{(x+1) - x} = f'(c) \cdots ①$$
となる c が x と $x+1$ の間に少なくとも 1 つ存在する．いま①の分母は $x + 1 - x = 1$ であるから
$$f(x+1) - f(x) = f'(c)$$
となる．よって，
$$\lim_{x \to \infty} \{f(x+1) - f(x)\} = \lim_{c \to \infty} f'(c) = a$$

〜〜 問 題 〜〜〜〜〜〜〜〜〜〜〜〜〜〜〜〜〜〜〜〜〜〜〜〜〜〜〜

1.1 $f(x) = x^2$ のとき，$f(a+h) - f(a) = hf'(a + \theta h)$ を満足する θ の値を求めよ．

また，$f(x) = x^3$ のときは，$\lim_{h \to 0} \theta = \dfrac{1}{2}$ であることを示せ．

1.2* $f(x)$ は $[a, b]$ で連続，(a, b) で微分可能で $f(a) = f(b) = 0$ とする．任意の実数 λ に対して，
$$f'(c) = \lambda f(c)$$
をみたす c が a と b の間に存在することを示せ．

─────────
* $g(x) = e^{-\lambda x} f(x)$ にロルの定理を用いよ．

例題 2 ——— 極値, 最大値 (最小値) ———

つぎの関数の極値, 最大値および最小値を求めよ.
$$f(x) = x + \sqrt{4-x^2} \quad (-2 \leq x \leq 2)$$

[解答] $f(x) = x + \sqrt{4-x^2}$ は $-2 \leq x \leq 2$ で連続である.

また, $-2 < x < 2$ で微分可能で
$$f'(x) = 1 - \frac{x}{\sqrt{4-x^2}}$$
である. よって p.22 の定理 5 により, 極値, 最大値, 最小値を調べる.

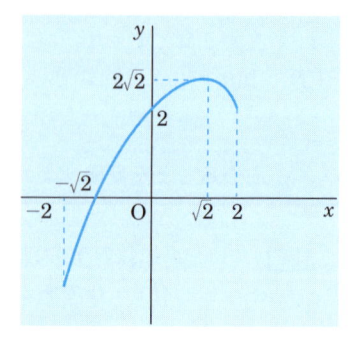

$f'(x) = 0$ となるのは $x = \sqrt{2}$.

x	-2		$\sqrt{2}$		2
$f'(x)$		$+$		$-$	
$f(x)$	-2	↗	$2\sqrt{2}$	↘	2

この増減表により, 極大値は $f(\sqrt{2}) = 2\sqrt{2}$ で極小値はない.

また, 端点を調べると $f(-2) = -2$, $f(2) = 2$ である. よって $f(\sqrt{2}) > f(2)$ であるので $f(\sqrt{2}) = 2\sqrt{2}$ が最大値である. またグラフにより $f(-2) = -2$ が最小値であることがわかる.

問題

2.1 つぎの関数の極値を求めよ.

(1) $f(x) = (\log x)/x$

(2) $f(x) = |x^3 + x^2 - x - 1|$

(3) $f(x) = \dfrac{x^2 - 3x + 2}{x^2 + 3x + 2}$

(4) $f(x) = x\sqrt{2x - x^2}$

(5) $f(x) = \dfrac{1}{3}x^{2/3}(2 - x)$

2.2 半径 $r(>0)$ の円に内接する長方形のうちで面積が最大になるものを求めよ.

2.3 一辺の長さが a の正方形の四隅から合同な 4 つの正方形を切り取り, その残りの部分を折り曲げて作った (上部のあいた) 箱の体積を最大にせよ.

2.4* 等脚台形の 3 辺の長さが a の台形の面積が最大になるのはどんな場合か. また, このときの台形の面積を求めよ.

---

* 台形の底角を θ として考えよ.

── 例題 3 ─────────────────────────── 増加 (減少) 関数 ──
(1) 関数 $f(x)$, $g(x)$ は $x \geqq a$ で連続で $f(a) = g(a)$ であり，$x > a$ で $f'(x) > g'(x)$ であれば $f(x) > g(x)$ $(x > a)$ であることを示せ．
(2) 上記(1)を用いて不等式
$$\log(1+x) < x - \frac{x^2}{2} + \frac{x^3}{3} \quad (x > 0)$$
を示せ．

[解答] (1) $h(x) = f(x) - g(x)$ とおくと $h(a) = 0$ であり，さらに任意の $b(> a)$ について $h(x)$ は $[a,b]$ で連続で (a,b) で微分可能である．仮定より $h'(x) > 0$, $a < x < b$．したがって p.22 の定理 4 により $h(x)$ は (a,b) で増加する関数である．ゆえに

$$a < x < b \quad \text{ならば} \quad h(x) > h(a) = 0$$

$b(> a)$ は任意であるから，

$$x > a \quad \text{のとき} \quad h(x) = f(x) - g(x) > 0$$

(2) $\log(1+x) < x - \dfrac{x^2}{2} + \dfrac{x^3}{3}$ $(x > 0)$ を示そう．

$$f(x) = x - \frac{x^2}{2} + \frac{x^3}{3}, \quad g(x) = \log(1+x)$$

とおくと，関数 $f(x)$, $g(x)$ は $x \geqq 0$ で連続で，$f(0) = g(0) = 0$ であり，

$$f'(x) - g'(x) = 1 - x + x^2 - \frac{1}{1+x} = \frac{x^3}{1+x} > 0 \quad (x > 0)$$

となる．よって，上記(1)により

$$g(x) < f(x) \quad (x > 0) \quad \text{つまり} \quad \log(1+x) < x - \frac{x^2}{2} + \frac{x^3}{3}$$

問題

3.1 つぎの不等式を証明せよ．

(1) $e^x > 1 + x + \dfrac{x^2}{2} \quad (x > 0)$

(2) $\sin x + \cos x > 1 + x - x^2 \quad (x > 0)$

3.2 $p > 1$, $\dfrac{1}{p} + \dfrac{1}{q} = 1$ のとき，$x \geqq 0$ に対して

$$\frac{x^p}{p} + \frac{1}{q} \geqq x$$

が成り立つことを証明せよ．

第 2 章 平均値の定理とその応用

― 例題 4 ―――――――――――――――――――――――― 不定形の極限値 ―

つぎの極限値を求めよ.
(1) $\displaystyle\lim_{x\to 0}\frac{e^{2x}-1-2x}{1-\cos x}$ (2) $\displaystyle\lim_{x\to +0} x\log(\sin x)$
(3) $\displaystyle\lim_{x\to 1-0} x^{1/(1-x)}$

解答 (1) $0/0$ 型の不定形である.よって p.22 の定理 6 によって,
$$\lim_{x\to 0}\frac{e^{2x}-1-2x}{1-\cos x}=\lim_{x\to 0}\frac{2e^{2x}-2}{\sin x}=\lim_{x\to 0}\frac{4e^{2x}}{\cos x}=4$$

(2) $\dfrac{\log(\sin x)}{1/x}$ と変形すると $x\to +0$ のとき $\dfrac{\infty}{\infty}$ 型の不定形になる.よって p.22 の定理 7 により

$$\lim_{x\to +0}\frac{\log(\sin x)}{1/x}=\lim_{x\to +0}\frac{\cos x/\sin x}{-1/x^2}=\lim_{x\to +0}\frac{-x^2\cos x}{\sin x}$$
$$=\lim_{x\to +0}\left(\frac{x}{\sin x}\right)(-x\cos x)=0$$

(3) $y=x^{1/(1-x)}$ とおき両辺の対数をとると,$\log y=\dfrac{\log x}{1-x}$ となる.$x\to 1-0$ のとき,$\dfrac{0}{0}$ の不定形となる.よって p.22 の定理 6 により $\displaystyle\lim_{x\to 1-0}\dfrac{\log x}{1-x}=\displaystyle\lim_{x\to 1-0}\dfrac{1/x}{-1}=-1$.

したがって $y\to e^{-1}\ (x\to 1-0)$ となる.

問題

4.1 つぎの極限値を求めよ.
(1) $\displaystyle\lim_{x\to 0}\frac{e^x-e^{-x}}{\sin x}$ (2) $\displaystyle\lim_{x\to\infty}\left(\frac{x+1}{x-1}\right)^x$ (3) $\displaystyle\lim_{x\to 0}\frac{x-\log(1+x)}{x^2}$
(4) $\displaystyle\lim_{x\to\infty} x^{1/x}$ (5) $\displaystyle\lim_{x\to\infty} x(e^{1/x}-1)$ (6) $\displaystyle\lim_{x\to\pi/2}(\tan x-\sec x)$
(7) $\displaystyle\lim_{x\to +0}\left(\frac{1}{x}\right)^{\sin x}$ (8) $\displaystyle\lim_{x\to\pi/4-0}\tan 2x\cot\left(x+\frac{\pi}{4}\right)$ (9) $\displaystyle\lim_{x\to +0} x^x$
(10) $\displaystyle\lim_{x\to\infty}\left(\frac{2}{\pi}\tan^{-1}x\right)^x$ (11) $\displaystyle\lim_{x\to 0}\left(\frac{1}{x^2}-\frac{\cot x}{x}\right)$
(12) $\displaystyle\lim_{x\to 0}\frac{\tan x-\sin x}{x^3}$

2.2 高次導関数とその応用

● **高次導関数** ● 導関数 $f'(x)$ がまた微分可能なとき，その導関数を $f''(x)$ と書き第 2 次導関数という．第 2 次導関数の導関数を第 3 次導関数といい，以下同様にして第 n 次導関数が定義される．これをつぎのように書き一般に **高次導関数** という．

$$y^{(n)}, \quad f^{(n)}(x), \quad \frac{d^n y}{dx^n}, \quad \frac{d^n f(x)}{dx^n} \quad (n \geq 2)$$

● **基本的な関数の高次導関数** ●

	$f(x)$	$f^{(n)}(x)$
(1)	x^α	$\alpha(\alpha-1)\cdots(\alpha-n+1)x^{\alpha-n}$
(2)	$\sin x$	$\sin\left(x+\frac{n\pi}{2}\right)$
(3)	$\cos x$	$\cos\left(x+\frac{n\pi}{2}\right)$
(4)	e^x	e^x
(5)	$a^x\,(a>0)$	$a^x(\log a)^n$
(6)	$\log|x|$	$(-1)^{n-1}(n-1)!\dfrac{1}{x^n}$
(7)	$f(ax+b)$	$a^n f^{(n)}(ax+b)$

定理 8　（ライプニッツの定理）　u, v が x の関数で，n 回微分可能のとき，

$$(uv)^{(n)} = u^{(n)}v + {}_n\mathrm{C}_1 u^{(n-1)}v' + \cdots + {}_n\mathrm{C}_r u^{(n-r)}v^{(r)} + \cdots + uv^{(n)}$$

● **テーラーの定理** ● 平均値の定理はつぎのように一般化され，これを **テーラーの定理** という．

定理 9　（テーラーの定理）　関数 $f(x)$ が $n-1$ 回微分可能で，$f^{(n-1)}(x)$ が $[a,b]$ で連続，(a,b) で微分可能ならば，

$$f(b) = f(a) + \frac{f'(a)}{1!}(b-a) + \cdots + \frac{f^{(n-1)}(a)}{(n-1)!}(b-a)^{n-1} + R_n$$

$$R_n = \frac{f^{(n)}(a+\theta(b-a))}{n!}(b-a)^n \quad (0<\theta<1)$$

となる θ が存在する．

注意　(i) $f^{(0)}(a) = f(a)$ と定義する．
(ii) 最後の項 R_n は剰余項といって，上の形のものを **ラグランジュの剰余項** という．R_n の表し方は他につぎの形のものがあり，これを **コーシーの剰余項** という．

$$R_n = \frac{(1-\theta)^{n-1}f^{(n)}(a+\theta(b-a))}{(n-1)!}(b-a)^n \quad (0<\theta<1)$$

● **マクローリンの定理** ● $a = 0, b = x$ としてテーラーの定理を原点の近くで考え，

$$f(x) = f(0) + \frac{f'(0)}{1!}x + \frac{f''(0)}{2!}x^2 + \cdots + \frac{f^{(n-1)}(0)}{(n-1)!}x^{n-1} + \frac{f^{(n)}(\theta x)}{n!}x^n$$

$$(0 < \theta < 1)$$

を得る．これをマクローリンの定理という．これを用いてつぎの近似式が得られる．

$$e^x = 1 + x + \frac{x^2}{2!} + \cdots + \frac{x^{n-1}}{(n-1)!} + \frac{e^{\theta x}}{n!}x^n \qquad (0 < \theta < 1)$$

$$\sin x = x - \frac{x^3}{3!} + \frac{x^5}{5!} - \cdots + (-1)^{n-1}\frac{x^{2n-1}}{(2n-1)!} + (-1)^n\frac{\cos\theta x}{(2n+1)!}x^{2n+1}$$

$$(0 < \theta < 1)$$

$$\cos x = 1 - \frac{x^2}{2!} + \frac{x^4}{4!} - \cdots + (-1)^{n-1}\frac{x^{2n-2}}{(2n-2)!} + (-1)^n\frac{\cos\theta x}{(2n)!}x^{2n}$$

$$(0 < \theta < 1)$$

$$\log(1+x) = x - \frac{x^2}{2} + \frac{x^3}{3} - \cdots + (-1)^{n-2}\frac{x^{n-1}}{n-1} + (-1)^{n-1}\frac{(1+\theta x)^{-n}}{n}x^n$$

$$(0 < \theta < 1)$$

$$(1+x)^\alpha = 1 + \frac{\alpha}{1!}x + \frac{\alpha(\alpha-1)}{2!}x^2 + \cdots + \frac{\alpha(\alpha-1)\cdots(\alpha-n+2)}{(n-1)!}x^{n-1}$$

$$+ \frac{\alpha(\alpha-1)\cdots(\alpha-n+1)}{n!}(1+\theta x)^{\alpha-n}x^n \qquad (0 < \theta < 1)$$

● **テーラー級数展開** ● $f(x)$ が何回でも微分可能であるとき，点 a の近くでテーラーの定理を適用した場合，剰余項 R_n が，$R_n \to 0\,(n \to \infty)$ となるならば，$f(x)$ は

$$f(x) = f(a) + \frac{f'(a)}{1!}(x-a) + \frac{f''(a)}{2!}(x-a)^2 + \cdots + \frac{f^{(n)}(a)}{n!}(x-a)^n + \cdots$$

と整級数に展開できる．この整級数展開を $f(x)$ の a の近くでの**テーラー級数展開**という．とくに $a = 0$ のときは**マクローリン級数展開**という．

上にあげた5つの関数は，何回でも微分可能で，$R_n \to 0\,(n \to \infty)$ であるので，マクローリンの級数展開を用いるとつぎの諸式が得られる．

$$e^x = 1 + x + \frac{1}{2!}x^2 + \frac{1}{3!}x^3 + \cdots + \frac{1}{n!}x^n + \cdots \qquad (-\infty < x < \infty)$$

$$\sin x = x - \frac{1}{3!}x^3 + \frac{1}{5!}x^5 - \cdots + (-1)^{n-1}\frac{x^{2n-1}}{(2n-1)!} + \cdots \quad (-\infty < x < \infty)$$

$$\cos x = 1 - \frac{1}{2!}x^2 + \frac{1}{4!}x^4 - \cdots + (-1)^{n-1}\frac{x^{2n-2}}{(2n-2)!} + \cdots \quad (-\infty < x < \infty)$$

$$\log(1+x) = x - \frac{x^2}{2} + \frac{x^3}{3} - \cdots + (-1)^{n-1}\frac{x^n}{n} + \cdots \quad (-1 < x \leqq 1)$$

$$(1+x)^\alpha = 1 + \alpha x + \frac{\alpha(\alpha-1)}{2!}x^2 + \cdots + \frac{\alpha(\alpha-1)\cdots(\alpha-n+1)}{n!}x^n + \cdots$$
$$(-1 < x < 1)$$

注意　**無限級数の和**　まず一般の数列 $a_1, a_2, \cdots, a_n, \cdots$ についてつぎの数列をつくる．

$$S_1 = a_1, \quad S_2 = a_1 + a_2, \quad \cdots, \quad S_n = a_1 + a_2 + \cdots + a_n, \quad \cdots$$

ここでできた数列 $S_1, S_2, \cdots, S_n, \cdots$ が $n \to \infty$ のとき，ある値 S に収束するとき，

$$S = a_1 + a_2 + \cdots + a_n + \cdots$$

と表し，無限級数 $a_1 + a_2 + \cdots + a_n + \cdots$ は和 S をもつという．

● **曲線の凹凸，変曲点** ●　$f(x)$ を $[a, b]$ で定義された連続関数とする．$f(x)$ がこの区間内の任意の 3 点 x_1, x_2, x_3 $(x_1 < x_2 < x_3)$ に対し

$$\frac{f(x_2) - f(x_1)}{x_2 - x_1} \leq \frac{f(x_3) - f(x_2)}{x_3 - x_2}$$

をみたすとき，すなわち曲線 $y = f(x)$ がその曲線上の 2 点 $(x_1, f(x_1)), (x_3, f(x_3))$ を結ぶ直線の下側にあるとき $f(x)$ はその区間で**下に凸**(**上に凹**)であるという．不等号の向きを $\leq$ から $\geq$ にかえて**上に凸**(**下に凹**)であることも同様に定義される．曲線が凹から凸にかわる点を**変曲点**という．

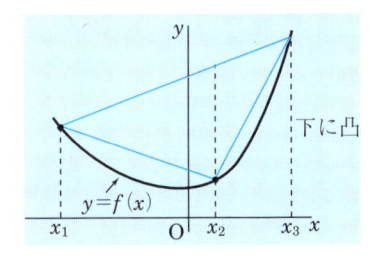

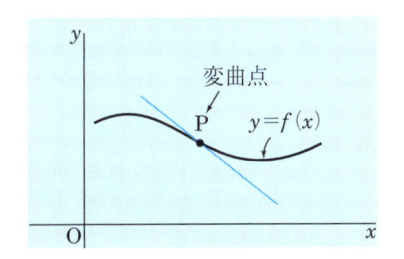

定理 10 （**曲線の凹凸，変曲点**）　閉区間 $[a,b]$ で連続な関数 $f(x)$ が，開区間で (a,b) でつねに $f''(x) < 0$ ならば，$y = f(x)$ は閉区間 $[a,b]$ で上に凸である．また，つねに $f''(x) > 0$ ならば下に凸である．

とくに $f(x)$ が点 c を含む区間で連続な 2 次導関数をもつときは，

$$f''(c) > 0 \text{ ならば曲線 } y = f(x) \text{ は } c \text{ の近くで下に凸},$$

$$f''(c) < 0 \text{ ならば曲線 } y = f(x) \text{ は } c \text{ の近くで上に凸}$$

であり，さらに $f''(c) = 0$ で，$x = c$ を境として $f''(x)$ が符号をかえるときは，点 $(c, f(c))$ は変曲点である．

したがって曲線 $y = f(x)$ の凹凸，変曲点を調べるには $f''(x)$ の符号を調べればよいことがわかる．

定理 11 （**極大，極小**）　$f'(c) = 0$ とする．$f''(x)$ が $x = c$ で連続のとき，

$$f''(c) < 0 \text{ ならば } x = c \text{ で極大}$$

$$f''(c) > 0 \text{ ならば } x = c \text{ で極小}$$

である．

―― 例題 5 ―――――――――――――――――――――――――― 高次導関数 ――

$y = e^x \cos x, \; y = e^x \sin x$ の第 n 次導関数はそれぞれ
$$2^{n/2} e^x \cos\left(x + \frac{n\pi}{4}\right), \quad 2^{n/2} e^x \sin\left(x + \frac{n\pi}{4}\right)$$
となる．これを証明せよ．

解答 $y = e^x \cos x$ とする．
$$y' = e^x(\cos x - \sin x) = 2^{1/2} e^x \cos(x + \pi/4)$$

よって $n = 1$ のとき成立する．いま，$n = r$ のとき成立すると仮定する．すなわち，$y^{(r)} = 2^{r/2} e^x \cos\left(x + \frac{r\pi}{4}\right)$．この両辺を x で微分すると，

$$y^{(r+1)} = 2^{r/2} e^x \left\{\cos\left(x + \frac{r\pi}{4}\right) - \sin\left(x + \frac{r\pi}{4}\right)\right\}$$
$$= 2^{(r+1)/2} e^x \cos\left(x + \frac{(r+1)\pi}{4}\right)$$

ゆえに数学的帰納法により，すべての n について成立する．

つぎに，$y = e^x \sin x$ とする．同様に数学的帰納法により証明する．

$$y' = e^x(\cos x + \sin x) = 2^{1/2} e^x \left(\frac{1}{2^{1/2}}\cos x + \frac{1}{2^{1/2}}\sin x\right)$$
$$= 2^{1/2} e^x \sin\left(x + \frac{\pi}{4}\right)$$

よって，$n = 1$ のとき成立する．$n = r$ のとき成立すると仮定すると，

$$y^{(r)} = 2^{r/2} e^x \sin\left(x + \frac{r\pi}{4}\right)$$

この両辺を x で微分すると，

$$y^{(r+1)} = 2^{r/2} e^x \left\{\cos\left(x + \frac{r\pi}{4}\right) + \sin\left(x + \frac{r\pi}{4}\right)\right\}$$
$$= 2^{(r+1)/2} e^x \sin\left(x + \frac{(r+1)\pi}{4}\right)$$

ゆえに数学的帰納法によりすべての n について成立する．

問題

5.1 つぎの関数の第 n 次導関数を求めよ．
 (1) $x^3 \sin x$ (2) $(x^2 + x + 1)e^x$ (3) $x^3 \log x$ (4) $\dfrac{x}{x^2 - 1}$

例題 6 ─────────────────────── テーラーの定理 ─

(1) $f(x)$ が点 a を含む区間で 2 回微分可能で, $f''(x)$ が連続のとき
$$\lim_{h \to 0} \frac{f(a+h) + f(a-h) - 2f(a)}{h^2} = f''(a)$$
であることを証明せよ.

(2) 関数 $\log \dfrac{1+x}{1-x}$ を原点の近くで整級数に展開せよ.

[解答] (1) テーラー級数の定理 $(n=2)$ により
$$f(a+h) = f(a) + hf'(a) + \frac{h^2}{2!}f''(a+\theta h) \quad (0 < \theta < 1),$$
$$f(a-h) = f(a) - hf'(a) + \frac{h^2}{2!}f''(a-\theta' h) \quad (0 < \theta' < 1)$$
のような θ, θ' が存在する. また, $f''(x)$ は連続であるから, $h \to 0$ のとき, $f''(a+\theta h) \to f''(a), f''(a-\theta' h) \to f''(a)$ である. よって
$$\lim_{h \to 0} \frac{1}{h^2}\{f(a+h) + f(a-h) - 2f(a)\} = \lim_{h \to 0} \frac{1}{2}\{f''(a+\theta h) + f''(a-\theta' h)\}$$
$$= f''(a)$$

(2) $\log \dfrac{1+x}{1-x} = \log(1+x) - \log(1-x)$ の $\log(1+x), \log(1-x)$ をそれぞれマクローリン級数展開 (p.29) すると,
$$\log(1+x) = x - \frac{x^2}{2} + \frac{x^3}{3} - \cdots + (-1)^{n-1}\frac{x^n}{n} + \cdots \quad (-1 < x \leqq 1)$$
$$\log(1-x) = -x - \frac{x^2}{2} - \frac{x^3}{3} - \cdots - \frac{x^n}{n} - \cdots \quad (-1 \leqq x < 1)$$
となるから
$$\log \frac{1+x}{1-x} = 2\left(x + \frac{x^3}{3} + \cdots + \frac{x^{2n-1}}{2n-1} + \cdots\right) \quad (-1 < x < 1)$$

問題

6.1 つぎの極限値をマクローリンの定理を用いて求めよ.

(1) $\displaystyle\lim_{x \to 0} \left\{\frac{x - \log(1+x)}{x^2}\right\}$ (2) $\displaystyle\lim_{x \to 0} \frac{e^x - e^{-x}}{x}$ (3) $\displaystyle\lim_{x \to 0} \frac{x - \sin x}{x^3}$

6.2 つぎの関数を原点の近くで整級数に展開せよ.

(1) $\dfrac{1}{1 - 3x + 2x^2}$ (2) $\sqrt{1+x}$ (3) $\sinh x = \dfrac{e^x - e^{-x}}{2}$

例題 7 ──────────────── 関数の増減, 凹凸 ──

関数
$$f(x) = e^{-x^2}$$
の増減, 極値, 凹凸を調べ, 曲線 $y = f(x)$ の概形を描け.

[解答] $f'(x) = -2xe^{-x^2}$
$f''(x) = -2\{e^{-x^2} - 2x^2 e^{-x^2}\} = -2e^{-x^2}(1 - 2x^2)$

$f'(x) = 0$ より $x = 0$, $f''(x) = 0$ より $x = \pm\dfrac{1}{\sqrt{2}}$. これより増減表をつくると,

x	$-\infty$		0		∞
$f'(x)$		+	0	−	
$f(x)$		↗	極大	↘	

x		$-1/\sqrt{2}$		$1/\sqrt{2}$	
$f''(x)$	+	0	−	0	+
$f(x)$	∪	変曲点	∩	変曲点	∪

したがって $f(x)$ は $x = 0$ で極大値 $f(0) = 1$ をとり, $x = \pm 1/\sqrt{2}$ で変曲点をもつ. また $y = f(x)$ のグラフは y 軸に関して対称であるから, $\displaystyle\lim_{x \to \pm\infty} e^{-x^2} = 0$ に注意してつぎのようになる.

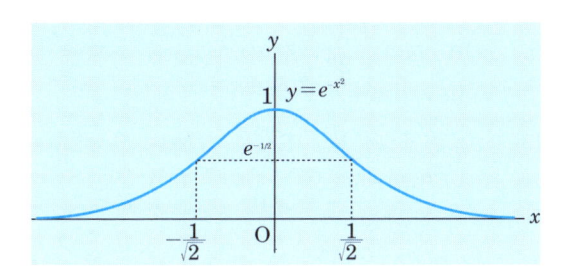

~~~ 問 題 ~~~~~~

7.1 つぎの関数の増減, 極値, 凹凸を調べてグラフを描け.

(1) $y = \dfrac{x}{x^2 + 1}$ (2) $y = e^{-x}\sin x \quad (0 \leqq x \leqq 2\pi)$

(3) $y = x\log x$ (4) $y = \dfrac{\log x}{x}$ (5) $y = \dfrac{8}{x^2 + 4}$

(6) $y = \dfrac{x^2 - 5x + 6}{x - 1}$

---- 例題 8 ─────────────────────────── ニュートン法 ────

$[a, b]$ で $f(x)$ は第 2 次導関数をもち, $f''(x)$ は連続とする. いま, $f''(x) > 0$ で $f(a) > 0, f(b) < 0$ とするとき,

(1) 方程式 $f(x) = 0$ は a と b の間にただ 1 つの解 c をもつことを示せ.

(2) $a_1 = a - \dfrac{f(a)}{f'(a)}, \cdots, a_{n+1} = a_n - \dfrac{f(a_n)}{f'(a_n)}, \cdots$ とするとき, $a_n \to c \, (n \to \infty)$ であることを証明せよ (**ニュートン法**).

解答 (1) $f(x) = 0$ が少なくとも 1 つの解をもつことは p.7 の定理 10 (中間値の定理) から明らかである. つぎに, ただ 1 つの解をもつことを示す. いま 2 つの解 $c_1, c_2 \, (a < c_1 < c_2 < b)$ をもつと仮定する. $f(c_1) = f(c_2) = 0$ で, $f(x)$ は下に凸であるので, $0 = \dfrac{f(c_2) - f(c_1)}{c_2 - c_1} < \dfrac{f(b) - f(c_2)}{b - c_2} = \dfrac{f(b)}{b - c_2}$. これは $f(b) < 0$ に反する. したがって $f(x) = 0$ は a と b との間にただ 1 つの解をもつ.

(2) 点 $(a, f(a))$ における接線 $y - f(a) = f'(a)(x - a)$ と x 軸との交点は, $x = a - \dfrac{f(a)}{f'(a)} (= a_1 \text{とおく}) \cdots$ ①. いまテーラーの定理 $(n = 2, \text{p.27 の定理 9})$ により,

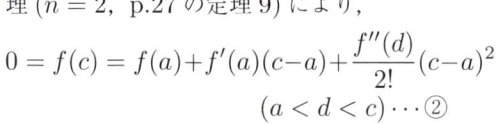

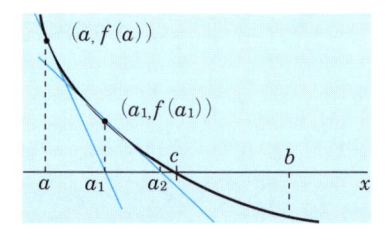

$$0 = f(c) = f(a) + f'(a)(c-a) + \dfrac{f''(d)}{2!}(c-a)^2$$
$$(a < d < c) \cdots ②$$

① より $f'(a)$ を計算し, これを ② に代入すると, $f(a) > 0, f''(d) > 0$ より

$$\dfrac{a_1 - c}{a - a_1} = \dfrac{f''(d)(c-a)^2}{2f(a)} > 0 \quad \text{ゆえに} \quad a < a_1 < c$$

同様に点 $(a_1, f(a_1))$ における接線と x 軸との交点を a_2 とし, 以下これをくり返して得られる数列は $a_{n+1} = a_n - \dfrac{f(a_n)}{f'(a_n)} \cdots$ ③. すなわち, $a < a_1 < \cdots < a_n < c$. よって p.2 の定理 1 により $a_n \to \alpha \, (n \to \infty)$ である. いま ③ において $n \to \infty$ とすると, $\alpha = \alpha - \dfrac{f(\alpha)}{f'(\alpha)}$ となり, $f(\alpha) = 0$ である. (1) より $f(x) = 0$ の解は c 以外にはないから $\alpha = c$ である.

〰〰〰 **問 題** 〰〰〰〰〰〰〰〰〰〰〰〰〰〰〰〰〰〰〰〰〰〰

8.1 方程式 $f(x) = x^3 - 2x - 5 = 0$ が 2 と 2.5 の間にただ 1 つの解をもつことを示せ. また $a_1 = 2.5$ を第 1 近似値として, 第 2 近似値を求めよ.

3 積分法とその応用

3.1 不定積分

● **不定積分** ● 1つの区間内で関数 $f(x)$ を考えたとき，$F'(x) = f(x)$ となるような関数 $F(x)$ を $f(x)$ の**不定積分**といい，$F(x) = \int f(x)\,dx$ と書く．また $F(x)$ を $f(x)$ の1つの不定積分とすれば，他の**不定積分**はすべて $F(x) + C$（C は定数）の形に書ける．この C を**積分定数**という．積分定数は必要のない限り書かないことにする．

● **基本公式** ●

	関数 $f(x)$	不定積分 $\int f(x)dx$		関数 $f(x)$	不定積分 $\int f(x)dx$
(1)	$(x-a)^\alpha$ $\begin{pmatrix}\alpha \neq -1\\ \alpha\text{ は実数}\end{pmatrix}$	$\dfrac{(x-a)^{\alpha+1}}{\alpha+1}$	(8)	$\sqrt{x^2 \pm a^2}$ $(a \neq 0)$	$\dfrac{1}{2}\{x\sqrt{x^2 \pm a^2} \pm a^2 \log(x + \sqrt{x^2 \pm a^2})\}$
(2)	$(x \pm a)^{-1}$	$\log|x \pm a|$	(9)	$\sin x$	$-\cos x$
(3)	$\dfrac{1}{x^2+a^2}$ $(a \neq 0)$	$\dfrac{1}{a}\tan^{-1}\dfrac{x}{a}$	(10)	$\cos x$	$\sin x$
			(11)	$\sec^2 x$	$\tan x$
			(12)	$\mathrm{cosec}^2 x$	$-\cot x$
(4)	$\dfrac{1}{x^2-a^2}$ $(a \neq 0)$	$\dfrac{1}{2a}\log\left|\dfrac{x-a}{x+a}\right|$	(13)	$\tan x$	$-\log|\cos x|$
			(14)	$\cot x$	$\log|\sin x|$
(5)	$\dfrac{1}{\sqrt{a^2-x^2}}$ $(a > 0)$	$\sin^{-1}\dfrac{x}{a}$	(15)	$\sec x$	$\log\left|\tan\left(\dfrac{x}{2}+\dfrac{\pi}{4}\right)\right|$
(6)	$\dfrac{1}{\sqrt{x^2+a}}$ $(a > 0)$	$\log|x + \sqrt{x^2+a}|$	(16)	$\mathrm{cosec}\, x$	$\log\left|\tan\dfrac{x}{2}\right|$
			(17)	e^x	e^x
(7)	$\sqrt{a^2-x^2}$ $(a > 0)$	$\dfrac{1}{2}(x\sqrt{a^2-x^2} + a^2\sin^{-1}\dfrac{x}{a})$	(18)	a^{mx} $\begin{pmatrix}a > 0\\ a \neq 1\\ m \neq 0\end{pmatrix}$	$\dfrac{1}{m\log a}a^{mx}$

---

* $\sec x,\ \mathrm{cosec}\, x,\ \cot x$ はそれぞれつぎのような関数のことである．
$$\sec x = \frac{1}{\cos x}, \quad \mathrm{cosec}\, x = \frac{1}{\sin x}, \quad \cot x = \frac{1}{\tan x}$$

● 計算公式 ●

(19) $\displaystyle\int \{f(x) \pm g(x)\}\,dx = \int f(x)\,dx \pm \int g(x)\,dx$

(20) $\displaystyle\int k\,f(x)\,dx = k\int f(x)\,dx$ （k は定数）

(21) $\displaystyle\int f(x)g'(x)\,dx = f(x)g(x) - \int f'(x)g(x)\,dx$ （部分積分法）

(22) $\displaystyle\int f(x)\,dx = xf(x) - \int xf'(x)\,dx$

(23) $x = g(t)$ のとき $\displaystyle\int f(x)\,dx = \int f(g(t))g'(t)\,dt$ （置換積分法）

(24) $\displaystyle\int \frac{f'(x)}{f(x)}\,dx = \log|f(x)|$

● 有理関数の積分法 ●

有理関数の積分は部分分数分解によりつぎの(25), (26)に帰着される（部分分数分解の具体的方法は p.39, 40 を参照）．

(25) $\displaystyle\int \frac{A}{(x-a)^n}\,dx = \begin{cases} A\log|x-a| & (n=1) \\ \dfrac{A}{-n+1}(x-a)^{-n+1} & (n \neq 1) \end{cases}$

(26) $\displaystyle\int \frac{Bx+C}{(x^2+px+q)^n}\,dx,\quad (p^2-4q)<0.$ ここで $x+\dfrac{p}{2}=t,\ q-\dfrac{p^2}{4}=a^2$ とおくと，(26)はつぎの(27), (28)の積分に帰着される．

(27) $\displaystyle\int \frac{t}{(t^2+a^2)^n}\,dt = \begin{cases} \dfrac{1}{2}\log|t^2+a^2| & (n=1) \\ \dfrac{1}{2(-n+1)}(t^2+a^2)^{-n+1} & (n \neq 1) \end{cases}$

(28) $I_n = \displaystyle\int \frac{dt}{(t^2+a^2)^n}$ とおくと，

$I_n = \dfrac{1}{a^2}\left\{\dfrac{t}{(2n-2)(t^2+a^2)^{n-1}} + \dfrac{2n-3}{2n-2}I_{n-1}\right\}\quad (n=2,3,\cdots)$

$I_1 = \dfrac{1}{a}\tan^{-1}\dfrac{t}{a}$

3.1 不定積分

── 例題 1 ──────────────── 積分の基本公式の適用 ──

つぎの関数の不定積分を求めよ.
(1) $\dfrac{5x^2-3x+1}{x}$ (2) $\dfrac{1}{1-x^2}$ (3) $\dfrac{5}{4x^2+3}$
(4) $\dfrac{3}{\sqrt{5x^2+4}}$ (5) $\dfrac{4}{\sqrt{3x^2-6}}$ (6) $\dfrac{1}{\sqrt{16-9x^2}}$

[解答] (1) (分子の x の次数)≧(分母の x の次数) のときは分子を分母で割ること. $\displaystyle\int \dfrac{5x^2-3x+1}{x}\,dx = \int\left(5x-3+\dfrac{1}{x}\right)dx = \dfrac{5}{2}x^2-3x+\log|x|.$

(2) $\displaystyle\int \dfrac{1}{1-x^2}\,dx = -\int \dfrac{1}{x^2-1}\,dx = -\dfrac{1}{2}\log\left|\dfrac{x-1}{x+1}\right|$ $\begin{pmatrix}\text{p.35 の基本公式(4)}\\ \text{を用いる.}\end{pmatrix}$

(3) $\displaystyle\int \dfrac{5}{4x^2+3}\,dx = \dfrac{5}{4}\int \dfrac{dx}{x^2+(\sqrt{3}/2)^2} = \dfrac{5}{4}\cdot\dfrac{1}{\sqrt{3}/2}\tan^{-1}\dfrac{x}{\sqrt{3}/2}$
$= \dfrac{5}{2\sqrt{3}}\tan^{-1}\dfrac{2x}{\sqrt{3}}$ (p.35 の基本公式(3)を用いる.)

(4) $\displaystyle\int \dfrac{3}{\sqrt{5x^2+4}}\,dx = \dfrac{3}{\sqrt{5}}\int \dfrac{dx}{\sqrt{x^2+4/5}} = \dfrac{3}{\sqrt{5}}\log(x+\sqrt{x^2+4/5})$

(5) $\displaystyle\int \dfrac{4}{\sqrt{3x^2-6}}\,dx = \dfrac{4}{\sqrt{3}}\int \dfrac{dx}{\sqrt{x^2-2}} = \dfrac{4}{\sqrt{3}}\log|x+\sqrt{x^2-2}|$

(上記(4),(5)は p.35 の基本公式(6)を用いる. (4)は $x+\sqrt{x^2+4/5}$ がつねに正であるので絶対値は不要であるが,(5)の場合は $x+\sqrt{x^2-2}$ が負となることもあるので絶対値をつける必要がある.)

(6) $\displaystyle\int \dfrac{dx}{\sqrt{16-9x^2}} = \dfrac{1}{3}\int \dfrac{dx}{\sqrt{(4/3)^2-x^2}} = \dfrac{1}{3}\sin^{-1}\dfrac{3}{4}x$ $\begin{pmatrix}\text{p.35 の基本公式}\\ \text{(5)を用いる.}\end{pmatrix}$

問 題

1.1 つぎの関数の不定積分を求めよ.
(1) $\dfrac{3x^2-4x+2}{\sqrt{x}}$ (2) $\dfrac{x^4}{1-x^2}$ (3) $\dfrac{1}{\sqrt{x^2+1}}$
(4) $\dfrac{4}{\sqrt{2x^2-3}}$ (5) $\dfrac{4}{x}-\dfrac{3}{\sqrt{1-x^2}}$ (6) $\dfrac{x^2}{x^2+1}$
(7) $\dfrac{3}{x^2}+\dfrac{2}{1+x^2}$ (8) $\left(\cos\dfrac{x}{2}-\sin\dfrac{x}{2}\right)^2$ (9) $\dfrac{1}{(x-3)(x+2)}$

1.2 微分することにより,p.35 の基本公式の表の結果を確かめよ.

―― 例題 2 ――――――――――――――――――――――― 置換積分法・部分積分法 ――

つぎの関数を積分せよ．

(1) $\dfrac{1}{(4-x^2)^{3/2}}$　　(2) $x^n \log x$　（n は整数）

[解答] (1) 置換積分法（p.36 の公式(23)）を用いる．$x = 2\sin t$ とおくと，$dx = 2\cos t \, dt$．よって，$(4-x^2)^{3/2} = (4 - 4\sin^2 t)^{3/2} = 8\cos^3 t$.

$$I = \int \frac{2\cos t}{8\cos^3 t} dt = \frac{1}{4} \int \frac{1}{\cos^2 t} dt = \frac{1}{4} \tan t \quad (\text{p.35 の公式(11)より})$$

つぎに x の関数で表す（このことは定積分のとき不要となるので省いてもよい）．

$$I = \frac{1}{4} \frac{\sin t}{\cos t} = \frac{1}{4} \frac{\sin t}{\sqrt{1-\sin^2 t}} = \frac{1}{4} \frac{x/2}{\sqrt{1-(x/2)^2}} = \frac{1}{4} \frac{x}{\sqrt{4-x^2}}$$

(2) x^n を積分する方，$\log x$ を微分する方と考えて部分積分法（p.36 の公式(21)）を用いる．$n \neq -1$ のとき，

$$I = \int x^n \log x \, dx = \frac{1}{n+1} x^{n+1} \log x - \int \frac{1}{n+1} x^{n+1} \frac{1}{x} dx$$
$$= \frac{x^{n+1}}{n+1} \log x - \frac{1}{n+1} \int x^n \, dx = \frac{x^{n+1}}{n+1}\left(\log x - \frac{1}{n+1} \right)$$

$n = -1$ のとき，$1/x$ を積分する方，$\log x$ を微分する方と考え部分積分法を用いる．

$$I = \int \frac{1}{x} \log x \, dx = (\log x)^2 - \int (\log x) \frac{1}{x} dx = (\log x)^2 - I$$

ゆえに右辺の I を左辺に移項して，$2I = (\log x)^2$．よって，$I = \dfrac{1}{2}(\log x)^2$．

～～ **問　題** ～～～～～～～～～～～～～～～～～～～～～～～～～～～～～～

2.1* つぎの関数を積分せよ（置換積分法）．

(1) $\dfrac{1}{e^x + e^{-x}}$　　(2) $\dfrac{3x}{\sqrt{1-x^4}}$　　(3) $\dfrac{x^2}{x^6 - 1}$

(4) $\dfrac{1}{(a^2 + x^2)^{3/2}}$　　($a > 0$)

2.2 つぎの関数を積分せよ（部分積分法）．

(1) $x^2 \cos x$　　(2)** $x^2/(1-x^2)^{3/2}$　　(3) $x \sin^{-1} x$
(4)** $x^3 \sqrt{1-x^2}$

――――――――――

* (1) $e^x = t$，(2) $x^2 = t$，(3) $x^3 = t$，(4) $x = a\tan t$ とおけ．

** (2)は $x \cdot \dfrac{x}{(1-x^2)^{3/2}}$，(4)は $x^2 \cdot (x\sqrt{1-x^2})$ と考えよ．

---- 例題 3 -- 有理関数の積分 (1) ----

つぎの有理関数を積分せよ．

(1) $\dfrac{3x-7}{(x+3)(x+1)^3}$ (2) $\dfrac{4}{x^3+4x}$

解答 (1) $\dfrac{3x-7}{(x+3)(x+1)}$ のときは $\dfrac{A}{x+3}+\dfrac{B}{x+1}$ とおいて部分分数に分解するが，この例題のように分母に $(x+1)^3$ がある場合は，

$$\dfrac{3x-7}{(x+3)(x+1)^3} = \dfrac{A}{x+3} + \dfrac{B_1}{(x+1)^3} + \dfrac{B_2}{(x+1)^2} + \dfrac{B_3}{x+1}$$

とおいて部分分数に分解する．この等式の分母を払うと，

$$3x-7 = A(x+1)^3 + B_1(x+3) + B_2(x+3)(x+1) + B_3(x+3)(x+1)^2$$

これは恒等式であるので，$x=-3, -1$ のとき成立する．そこで，$x=-3$ とおくと，$-16 = A(-3+1)^3$ より $A=2$. $x=-1$ とおくと，$-10 = B_1 \cdot 2$ より $B_1 = -5$. また，x^3 の係数を比較して，$0 = A + B_3$ より $B_3 = -2$. x^2 の係数を比較して，$0 = 3A + B_2 + 5B_3$ より $B_2 = 4$. よって

$$\int \dfrac{3x-7}{(x+3)(x+1)^3} dx = \int \left\{ \dfrac{2}{x+3} - \dfrac{5}{(x+1)^3} + \dfrac{4}{(x+1)^2} - \dfrac{2}{x+1} \right\} dx$$

$$= 2\log|x+3| - \dfrac{5}{-2}(x+1)^{-2} + \dfrac{4}{-1}(x+1)^{-1} - 2\log|x+1|$$

$$= \log\dfrac{(x+1)^2}{(x+3)^2} + \dfrac{5}{2}\dfrac{1}{(x+1)^2} - \dfrac{4}{x+1}$$

(2) $\dfrac{4}{x^3+4x} = \dfrac{4}{x(x^2+4)} = \dfrac{A}{x} + \dfrac{Bx+C}{x^2+4}$ とおき，分母を払って $4 = (A+B)x^2 + Cx + 4A$. これより $A+B=0, C=0, 4A=4$ となり，これを解くと，$A=1, B=-1, C=0$ となる．よって，

$$\int \dfrac{4}{x^3+4x} dx = \int \dfrac{1}{x} dx - \int \dfrac{x}{x^2+4} dx = \log|x| - \dfrac{1}{2}\log|x^2+4|$$

$$= \log(|x|/\sqrt{x^2+4})$$

～ 問 題 ～～～～～～～～～～～～～～～～～～～～～～～～～～～～

3.1 つぎの有理関数を積分せよ．

(1)* $\dfrac{x^5+x^4-8}{x^3-4x}$ (2) $\dfrac{x^3+1}{x(x-1)^3}$

$*$ 分母より分子の次数が高いので，x^5+x^4-8 を x^3-4x で割ること．

---例題 4-------------------------------------有理関数の積分 (2)---

有理関数 $\dfrac{2x}{(x+1)(x^2+1)^2}$ を積分せよ.

解答 $\dfrac{2x}{(x+1)(x^2+1)^2} = \dfrac{A}{x+1} + \dfrac{Bx+C}{(x^2+1)^2} + \dfrac{Dx+E}{x^2+1}$ とおき分母を払う.

$$2x = A(x^2+1)^2 + (Bx+C)(x+1) + (Dx+E)(x+1)(x^2+1)$$

そこで $x=-1$ とおくと $-2=4A$, x^4 の係数を比較すると $0=A+D$, x^3 の係数を比較すると $0=D+E$, x^2 の係数を比較すると $0=2A+B+D+E$, $x=0$ とおくと $0=A+C+E$ となる. よって, $A=-\dfrac{1}{2}, B=C=1, D=\dfrac{1}{2}, E=-\dfrac{1}{2}$.
したがって

$$I = \int \dfrac{2x}{(x+1)(x^2+1)^2}\,dx = \int \left\{-\dfrac{1}{2}\dfrac{1}{x+1} + \dfrac{x+1}{(x^2+1)^2} + \dfrac{x-1}{2(x^2+1)}\right\}dx$$

$$= -\dfrac{1}{2}\log|x+1| + \int \left\{\dfrac{x}{(x^2+1)^2} + \dfrac{1}{(x^2+1)^2} + \dfrac{1}{2}\left(\dfrac{x}{x^2+1} - \dfrac{1}{x^2+1}\right)\right\}dx$$

p.36 の公式(27)より

$$\int \dfrac{x}{(x^2+1)^2}\,dx = -\dfrac{1}{2}\dfrac{1}{x^2+1}, \quad \int \dfrac{x}{x^2+1}\,dx = \dfrac{1}{2}\log(x^2+1)$$

また, p.36 の公式(28)より

$$\int \dfrac{1}{(x^2+1)^2}\,dx^* = \dfrac{x}{2(x^2+1)} + \dfrac{1}{2}\int \dfrac{1}{x^2+1}\,dx = \dfrac{1}{2}\dfrac{x}{x^2+1} + \dfrac{1}{2}\tan^{-1}x$$

$$\therefore\ I = -\dfrac{1}{2}\log|x+1| - \dfrac{1}{2}\dfrac{1}{x^2+1} + \dfrac{1}{2}\dfrac{x}{x^2+1} + \dfrac{1}{2}\tan^{-1}x + \dfrac{1}{4}\log(x^2+1)$$

$$-\dfrac{1}{2}\tan^{-1}x = \dfrac{1}{4}\log\dfrac{x^2+1}{(x+1)^2} + \dfrac{1}{2}\dfrac{x-1}{x^2+1}$$

注意 $\displaystyle *\int \dfrac{dx}{(x^2+1)^2} = \int \dfrac{(x^2+1)-x^2}{(x^2+1)^2}\,dx = \int \dfrac{dx}{x^2+1} - \int \dfrac{x}{2}\cdot\dfrac{2x}{(x^2+1)^2}\,dx$ として, 第 2 項の不定積分に部分積分法を用いてもよい.

～～ 問　題 ～～～～～～～～～～～～～～～～～～～～～～～～～～～～～

4.1 つぎの有理関数を積分せよ.

(1) $\dfrac{1}{x^3+1}$　　(2) $\dfrac{x^2}{x^4+x^2-2}$

3.2 三角関数，無理関数，指数関数，対数関数の積分法

●**三角関数の積分法**● $\dfrac{\sin x}{1+\sin x+\cos x}$ のように $\sin x$ と $\cos x$ の有理式の場合は

(1) $\tan\dfrac{x}{2}=t \quad \left(\sin x=\dfrac{2t}{1+t^2},\ \cos x=\dfrac{1-t^2}{1+t^2},\ \dfrac{dx}{dt}=\dfrac{2}{1+t^2}\right)$

と置換することによって，有理関数に直すことができる．

また特別な場合は

(2) $\tan x=t,\quad \cos x=t,\quad \sin x=t$

と置換してもよい．

●**漸化式**●

(3) $\displaystyle\int \sin^m x\ \cos^n x\,dx = \dfrac{\sin^{m+1} x\ \cos^{n-1} x}{m+n}+\dfrac{n-1}{m+n}\int \sin^m x\ \cos^{n-2} x\,dx$

$\hfill (m+n \neq 0)$

(4) $\displaystyle\int \sin^m x\,dx = -\dfrac{\sin^{m-1} x\ \cos x}{m}+\dfrac{m-1}{m}\int \sin^{m-2} x\,dx \hfill (m \neq 0)$

●**無理関数の積分法**● $f(u,v)$ は u,v の有理式とする．無理関数はつぎのような置換を行うことによって有理関数に直すことができる．

被積分関数	置換法
(5) $f(x,\sqrt[n]{ax+b})\quad (a\neq 0)$	$\sqrt[n]{ax+b}=t$
(6) $f\left(x,\sqrt[n]{\dfrac{ax+b}{cx+d}}\right)\quad (ad-bc\neq 0)$	$\sqrt[n]{\dfrac{ax+b}{cx+d}}=t$
(7) $f(x,\sqrt{ax^2+bx+c})$ $D=b^2-4ac\neq 0,\quad a\neq 0$	(i) $a>0$ $\sqrt{ax^2+bx+c}=t-\sqrt{a}x$
	(ii) $a<0,\quad D>0$ $ax^2+bx+c=-a(x-\alpha)(\beta-x)$ $(\alpha<\beta)$ とし $\sqrt{\dfrac{x-\alpha}{\beta-x}}=t$
(8) $f(x,\sqrt{a^2-x^2})\quad (a>0)$	$x=a\sin t$
(9) $f(x,\sqrt{x^2-a^2})\quad (a>0)$	$x=a\sec t$
(10) $f(x,\sqrt{x^2+a^2})\quad (a>0)$	$x=a\tan t$

---例題 5---三角関数の積分法---

つぎの関数を積分せよ．

(1) $\dfrac{\sin x}{1+\sin x}$ (2) $\dfrac{1}{\cos^2 x + 4\sin^2 x}$ (3) $\sin^3 x \cos^3 x$

[解答] (1) $\tan(x/2) = t$ とおくと，p.41 の(1)より

$$\int \frac{\sin x}{1+\sin x}\,dx = \int \frac{2t/(1+t^2)}{1+2t/(1+t^2)} \frac{2}{1+t^2}\,dt = 4\int \frac{t}{(1+t^2)(1+t)^2}\,dt$$

$$= 2\int \left(\frac{1}{1+t^2} - \frac{1}{(1+t)^2}\right)dt = 2\left(\tan^{-1} t + \frac{1}{1+t}\right) = x + \frac{2}{1+\tan(x/2)}$$

(2) $\tan(x/2) = t$ とおいてもよいが，与えられた分母分子を $\cos^2 x$ で割ると，$\dfrac{1}{\cos^2 x + 4\sin^2 x} = \dfrac{\sec^2 x}{1+4\tan^2 x}$ となるので，p.41 の(2)より $\tan x = t$ とおくと，$\sec^2 x\,dx = dt$ となるのでこの方が簡単である．

$$\int \frac{dx}{\cos^2 x + 4\sin^2 x} = \int \frac{\sec^2 x\,dx}{1+4\tan^2 x} = \int \frac{dt}{1+4t^2}$$

$$= \frac{1}{2}\tan^{-1} 2t = \frac{1}{2}\tan^{-1}(2\tan x)$$

(3) p.41 の(2)より $\sin x = t$ とおくと，$\cos x\,dx = dt$ より

$$\int \sin^3 x \, \cos^3 x\,dx = \int \sin^3 x(1-\sin^2 x)\cos x\,dx$$

$$= \int t^3(1-t^2)\,dt = \frac{t^4}{4} - \frac{t^6}{6} = \frac{\sin^4 x}{4} - \frac{\sin^6 x}{6}$$

問題

5.1* つぎの関数を積分せよ．

(1) $\dfrac{1+\sin x}{\sin x(1+\cos x)}$ (2) $\dfrac{1-2\cos x}{5-4\cos x}$ (3) $\dfrac{1}{1+\sin x}$

(4) $\sin^4 x \cos^2 x$ (5) $\dfrac{\sin^2 x}{\cos^3 x}$ (6) $\cos^2 x$

---

* (1), (2)は $\tan(x/2) = t$ とおけ．(3)は $\tan(x/2) = t$ とおいてもよいが，分母分子に $1-\sin x$ をかけて考えよ．(4)は p.41 の漸化式を用いよ．(5)は $\tan(x/2) = t$ とおいてもよいが，$\sin x = t$ とおく方が簡単である．

例題 6 ───────────────────────────── 無理関数の積分法 (1)

つぎの関数を積分せよ．

(1) $\dfrac{1}{x+\sqrt{x-1}}$　　(2) $\dfrac{1}{x}\sqrt{\dfrac{1-x}{x}}$

解答 (1) p.41 の無理関数の積分法(5)を用いる．
$\sqrt{x-1}=t$ とおくと，$x-1=t^2, x=t^2+1, dx=2t\,dt$ であるから，

$$\int \frac{dx}{x+\sqrt{x-1}} = \int \frac{2t}{t^2+1+t}\,dt = \int \frac{2t+1-1}{t^2+t+1}\,dt$$

$$= \int \frac{2t+1}{t^2+t+1}\,dt - \int \frac{1}{t^2+t+1}\,dt$$

$$= \log|t^2+t+1| - \int \frac{1}{(t+1/2)^2+(\sqrt{3}/2)^2}\,dt$$

$$= \log|t^2+t+1| - \frac{1}{\sqrt{3}/2}\tan^{-1}\frac{t+1/2}{\sqrt{3}/2}$$

$$= \log|x+\sqrt{x-1}| - \frac{2}{\sqrt{3}}\tan^{-1}\frac{2\sqrt{x-1}+1}{\sqrt{3}}$$

(2) p.41 の無理関数の積分法(6)を用いる．
$\sqrt{(1-x)/x} = t$ とおくと，$(1-x)/x = t^2$．これを x について解いて，$x = 1/(t^2+1)$．よって $dx = -2t/(t^2+1)^2\,dt$．したがって，

$$\int \frac{1}{x}\sqrt{\frac{1-x}{x}}\,dx = \int (t^2+1)t\frac{-2t}{(t^2+1)^2}\,dt = \int \frac{-2t^2}{t^2+1}\,dt$$

$$= \int \left(-2 + \frac{2}{t^2+1}\right)dt = -2t + 2\tan^{-1}t = -2\sqrt{\frac{1-x}{x}} + 2\tan^{-1}\sqrt{\frac{1-x}{x}}$$

問題

6.1* つぎの関数の不定積分を求めよ．

(1) $\dfrac{1}{1+\sqrt[3]{1+x}}$　　(2) $\dfrac{1}{x\sqrt{1-x}}$　　(3) $\sqrt{\dfrac{x-1}{x+1}}$

(4) $\dfrac{\sqrt[4]{x}}{1+\sqrt{x}}$　　(5) $\dfrac{1}{x+3}\sqrt{\dfrac{x+1}{x+2}}$

---

* (1), (2)は p.41 の(5)を用いよ．(3), (5)は p.41 の(6)を用いよ．(4)は $\sqrt[4]{x}$ の 4 と $\sqrt{x}$ の 2 の最小公倍数は 4 であるので $\sqrt[4]{x}=t$ とおけ．

例題 7 ──────────────────────────── 無理関数の積分法 (2) ──

つぎの関数を積分せよ．

(1) $\dfrac{1}{(x-1)\sqrt{x^2-4x-2}}$ (2) $\dfrac{x}{\sqrt{2-x-x^2}}$

[解答] (1) p.41 の無理関数の積分法(7)(i)を用いる．
$\sqrt{x^2-4x-2}=t-x$ とおくと，$x=\dfrac{1}{2}\dfrac{t^2+2}{t-2},\ \dfrac{dx}{dt}=\dfrac{t^2-4t-2}{2(t-2)^2}$. よって，

$$x-1=\frac{t^2-2t+6}{2(t-2)},\quad \sqrt{x^2-4x-2}=t-x=\frac{t^2-4t-2}{2(t-2)}$$

$$\therefore\ I=\int\frac{dx}{(x-1)\sqrt{x^2-4x-2}}=2\int\frac{dt}{t^2-2t+6}=2\int\frac{dt}{(t-1)^2+5}$$

$$=2\frac{1}{\sqrt{5}}\tan^{-1}\frac{t-1}{\sqrt{5}}=\frac{2}{\sqrt{5}}\tan^{-1}\frac{1}{\sqrt{5}}(\sqrt{x^2-4x-2}+x-1)$$

(2) p.41 の無理関数の積分法(7)(ii)を用いる．
$-x^2-x+2=-(x+2)(x-1)$ より $\alpha=-2,\ \beta=1$ であるので，

$$\sqrt{\frac{x+2}{1-x}}=t\ \text{とおくと，}\ \frac{x+2}{1-x}=t^2,\quad x=\frac{t^2-2}{1+t^2},\quad dx=\frac{6t}{(1+t^2)^2}dt$$

また，$\sqrt{2-x-x^2}=(1-x)\sqrt{\dfrac{x+2}{1-x}}=\dfrac{3t}{1+t^2}$ であるから，

$$I=\int\frac{x}{\sqrt{2-x-x^2}}=\int\frac{2(t^2-2)}{(1+t^2)^2}dt=2\int\frac{t^2-2}{(1+t^2)^2}dt$$

$$=2\int\frac{t^2+1-3}{(1+t^2)^2}dt=2\int\left\{\frac{1}{t^2+1}-\frac{3}{(t^2+1)^2}\right\}dt$$

$$=2\tan^{-1}t-6\frac{1}{2\cdot 1}\left\{(4-3)\tan^{-1}t+\frac{t}{t^2+1}\right\}\quad (\text{p.36 の (28) より})$$

$$=-\tan^{-1}t-\frac{3t}{t^2+1}=-\tan^{-1}\sqrt{\frac{x+2}{1-x}}-\sqrt{2-x-x^2}$$

───── 問 題 ─────

7.1* つぎの関数を積分せよ．

(1) $\dfrac{1}{(x-1)\sqrt{2+x-x^2}}$ (2) $\dfrac{\sqrt{x^2+4x}}{x^2}$ (3) $\sqrt{x+\sqrt{2+x^2}}$

---

* (1)は $\sqrt{\dfrac{x+1}{2-x}}=t$, (2)は $\sqrt{x^2+4x}=t-x$, (3)は $x+\sqrt{2+x^2}=t$ とおけ．

3.2 三角関数，無理関数，指数関数，対数関数の積分法　　45

---**例題 8**─────────────────**指数関数，対数関数等の積分法**─

つぎの関数をかっこ内に示した置換によって積分せよ．

(1) $\sqrt{e^x - 1}$　$(\sqrt{e^x - 1} = t)$　　(2) $\dfrac{(\log x)^n}{x}$, $n \neq -1$　$(\log x = t)$

(3) $\dfrac{1}{x^2 \sqrt{x^2 - 3}}$, $x > 0$　$\left(x = \dfrac{1}{t},\ t > 0\right)$

解答 (1) $\sqrt{e^x - 1} = t$ とおくと，$e^x = t^2 + 1$, $x = \log(t^2 + 1)$, $\dfrac{dx}{dt} = \dfrac{2t}{t^2 + 1}$.

よって $I = \displaystyle\int \sqrt{e^x - 1}\, dx = \int t \dfrac{2t}{t^2 + 1}\, dt = 2 \int \left(1 - \dfrac{1}{t^2 + 1}\right) dt$.

(2) $\log x = t$ とおくと，$x = e^t$, $dx = e^t dt$. よって

$$I = \int \dfrac{(\log x)^n}{x}\, dx = \int \dfrac{t^n}{e^t} e^t dt = \int t^n dt = \dfrac{1}{n+1} t^{n+1} = \dfrac{(\log x)^{n+1}}{n+1}$$

(3) $x = \dfrac{1}{t}$ とおくと，$dx = -\dfrac{1}{t^2} dt$. よって

$$I = \int \dfrac{1}{x^2 \sqrt{x^2 - 3}}\, dx = \int t^2 \dfrac{t}{\sqrt{1 - 3t^2}} \left(-\dfrac{1}{t^2}\right) dt = \int \dfrac{-t}{\sqrt{1 - 3t^2}}\, dt$$

$$= \dfrac{1}{6} \int \dfrac{-6t}{\sqrt{1 - 3t^2}}\, dt = \dfrac{1}{3} \sqrt{1 - 3t^2} = \dfrac{\sqrt{x^2 - 3}}{3x}$$

～～ **問　題** ～～～～～～～～～～～～～～～～～～～～～～～～～～～～

8.1　つぎの関数を積分せよ．

(1) $\dfrac{1}{e^{2x} - 2e^x}$　　(2) $\dfrac{1}{(e^x + e^{-x})^4}$　　(3) $\dfrac{1}{\sqrt{e^{3x} + 4}}$

(4) $\dfrac{e^{2x}}{\sqrt[4]{e^x + 1}}$　　(5) $\dfrac{\log(1 + x)}{\sqrt{1 + x}}$　　(6) $x(\log x)^2$　　(7) $\dfrac{\sqrt{1 + \log x}}{x}$

8.2　つぎの関数をかっこ内に示した置換によって積分せよ．

(1) $\dfrac{x^2}{\sqrt{4x - x^2}}$ $(x - 2 = t)$　　(2) $\dfrac{1}{x^2(x^2 - 1)^{3/2}}$ $\left(x = \sec\theta,\ 0 < \theta < \dfrac{\pi}{2}\right)$

(3) $\dfrac{1}{(1 - x^2)\sqrt{x^2 + 1}}$ $(x = \tan\theta)$　　(4) $\dfrac{1}{(1 + x^2)\sqrt{1 - x^2}}$ $(x = \sin\theta)$

(5) $\dfrac{1}{x\sqrt{4 - x^2}}$ $\left(x = \dfrac{1}{t} > 0\right)$　　(6) $\dfrac{1}{x^2\sqrt{27x^2 + 6x - 1}}$ $\left(x = \dfrac{1}{t} > 0\right)$

(7) $\dfrac{1}{(x + 1)\sqrt{1 + x - x^2}}$ $\left(x + 1 = \dfrac{1}{t} > 0\right)$

3.3 定積分

●**定積分の定義**● 関数 $f(x)$ は閉区間 $[a,b]$ で連続であるとする．区間 $[a,b]$ をつぎのように小区間に分割する (等分とは限らない)．

$$\Delta: \quad a = x_0 < x_1 < x_2 \cdots < x_n = b$$

この分割を Δ で表し，小区間 $[x_{i-1}, x_i]$ の幅の長さを d_i とし，d_i の中で 1 番大きいものを d とする．すなわち，

$$d = \max\{x_i - x_{i-1}; 1 \leqq i \leqq n\}$$

いま，各小区間 $[x_{i-1}, x_i]$ に点 c_i を任意にとり，

$$S(\Delta) = \sum_{i=1}^{n} f(c_i)\,(x_i - x_{i-1})$$

とする．$S(\Delta)$ を $f(x)$ の分割 Δ に関する**リーマン和**という．ここで，$d \to 0$ となるように分割をさらに細かくしていくと，$S(\Delta)$ はこの分割の仕方や，c_i のとり方に無関係に一定の値に収束するとき，$f(x)$ は $[a, b]$ で**積分可能**であるといい，この極限値を $f(x)$ の **$[a, b]$ における定積分**といって，$\int_a^b f(x)\,dx$ で表す．

ここに $f(x)$ を**被積分関数**，b を定積分の**上端**，a を**下端**という．

●**連続関数の定積分**●

<u>定理 1</u> （連続関数の定積分可能性） 閉区間 $[a, b]$ で連続な関数 $f(x)$ は積分可能である．

●**定積分の基本性質**●

<u>定理 2</u> $f(x), g(x)$ は閉区間 $[a, b]$ で連続とする．

(1) $\displaystyle\int_a^b f(x)\,dx = -\int_b^a f(x)\,dx$

(2)* k を定数とすると，$\displaystyle\int_a^b k\,f(x)\,dx = k\int_a^b f(x)\,dx$

(3)* $\displaystyle\int_a^b \{f(x) \pm g(x)\}\,dx = \int_a^b f(x)\,dx \pm \int_a^b g(x)\,dx$

(4) a, b, c を $f(x)$ が積分可能である区間に属する 3 つの数とすると，

$$\int_a^b f(x)\,dx = \int_a^c f(x)\,dx + \int_c^b g(x)\,dx$$

* (2), (3) を被積分関数についての**線形性**という．

(5) $f(x) \leqq g(x)$ ならば $\int_a^b f(x)\,dx \leqq \int_a^b g(x)\,dx$

特に $f(x) \geqq 0$ ならば $\int_a^b f(x)\,dx \geqq 0$.

(6) $\left|\int_a^b f(x)\,dx\right| \leqq \int_a^b |f(x)|\,dx \quad (a<b)$

定理 3（定積分の平均値の定理） 関数 $f(x)$ が閉区間 $[a,b]$ で連続ならば，

$$\int_a^b f(x)\,dx = (b-a)f(c)$$

のような c が a と b との間に少なくとも 1 つ存在する．

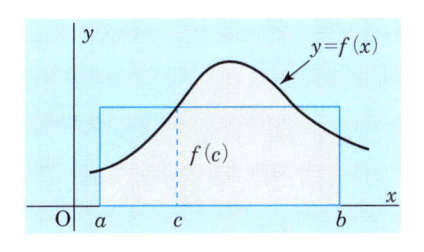

定理 4（微分積分学の基本定理） 関数 $f(x)$ は閉区間 $[a,b]$ で連続であるとする．

(7) $F(x) = \int_a^x f(t)\,dt \quad (a \leqq x \leqq b)$ とすると，$F(x)$ は微分可能で $F'(x) = f(x)$. すなわち連続関数は原始関数をもつ．

注意 $\dfrac{d}{dx}\int_a^x f(t)\,dt = f(x)$ を通常 $\dfrac{d}{dx}\int_a^x f(x)\,dx = f(x)$ と書く．

定理 5（定積分の計算） $f(x)$ は $[a,b]$ で連続関数とする．$F(x)$ を $f(x)$ の 1 つの不定積分とすると，

(8) $\int_a^b f(x)\,dx = F(b) - F(a) \quad$（右辺を $[F(x)]_a^b$ で表す）

注意 高等学校では普通(8)を定積分の定義とする．しかし本書ではリーマンに従って定積分は前頁のように定義し，(8)は上記のように定理として導く．

定理 6（置換積分法） $f(x)$ は $[a,b]$ で連続とする．$x = g(t)$ とおき，t が α から β までかわるとき，$x = g(t)$ は a から b までかわり，$g'(t), f(g(t))$ がこの区間で連続とすると，

(9) $\int_a^b f(x)\,dx = \int_\alpha^\beta f(g(t))g'(t)\,dt, \quad g(\alpha) = a, \quad g(\beta) = b$

$a > b$ のとき $\int_a^b f(x)\,dx = -\int_b^a f(x)\,dx$, $a = b$ のとき $\int_a^a f(x)\,dx = 0$ と定義する．

定理 7 （部分積分法） $f(x), g(x)$ は $[a,b]$ で微分可能，$f'(x), g'(x)$ が $[a,b]$ で連続ならば，

$$\int_a^b f(x)g'(x)\,dx = [f(x)g(x)]_a^b - \int_a^b f'(x)g(x)\,dx$$

● **面積** ● 長方形の面積は，縦と横の長さの積であり，この長方形の面積をもとにして，三角形や一般の多角形の面積が求められる．つぎに，$y = f(x)$（閉区間 $[a,b]$ で連続で，$f(x) \geq 0$）のグラフと x 軸との間にある面積 S を求める．

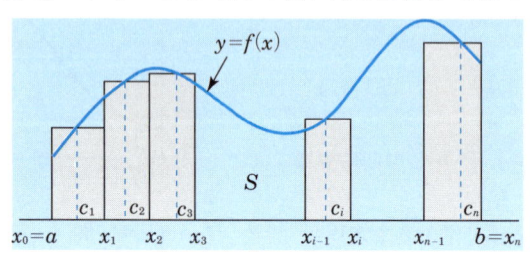

上図のように，閉区間 $[a,b]$ を $a = x_0 < x_1 < x_2 < \cdots < x_n = b$ となるような分点 $x_1, x_2, \cdots, x_{n-1}$ によって，n 個の小区間に分割し（等分とは限らない），その小区間の中にそれぞれ1つずつ任意に c_i をとり，$\Delta x_i = x_i - x_{i-1}$ とする．各長方形の面積は，$f(c_1)\Delta x_1, f(c_2)\Delta x_2, \cdots, f(c_n)\Delta x_n$ となり，これらを加えると，

$$S(\Delta) = \sum_{i=1}^n f(c_i)\Delta x_i$$

これは p.46 で述べたリーマン和で，面積 S の近似値である．いま n を大きくし，小区間の幅の最大なものが 0 になるように，Δx_i を限りなく 0 に近づけると，このリーマン和 $S(\Delta)$ は $\int_a^b f(x)\,dx$ に近づく．つまり，面積 S は次式で与えられる．

$$S = \int_a^b f(x)\,dx$$

● **三角関数の定積分の公式** ● $n \geq 2$ のとき

(10) $\displaystyle \int_0^{\pi/2} \sin^n x\,dx = \int_0^{\pi/2} \cos^n x\,dx = \begin{cases} \dfrac{n-1}{n}\dfrac{n-3}{n-2}\cdots\dfrac{4}{5}\dfrac{2}{3} & (n\,;\text{奇数}) \\[2mm] \dfrac{n-1}{n}\dfrac{n-3}{n-2}\cdots\dfrac{3}{4}\dfrac{1}{2}\dfrac{\pi}{2} & (n\,;\text{偶数}) \end{cases}$

3.3 定積分

---**例題 9**---定積分---

つぎの定積分を求めよ．

(1) $\displaystyle\int_0^{\sqrt{3}/2} \frac{5}{4x^2+3}\,dx$ (2) $\displaystyle\int_0^1 \frac{3}{\sqrt{5x^2+4}}\,dx$ (3) $\displaystyle\int_0^1 \frac{x^2}{\sqrt{x^2+4}}\,dx$

[解答] (1) p.37 の例題 1 (3) で問題の不定積分は計算されているのでそれを用いると，

$$\int_0^{\sqrt{3}/2} \frac{5\,dx}{4x^2+3} = \left[\frac{5}{2\sqrt{3}}\tan^{-1}\frac{2x}{\sqrt{3}}\right]_0^{\sqrt{3}/2} = \frac{5}{2\sqrt{3}}(\tan^{-1}1 - \tan^{-1}0) = \frac{5\pi}{8\sqrt{3}}$$

(2) p.37 の例題 1 (4) で問題の不定積分は計算されているのでそれを用いると，

$$\int_0^1 \frac{3\,dx}{\sqrt{5x^2+4}} = \left[\frac{3}{\sqrt{5}}\log\left(x+\sqrt{x^2+\frac{4}{5}}\right)\right]_0^1$$

$$= \frac{3}{\sqrt{5}}\left\{\log\left(1+\sqrt{1+\frac{4}{5}}\right) - \log\sqrt{\frac{4}{5}}\right\} = \frac{3}{\sqrt{5}}\left\{\log\left(1+\frac{3}{\sqrt{5}}\right) - \log\frac{2}{\sqrt{5}}\right\}$$

$$= \frac{3}{\sqrt{5}}\log\frac{\sqrt{5}+3}{2}$$

(3) $\displaystyle\int_0^1 \frac{x^2}{\sqrt{x^2+4}}\,dx = \int_0^1 \frac{x^2+4-4}{\sqrt{x^2+4}} = \int_0^1 \left(\sqrt{x^2+4} - \frac{4}{\sqrt{x^2+4}}\right)dx$

$$= \left[\frac{1}{2}\{x\sqrt{x^2+4} + 4\log(x+\sqrt{x^2+4})\} - 4\log(x+\sqrt{x^2+4})\right]_0^1$$

$$= \left[\frac{1}{2}x\sqrt{x^2+4} - 2\log(x+\sqrt{x^2+4})\right]_0^1$$

$$= \frac{1}{2}\sqrt{5} - 2\log(1+\sqrt{5}) + 2\log\sqrt{4} = \frac{1}{2}\sqrt{5} - 2\log\frac{1+\sqrt{5}}{2}$$

~~~ **問 題** ~~~

9.1 つぎの定積分を求めよ．

(1) $\displaystyle\int_0^{2/\sqrt{3}} \frac{1}{\sqrt{16-9x^2}}\,dx$ (2) $\displaystyle\int_0^1 e^{-2x}\,dx$ (3) $\displaystyle\int_0^1 \frac{1}{1+x^2}\,dx$

(4) $\displaystyle\int_0^{\pi/2} \frac{\cos x}{1+\sin x}\,dx$ (5) * $\displaystyle\int_0^{1/2} \frac{x^2}{\sqrt{1-x^2}}\,dx$

---

* $\displaystyle\frac{x^2}{\sqrt{1-x^2}} = -\frac{1-x^2-1}{\sqrt{1-x^2}} = -\sqrt{1-x^2} + \frac{1}{\sqrt{1-x^2}}$ と変形せよ．

例題 10 ───────────────── 定積分の置換積分法 ───

つぎの定積分を求めよ．

(1) $\displaystyle\int_0^1 \log(1+\sqrt{x})\,dx$ (2) $\displaystyle\int_0^{\pi/2} \frac{\sin x}{1+\sin x}\,dx$

[解答] (1) $f(x) = \log(1+\sqrt{x})$ は $[0,1]$ で連続で，$\sqrt{x} = t$ とおくと $x = t^2$ であるので，$g(t) = t^2$ も $[0,1]$ で連続である．よって p.47 の定積分の置換積分法を用いる．$dx = 2t\,dt$ より，

$$I = \int_0^1 \log(1+t)\cdot 2t\,dt = \left[t^2 \log(1+t)\right]_0^1 - \int_0^1 t^2 \cdot \frac{1}{1+t}\,dt$$

$$= \log 2 - \int_0^1 \left(t - 1 + \frac{1}{t+1}\right)dt = \log 2 - \left[\frac{t^2}{2} - t + \log|t+1|\right]_0^1$$

$$= \log 2 - (1/2 - 1 + \log 2) = 1/2$$

(2) $f(x) = \dfrac{\sin x}{1+\sin x}$ は $\left[0, \dfrac{\pi}{2}\right]$ で連続で，$\tan\dfrac{x}{2} = t$ とおくと，$x = 2\tan^{-1} t$ となり，$g(t) = 2\tan^{-1} t$ も $[0,1]$ で連続である．よって p.47 の定積分の置換積分法を用いる．p.41 の (1)（不定積分の置換）より

$$\int_0^{\pi/2} \frac{\sin x}{1+\sin x}\,dx = \int_0^1 \frac{2t/(1+t^2)}{1+2t/(1+t^2)} \cdot \frac{2}{1+t^2}\,dt$$

$$= \int_0^1 \left\{\frac{2}{1+t^2} - \frac{2}{(1+t)^2}\right\}dt = \left[2\tan^{-1} t + \frac{2}{1+t}\right]_0^1 = \frac{\pi}{2} - 1$$

───── 問題 ─────

10.1* かっこ内に示した置換により，つぎの定積分を求めよ．

(1) $\displaystyle\int_0^1 x^2\sqrt{1-x^2}\,dx$ $(x = \sin t)$ (2) $\displaystyle\int_0^1 \frac{\sqrt[4]{x}}{1+\sqrt{x}}\,dx$ $(\sqrt[4]{x} = t)$

(3) $\displaystyle\int_0^{\pi/2} \frac{dx}{2+\cos x}$ $\left(\tan\dfrac{x}{2} = t\right)$ (4)** $\displaystyle\int_{-1}^1 \frac{dx}{(1+x^2)^2}$ $(x = \tan t)$

(5) $\displaystyle\int_0^{1/\sqrt{2}} \frac{3x}{\sqrt{1-x^4}}\,dx$ $(x^2 = t)$

(6) $\displaystyle\int_0^1 \sin^{-1}\sqrt{\dfrac{x}{x+1}}\,dx$ $\left(\sin^{-1}\sqrt{\dfrac{x}{x+1}} = t\right)$

---
* 例題10は $f(x), g(t)$ の連続性を確認したが，頭の中で確認し解答には書かないことが多い．
** p.36 の公式 (28)（漸化式）を用いてもよい．

---例題 11--------------------------定積分の部分積分法---

つぎの定積分を求めよ.

(1) $\displaystyle\int_1^2 x^n \log x\, dx \quad (n > -1)$ (2) $\displaystyle\int_0^{\pi/2} \dfrac{x + \sin x}{1 + \cos x}\, dx$

[解答] (1) 部分積分法を用いる.

$$\int_1^2 x^n \log x\, dx = \left[\frac{x^{n+1}}{n+1}\log x\right]_1^2 - \frac{1}{n+1}\int_1^2 x^n\, dx$$

$$= \frac{2^{n+1}}{n+1}\log 2 - \frac{1}{n+1}\left[\frac{x^{n+1}}{n+1}\right]_1^2$$

$$= \frac{2^{n+1}}{n+1}\log 2 - \frac{2^{n+1}-1}{(n+1)^2}$$

(2) $\displaystyle I = \int_0^{\pi/2}\frac{x+\sin x}{1+\cos x}\,dx = \int_0^{\pi/2}\frac{x}{1+\cos x}\,dx + \int_0^{\pi/2}\frac{\sin x}{1+\cos x}\,dx$

$= I_1 + I_2$

$\displaystyle I_1 = \int_0^{\pi/2}\frac{x}{1+\left(2\cos^2\frac{x}{2}-1\right)}\,dx = \int_0^{\pi/2}\frac{1}{2}x\sec^2\frac{x}{2}\,dx$

部分積分を行って

$$= \left[x\tan\frac{x}{2}\right]_0^{\pi/2} - \int_0^{\pi/2}\tan\frac{x}{2}\,dx = \frac{\pi}{2} - \int_0^{\pi/2}\tan\frac{x}{2}\,dx$$

$\displaystyle I_2 = \int_0^{\pi/2}\frac{2\sin\frac{x}{2}\cos\frac{x}{2}}{2\cos^2\frac{x}{2}}\,dx = \int_0^{\pi/2}\tan\frac{x}{2}\,dx$

ゆえに I_1 と I_2 と加えると,求める積分は

$$I = \frac{\pi}{2}$$

～～ 問 題 ～～～～～～～～～～～～～～～～～～～～～～～～～

11.1 つぎの定積分を求めよ.

(1) $\displaystyle\int_0^{\pi/2} x^2 \sin x\, dx$ (2) $\displaystyle\int_0^{a/2}\frac{x^2}{(a^2-x^2)^{3/2}}\,dx \quad (a>0)$

(3) $\displaystyle\int_0^1 x^3\sqrt{1-x^2}\,dx$ (4) $\displaystyle\int_0^{\pi/2} x\sin^2 x\, dx$

---- 例題 12 ────────────────────────────── 種々の定積分 ─

m, n を正の整数とするとき，つぎを証明せよ．

$$\int_{-\pi}^{\pi} \sin mx \, \sin nx \, dx = \int_{-\pi}^{\pi} \cos mx \, \cos nx \, dx = \begin{cases} 0 & (m \neq n) \\ \pi & (m = n) \end{cases}$$

$$\int_{-\pi}^{\pi} \sin mx \, \cos nx \, dx = 0$$

[解答] 前見返しの三角関数の積を和・差にする公式を用いる．

(i) $m \neq n$ のとき，

$$\int_{-\pi}^{\pi} \sin mx \, \sin nx \, dx = \int_{-\pi}^{\pi} \frac{\cos(m-n)x - \cos(m+n)x}{2} dx$$

$$= \frac{1}{2} \left[\frac{\sin(m-n)x}{m-n} - \frac{\sin(m+n)x}{m+n} \right]_{-\pi}^{\pi} = 0$$

$$\int_{-\pi}^{\pi} \cos mx \, \cos nx \, dx = \int_{-\pi}^{\pi} \frac{\cos(m+n)x + \cos(m-n)x}{2} dx$$

$$= \frac{1}{2} \left[\frac{\sin(m+n)x}{m+n} + \frac{\sin(m-n)x}{m-n} \right]_{-\pi}^{\pi} = 0$$

$$\int_{-\pi}^{\pi} \sin mx \, \cos nx \, dx = -\frac{1}{2} \left[\frac{\cos(m+n)x}{m+n} + \frac{\cos(m-n)x}{m-n} \right]_{-\pi}^{\pi} = 0$$

(ii) $m = n$ のとき，

$$\int_{-\pi}^{\pi} \sin^2 mx \, dx = \int_{-\pi}^{\pi} \frac{1 - \cos 2mx}{2} dx = \frac{1}{2} \left[x - \frac{\sin 2mx}{2m} \right]_{-\pi}^{\pi} = \pi$$

$$\int_{-\pi}^{\pi} \cos^2 mx \, dx = \int_{-\pi}^{\pi} \frac{1 + \cos 2mx}{2} dx = \frac{1}{2} \left[x + \frac{\sin 2mx}{2m} \right]_{-\pi}^{\pi} = \pi$$

$$\int_{-\pi}^{\pi} \sin mx \cos mx \, dx = \int_{-\pi}^{\pi} \frac{1}{2} \sin 2mx \, dx = \left[-\frac{1}{2} \frac{\cos 2mx}{2m} \right]_{-\pi}^{\pi} = 0$$

〜〜 問　題 〜〜〜〜〜〜〜〜〜〜〜〜〜〜〜〜〜〜〜〜〜〜〜〜〜〜〜

12.1 つぎの定積分を求めよ．

(1) $\displaystyle\int_0^1 \frac{1-x^2}{1+x^2} dx$　　(2) $\displaystyle\int_0^{\pi/2} \frac{\cos x}{1+\sin^2 x} dx$

(3) $\displaystyle\int_0^a \frac{dx}{\sqrt{x+a}+\sqrt{x}}$　$(a > 0)$

12.2 p.48 の三角関数の定積分の公式 (10) を証明せよ．

例題 13 ─ 面積

(1) 曲線 $x^{1/2} + y^{1/2} = a^{1/2}$ $(a > 0)$ と座標軸とによって囲まれた図形の面積を求めよ．

(2) 楕円 $\dfrac{x^2}{a^2} + \dfrac{y^2}{b^2} = 1$ $(a > b > 0)$ の面積を求めよ．

解答 (1) $x^{1/2} + y^{1/2} = a^{1/2}$ のときは $y = (a^{1/2} - x^{1/2})^2$，そして $a \geqq x \geqq 0$ で

x	0	$\cdots$	a
y	a	$\searrow$	0

したがって，求める面積を S とすると

$$S = \int_0^a (a^{1/2} - x^{1/2})^2 dx$$
$$= \int_0^a (a - 2a^{1/2} + x)\, dx = \left[ax - \frac{4}{3}\sqrt{a}\, x^{3/2} + \frac{1}{2}x^2 \right]_0^a$$
$$= a^2 - \frac{4}{3}a^2 + \frac{1}{2}a^2 = \frac{1}{6}a^2$$

(2) 楕円は x 軸および y 軸に関して対称であるから，楕円の面積を S とすると，第 1 象限にある面積は $S/4$ である．$y \geqq 0$ とすると，$y = b\sqrt{a^2 - x^2}/a$．したがって

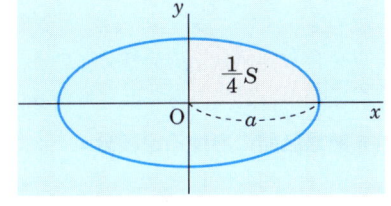

$$\frac{1}{4}S = \int_0^a \frac{b}{a}\sqrt{a^2 - x^2}\, dx$$
$$= \frac{b}{2a} \left[x\sqrt{a^2 - x^2} + a^2 \sin^{-1} \frac{x}{a} \right]_0^a$$
$$= \frac{b}{2a} a^2 \sin^{-1} 1 = \frac{ab}{2} \frac{\pi}{2} = \frac{\pi ab}{4} \quad \therefore \quad S = \pi ab$$

問題

13.1 つぎの面積を求めよ．

(1) 双曲線 $xy + x + y = 1$ と座標軸とによって囲まれた部分．

(2) 曲線 $y = \dfrac{1}{x^2 + 1}$ と放物線 $x^2 = 2y$ によって囲まれた部分．

(3) $0 \leqq x \leqq 2\pi$ で $y = x \sin x$ と x 軸が囲む部分．

3.4 定積分の定義の拡張(広義積分)

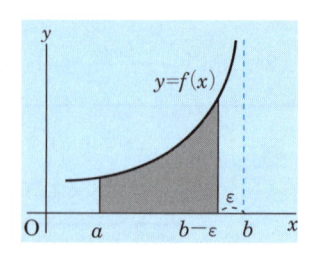

● **不連続な点がある場合** ● 関数 $f(x)$ が閉区間 $[a,b]$ で連続ならば,定積分 $\int_a^b f(x)\,dx$ は存在することは p.46 の定理 1 で述べた.いま $f(x)$ が $a \leq x < b$ で連続で $x = b$ で不連続であるとき,任意の $\varepsilon > 0$ に対して,$\displaystyle\lim_{\varepsilon \to +0}\int_a^{b-\varepsilon} f(x)\,dx$ を考え,この極限値が存在するとき,a から b までの $f(x)$ の定積分と定める.すなわち,$\displaystyle\int_a^b f(x)\,dx = \lim_{\varepsilon \to +0}\int_a^{b-\varepsilon} f(x)\,dx \cdots$ ①.

同様に $f(x)$ が $a < x \leq b$ のとき連続で,$x = a$ で不連続であるときには,
$$\int_a^b f(x)\,dx = \lim_{\varepsilon \to +0}\int_{a+\varepsilon}^b f(x)\,dx \cdots ②$$
と定める.

また,$f(x)$ が a と b の間の 1 点 c を除けば $a \leq x \leq b$ で連続であるときには,
$$\int_a^b f(x)\,dx = \lim_{\varepsilon \to +0}\int_a^{c-\varepsilon} f(x)\,dx + \lim_{\varepsilon' \to +0}\int_{c+\varepsilon'}^b f(x)\,dx \cdots ③$$
と定める.①のときの b,②のときの a,③のときの c を**定積分の特異点**といい,特異点を含む定積分を**広義積分**という.なお,区間 $[a,b]$ において $f(x)$ を不連続にする有限個の特異点のあるときも同様に考えるものとする.

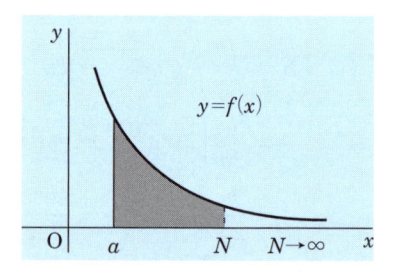

● **無限区間における定積分** ● $a \leq x < \infty$ で,$f(x)$ が連続であるとする.いま $\displaystyle\lim_{N \to \infty}\int_a^N f(x)\,dx$ を考え,この極限値が存在するとき,これを a から ∞ までの定積分といい,$\displaystyle\int_a^\infty f(x)\,dx$ で表す.すなわち,
$$\int_a^\infty f(x)\,dx = \lim_{N \to \infty}\int_a^N f(x)\,dx.$$
同様につぎのように定める.
$$\int_{-\infty}^b f(x)\,dx = \lim_{M \to -\infty}\int_M^b f(x)\,dx, \quad \int_{-\infty}^\infty f(x)\,dx = \lim_{\substack{N \to +\infty \\ M \to -\infty}}\int_M^N f(x)\,dx$$

3.4 定積分の定義の拡張（広義積分）

---**例題 14**---広義積分 (1)---

つぎの定積分を求めよ．

(1) $\displaystyle\int_0^3 \frac{x\,dx}{\sqrt[3]{(x^2-1)^2}}$ (2) $\displaystyle\int_0^1 \frac{dx}{\sqrt{1-x^2}}$ (3) $\displaystyle\int_0^1 \frac{dx}{x}$

[解答] （1）この定積分の特異点は 1 である．よって

$$\int_0^3 \frac{x\,dx}{\sqrt[3]{(x^2-1)^2}} = \lim_{\varepsilon \to +0}\int_0^{1-\varepsilon} \frac{x\,dx}{\sqrt[3]{(x^2-1)^2}} + \lim_{\varepsilon' \to +0}\int_{1+\varepsilon'}^3 \frac{x\,dx}{\sqrt[3]{(x^2-1)^2}}$$

$$= \lim_{\varepsilon \to +0}\left[\frac{3}{2}(x^2-1)^{1/3}\right]_0^{1-\varepsilon} + \lim_{\varepsilon' \to +0}\left[\frac{3}{2}(x^2-1)^{1/3}\right]_{1+\varepsilon'}^3$$

$$= \lim_{\varepsilon \to 0}\frac{3}{2}\{((1-\varepsilon)^2-1)^{1/3} - (-1)^{1/3}\} + \lim_{\varepsilon' \to 0}\frac{3}{2}\{8^{1/3} - ((1+\varepsilon')^2-1)^{1/3}\}$$

$$= \frac{3}{2}(1+2) = \frac{9}{2}$$

（2） $I = \displaystyle\int_0^1 \frac{dx}{\sqrt{1-x^2}}$ の特異点は 1 である．ゆえに

$$I = \lim_{\varepsilon \to +0}\int_0^{1-\varepsilon} \frac{dx}{\sqrt{1-x^2}} = \lim_{\varepsilon \to +0}[\sin^{-1} x]_0^{1-\varepsilon} = \lim_{\varepsilon \to +0}\{\sin^{-1}(1-\varepsilon) - \sin^{-1} 0\}$$

$$= \sin^{-1} 1 = \pi/2$$

（3）この定積分の特異点は 0 である．ゆえに

$$\int_0^1 \frac{dx}{x} = \lim_{\varepsilon \to +0}\int_\varepsilon^1 \frac{1}{x}\,dx = \lim_{\varepsilon \to +0}[\log x]_\varepsilon^1 = \log 1 - \lim_{\varepsilon \to +0}\log \varepsilon = \infty$$

したがって $\displaystyle\int_0^1 \frac{dx}{x}$ は存在しない．

問題

14.1 つぎの定積分（広義積分）を求めよ．

(1) $\displaystyle\int_{-1}^1 \frac{dx}{1-x^2}$ (2) $\displaystyle\int_0^1 \log x\,dx$ (3) $\displaystyle\int_1^3 \frac{dx}{\sqrt{|x(x-2)|}}$

(4) $\displaystyle\int_0^\pi \frac{dx}{\sin x + \cos x}$ (5) $\displaystyle\int_\alpha^\beta \frac{dx}{\sqrt{(x-\alpha)(\beta-x)}}$ $(\alpha < \beta)$

14.2 $\displaystyle\int_{-1}^1 \frac{dx}{x^2} = \left[-\frac{1}{x}\right]_{-1}^1 = -2$ の誤りを指摘して正しい結果を述べよ．

---例題 15---　　　　　　　　　　　　　　　　　　　　　　　広義積分 (2)---

つぎの積分を計算せよ．

(1) $\displaystyle\int_1^\infty \frac{dx}{x^\alpha}$　$(\alpha > 0)$　　(2) $\displaystyle\int_0^\infty \sin x\, dx$　　(3) $\displaystyle\int_{-\infty}^\infty \frac{dx}{x^2+4}$

[解答]　(1)　$\displaystyle\int_1^\infty \frac{dx}{x^\alpha} = \lim_{N\to\infty}\left[\frac{1}{1-\alpha}\frac{1}{x^{\alpha-1}}\right]_1^N$　$(\alpha \neq 1)$

$\displaystyle = \lim_{N\to\infty}\frac{1}{1-\alpha}\left(\frac{1}{N^{\alpha-1}}-1\right) = \begin{cases} +\infty & (\alpha < 1) \\ \dfrac{1}{\alpha-1} & (\alpha > 1) \end{cases}$

$\displaystyle\int_1^\infty \frac{dx}{x} = \lim_{N\to\infty}[\log x]_1^N = \lim_{N\to\infty}(\log N) = +\infty$

(2)　$\displaystyle\int_0^\infty \sin x\, dx = \lim_{N\to\infty}[-\cos x]_0^N = 1 - \lim_{N\to\infty}\cos N$．いま，$N \to \infty$ のとき，$\cos N$ は極限値をもたない．ゆえにこの広義積分は発散である．

(3)　$\displaystyle\int_{-\infty}^\infty \frac{dx}{x^2+4} = \lim_{\substack{M\to\infty\\N\to-\infty}}\left[\frac{1}{2}\tan^{-1}\frac{x}{2}\right]_N^M$

$\displaystyle = \frac{1}{2}\left\{\lim_{M\to\infty}\tan^{-1}\frac{M}{2} - \lim_{N\to-\infty}\tan^{-1}\frac{N}{2}\right\} = \frac{1}{2}\left\{\frac{\pi}{2}-\left(-\frac{\pi}{2}\right)\right\} = \frac{\pi}{2}$

[注意]　$\displaystyle\lim_{\substack{M\to\infty\\N\to-\infty}}\left[\frac{1}{2}\tan^{-1}\frac{x}{2}\right]_N^M$ を略して $\displaystyle\left[\frac{1}{2}\tan^{-1}\frac{x}{2}\right]_{-\infty}^\infty$ と書いてよい．

～～ 問　題 ～～～～～～～～～～～～～～～～～～～～～～～～～～～～～～～～

15.1　つぎの積分を求めよ．

(1) $\displaystyle\int_0^\infty \frac{dx}{\sqrt[3]{e^x-1}}$　$(\sqrt[3]{e^x-1}=z$ とおけ$)$　　(2) $\displaystyle\int_{-\infty}^0 e^{3x}\sqrt{1-e^{3x}}\,dx$

(3)* $\displaystyle\int_{-\infty}^\infty \frac{dx}{4x^2+6x+3}$　　(4) $\displaystyle\int_1^\infty \frac{dx}{x(1+x^2)}$　（部分分数に直せ）

(5)** $\displaystyle\int_0^\infty e^{-x^2}x^{2n+1}dx$　$(x^2=t$ とおけ$)$

15.2***不等式 $\displaystyle\int_0^\infty e^{-x^2}dx < 1+\frac{1}{2e}$ を証明せよ．

―――――――――――――――
*　　分母 $=(2x+3/2)^2+3/4$ とせよ．
**　 p.108 のガンマ関数 $(p=2n+2)$ である．
*** $0<x<1$ のとき $e^{-x^2}<1$，$x\geqq 1$ のとき $e^{-x^2}<xe^{-x^2}$ として考えよ．

3.5 定積分の応用

● **面積** ● 　直角軸の場合　関数 $y = f(x)$ は $[a,b]$ で連続とする．$f(x) \geqq 0$ のときこの曲線と x 軸との間の面積は $S = \int_a^b f(x)\,dx$ で与えられることは p.48 で述べた．つぎに，$y = g(x)$ も $[a,b]$ で連続で $f(x) \geqq g(x)$ とすると，この 2 曲線が $[a,b]$ で囲む部分の面積は

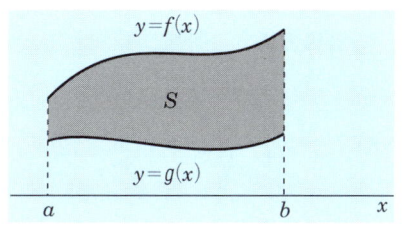

(1) 　$S = \int_a^b \{f(x) - g(x)\}\,dx$

　媒介変数表示の場合　区間 $[t_1, t_2]$ で $x = \varphi(t)$ は導関数が連続で，$y = \psi(t)$ は連続とする．$\varphi(t_1) = a, \varphi(t_2) = b$ とするとき，曲線 $x = \varphi(t), y = \psi(t)$，2 直線 $x = a, x = b$，および x 軸によって囲まれる部分の面積はつぎの式で与えられる．

(2) 　$S = \int_{t_1}^{t_2} y \dfrac{dx}{dt}\,dt$

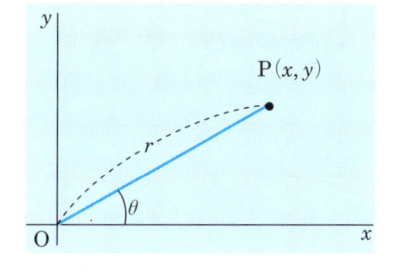

　極座標　xy 平面上の点 $P(x, y)$ が与えられたとき，$r = \overrightarrow{OP} = \sqrt{x^2 + y^2}$ とし，θ を x 軸とベクトル $\overrightarrow{OP}$ の間の角とすると

$$x = r\cos\theta, \quad y = r\sin\theta$$

逆に，$r(\geqq 0), \theta$ を与えると，この点 P が決まる．このように点 P に対して r と θ を定めることを**極座標表示**といい，(r, θ) を P の**極座標**という．P が原点でないとき，θ を P の**偏角**という．このとき r, θ は $r > 0, 0 \leqq \theta < 2\pi$ と制限するとただ一組決まる．

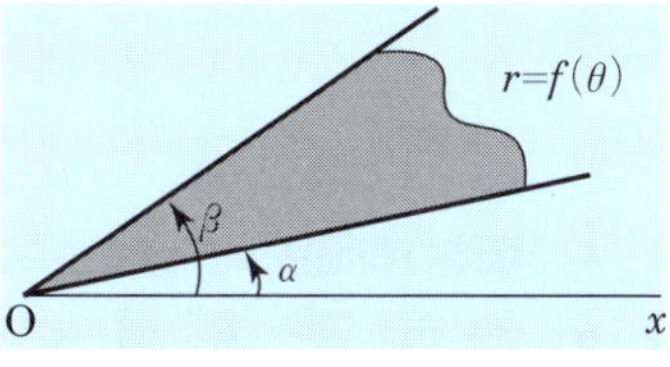

　極座標の場合　曲線 $r = f(\theta) (f(\theta)$ は $[\alpha, \beta]$ で連続) と 2 つの半直線 $\theta = \alpha, \theta = \beta$ で囲まれる図形の面積は

(3) 　$S = \dfrac{1}{2} \int_\alpha^\beta r^2\,d\theta$

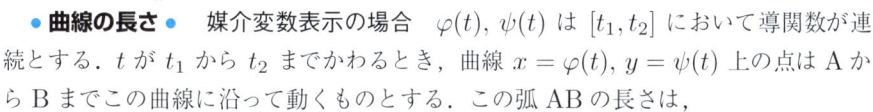

● **曲線の長さ** ● 　媒介変数表示の場合　$\varphi(t), \psi(t)$ は $[t_1, t_2]$ において導関数が連続とする．t が t_1 から t_2 までかわるとき，曲線 $x = \varphi(t), y = \psi(t)$ 上の点は A から B までこの曲線に沿って動くものとする．この弧 AB の長さは，

(4) $\displaystyle L = \int_{t_1}^{t_2} \sqrt{\left(\frac{dx}{dt}\right)^2 + \left(\frac{dy}{dt}\right)^2} dt$

直角軸の場合 曲線が $y = f(x)$ ($f(x)$ は $[a, b]$ で導関数が連続)によって与えられた場合,その曲線の長さは,

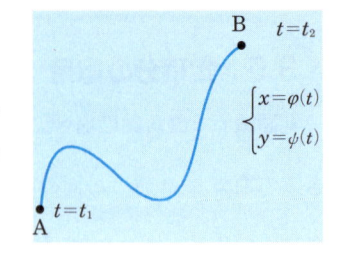

(5) $\displaystyle L = \int_a^b \sqrt{1 + \left(\frac{dy}{dx}\right)^2} dx$

極座標の場合 曲線が極座標 $r = f(\theta)$ ($f(\theta)$ は $[\alpha, \beta]$ で導関数が連続)で与えられた場合,その曲線の長さは,

(6) $\displaystyle L = \int_\alpha^\beta \sqrt{r^2 + \left(\frac{dr}{d\theta}\right)^2} d\theta$

● **立体の体積** ● 右図で直線 l に垂直な平面で立体 K を切るとき断面積が $S(x)$ ならば立体の体積はつぎの式で与えられる.

(7) $\displaystyle V = \int_a^b S(x)\, dx$ (カバリエリの原理)

● **回転体の体積** ● **直交軸の場合** 曲線 $y = f(x)$ ($f(x)$ は $[a, b]$ で連続)と2直線 $x = a, x = b$ および x 軸によって囲まれた部分を x 軸のまわりに1回転してできる回転体の体積は

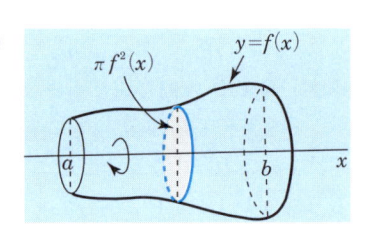

(8) $\displaystyle V = \pi \int_a^b \{f(x)\}^2 dx$

媒介変数表示の場合 曲線 $x = \varphi(t), y = \psi(t)$ ($[t_1, t_2]$ で $\varphi(t)$ は導関数が連続で,$\psi(t)$ は連続)のとき,この曲線が x 軸のまわりに1回転してできる回転体の体積は,

(9) $\displaystyle V = \pi \int_{t_1}^{t_2} y^2 \frac{dx}{dt}\, dt$

● **回転体の表面積** ● **媒介変数表示の場合** 曲線 $x = \varphi(t), y = \psi(t)$ ($\varphi'(t), \psi'(t)$ は $[t_1, t_2]$ で連続)の弧 AB を x 軸のまわりに1回転してできる回転体の表面積はつぎの式で与えられる.

(10) $\displaystyle S = 2\pi \int_{t_1}^{t_2} y \sqrt{\left(\frac{dx}{dt}\right)^2 + \left(\frac{dy}{dt}\right)^2} dt$

直角座標の場合　曲線 $y=f(x)$（$f(x)$ は $[a,b]$ で導関数が連続）が x 軸のまわりに 1 回転してできる回転体の表面積は

(11) $\quad S = 2\pi \displaystyle\int_a^b y\sqrt{1+\left(\dfrac{dy}{dx}\right)^2}\,dx$

極座標の場合　曲線 $r=f(\theta)$（$f(\theta)$ は $[\alpha,\beta]$ で導関数が連続）の弧 AB を原線のまわりに 1 回転してできる表面積は，$r\sin\theta \geqq 0$ のとき，

(12) $\quad S = 2\pi \displaystyle\int_\alpha^\beta \sqrt{r^2+\left(\dfrac{dr}{d\theta}\right)^2}\,r\sin\theta\,d\theta$

● **定積分の近似計算** ●　定積分を計算する際，$f(x)$ の原始関数を求めて，$\displaystyle\int_a^b f(x)dx = [F(x)]_a^b$ としたが，関数 $f(x)$ に対して原始関数 $F(x)$ がつねに求められるとは限らない（p.60 の例題 16 (2) 参照）．このようなときつぎの方法で定積分の近似値を計算する．

(i)　**台形公式**　区間 $[a,b]$ を n 等分し各分点に対する $f(x)$ の値を右図のように，$y_0, y_1, y_2, \cdots, y_n$ とすると，つぎの**台形公式**が得られる．

(13) $\quad \displaystyle\int_a^b f(x)dx \fallingdotseq \dfrac{b-a}{2n}\{y_0$
$\qquad +2(y_1+y_2+\cdots+y_{n-1})+y_n\}$

(ii)　**シンプソンの公式**　区間 $[a,b]$ を $2n$ 等分する分割

$\qquad a = x_0 < x_1 < x_2 < \cdots < x_{2n} = b$

の各点における $f(x)$ の値を

$\qquad y_0, y_1, y_2, \cdots, y_{2n}$

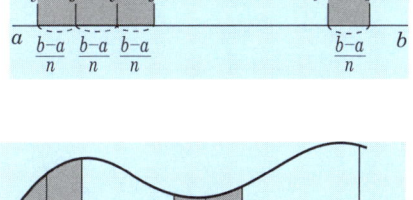

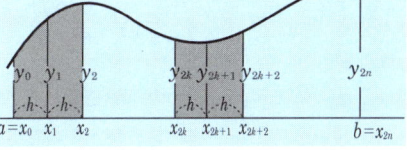

とし，$h = x_i - x_{i-1}$ とすればつぎの**シンプソンの公式**が得られる．

(14) $\quad \displaystyle\int_a^b f(x)dx \fallingdotseq \dfrac{h}{3}\{y_0 + 4(y_1+\cdots+y_{2n-1}) + 2(y_2+\cdots+y_{2n-2}) + y_{2n}\}$

---例題 16---　　　　　　　　　　　　　　　　　　　　　　　　　　　面積・曲線の長さ---

(1) 曲線 $y^2(2-x) = x^3$（シソイド）とその漸近線 $x = 2$ との間にある部分の面積を求めよ（p.64 の図参照）．

(2) 楕円 $\dfrac{x^2}{a^2} + \dfrac{y^2}{b^2} = 1\ (a > b > 0)$ の周の長さを定積分の形で表せ．

[解答] (1) 面積は閉区間 $[a, b]$ で連続な関数 $f(x)$ を a から b までの定積分で定義したが，広義積分が存在するときも面積を考えることにする．よって求める面積を S とすると，$\dfrac{1}{2}S = \lim\limits_{\varepsilon \to +0} \int_0^{2-\varepsilon} \sqrt{\dfrac{x^3}{2-x}}\, dx$．そこで，$x = 2\sin^2\theta$ とおく．$dx = 4\sin\theta\,\cos\theta\, d\theta$ より

$$\frac{1}{2}S = \lim_{\varepsilon \to +0} \int_0^{\pi/2-\varepsilon} \frac{2\sin^3\theta}{\cos\theta} 4\sin\theta\,\cos\theta\, d\theta = 8\int_0^{\pi/2}\sin^4\theta\, d\theta = 8 \cdot \frac{3}{4} \cdot \frac{1}{2} \cdot \frac{\pi}{2}$$

（p.48 の三角関数の定積分の公式 (10) 参照．）ゆえに $S = 3\pi$．

(2) 楕円の周の長さを求める．$x = a\cos\theta,\ y = b\sin\theta$ はこの楕円を媒介変数 θ で表示したものである．p.58 の公式(4)によって，

$$\left(\frac{dx}{d\theta}\right)^2 + \left(\frac{dy}{d\theta}\right)^2 = (-a\sin\theta)^2 + (b\cos\theta)^2 = a^2\left(1 - \frac{(a^2-b^2)}{a^2}\cos^2\theta\right)$$

いま，$\dfrac{a^2-b^2}{a^2} = e^2$ とおくと，$L = 4a\displaystyle\int_0^{\pi/2}\sqrt{1-e^2\cos^2\theta}\, d\theta$．ここで $\theta = \dfrac{\pi}{2} - t$ とおくと，$L = 4a\displaystyle\int_{\pi/2}^0 \sqrt{1 - e^2\cos^2\left(\dfrac{\pi}{2} - t\right)}(-dt) = 4a\int_0^{\pi/2}\sqrt{1-e^2\sin^2 t}\, dt$ となる．

[注意] $\sqrt{1-e^2\sin^2 t}$ の不定積分はこれまで習った関数（初等関数）では表せないものである．$\displaystyle\int \frac{dt}{\sqrt{1-k^2\sin^2 t}},\ \int \sqrt{1-k^2\sin^2 t}\, dt\ (0 < k < 1)$ の形になる積分は初等関数で表すことができないもので前者を**第 1 種楕円積分**，後者を**第 2 種楕円積分**という．

～～ 問　題 ～～

16.1* 星芒形（アステロイド）$x^{2/3} + y^{2/3} = a^{2/3}\ (a > 0)$ の面積および全長を求めよ．

16.2* サイクロイド $x = a(\theta - \sin\theta)\ y = a(1 - \cos\theta)\ (a > 0)$ において，$0 \leqq \theta \leqq 2\pi$ の部分の弧の長さを求めよ．また $0 \leqq \theta \leqq 2\pi$ と x 軸で囲まれた部分の面積を求めよ．

---

* 星芒形（アステロイド），サイクロイドのグラフは p.64 を見よ．

3.5 定積分の応用

---**例題 17**---------------極座標表示の場合の面積・曲線の長さ---

心臓形（カーディオイド） $r = a(1+\cos\theta)$ $(a > 0)$

の囲む面積，および全長を求めよ（p.65 の図を参照）．

解答 まず面積を求める．曲線の上半分だけを考えることにすれば，$0 \leq \theta \leq \pi$. p.57 の(3)より，

$$\frac{1}{2}S = \frac{1}{2}\int_0^\pi a^2(1+\cos\theta)^2 \, d\theta$$

$$= \frac{a^2}{2}\int_0^\pi (1 + 2\cos\theta + \cos^2\theta) \, d\theta$$

$$= \frac{a^2}{2}\int_0^\pi \left(1 + 2\cos\theta + \frac{1}{2} + \frac{1}{2}\cos 2\theta\right) d\theta$$

$$= \frac{a^2}{2}\left[\frac{3}{2}\theta + 2\sin\theta + \frac{1}{4}\sin 2\theta\right]_0^\pi = \frac{3}{4}\pi a^2 \quad \therefore \quad S = \frac{3}{2}\pi a^2$$

つぎに p.58 の(6)より全長 L を求める．面積のときと同様に曲線の上半分だけ考えて，$0 \leq \theta \leq \pi$, $\dfrac{dr}{d\theta} = -a\sin\theta$. したがって，

$$\sqrt{r^2 + \left(\frac{dr}{d\theta}\right)^2} = \sqrt{a^2(1+\cos\theta)^2 + a^2\sin^2\theta} = a\sqrt{2(1+\cos\theta)}$$

$$= a\sqrt{2\left\{1 + \left(2\cos^2\frac{\theta}{2} - 1\right)\right\}} = 2a\cos\frac{\theta}{2}$$

よって，$\dfrac{1}{2}L = \displaystyle\int_0^\pi 2a\cos\dfrac{\theta}{2}\,d\theta = 2a\left[2\sin\dfrac{\theta}{2}\right]_0^\pi = 4a$ であるから，$L = 8a$.

問 題

17.1* つぎの面積を求めよ $(a > 0)$.

(1) 三葉線　$r = a\sin 3\theta$ と円 $r = a$ との間にある部分の面積．

(2) 連珠形（レムニスケート）　$r^2 = a^2\cos 2\theta$ で囲まれた部分の面積．

17.2* つぎの曲線の長さを求めよ $(a > 0)$.

(1) カテナリー　$y = \dfrac{a}{2}(e^{x/a} + e^{-x/a})$ の $x = -x_1$ から $x = x_1$ までの弧の長さ．

(2) 放物線　$y^2 = 4ax$ の頂点から点 (x_1, y_1) にいたる弧の長さ．

---
* p.64, 65 の図を参照．

例題 18 ———————————————————— 回転体の体積・表面積 ——

楕円 $\dfrac{x^2}{a^2} + \dfrac{y^2}{b^2} = 1 \; (0 < b < a)$ を x 軸のまわりに 1 回転して得られる回転体の体積および表面積を求めよ．

[解答] まず p.58 の公式(8)により回転体の体積を求める．

$\dfrac{x^2}{a^2} + \dfrac{y^2}{b^2} = 1$ より $y = \pm\dfrac{b}{a}\sqrt{a^2 - x^2}$．よって求める回転体の体積を V とすれば，

$$V = \pi \int_{-a}^{a} \dfrac{b^2}{a^2}(a^2 - x^2)\, dx = \dfrac{\pi b^2}{a^2}\left[a^2 x - \dfrac{x^3}{3}\right]_{-a}^{a} = \dfrac{4}{3}\pi a b^2$$

つぎに p.59 の公式(11)により回転体の表面積を求める．

$\dfrac{x^2}{a^2} + \dfrac{y^2}{b^2} = 1$ より $y^2 = \dfrac{b^2}{a^2}(a^2 - x^2)$．両辺を x で微分して，$2y\dfrac{dy}{dx} = -2\dfrac{b^2}{a^2}x$．

よって $y^2 + \left(y\dfrac{dy}{dx}\right)^2 = \dfrac{b^2}{a^2}(a^2 - x^2) + \left(\dfrac{b^2}{a^2}x\right)^2 = b^2 - \dfrac{b^2}{a^2}\left(1 - \dfrac{b^2}{a^2}\right)x^2$

したがって $\sqrt{1 - \dfrac{b^2}{a^2}} = e$ とおくと，$\sqrt{y^2 + \left(y\dfrac{dy}{dx}\right)^2} = \dfrac{be}{a}\sqrt{\dfrac{a^2}{e^2} - x^2}$

ゆえに求める表面積を S とすると，

$$S = 2\pi \int_{-a}^{a} \dfrac{be}{a}\sqrt{\dfrac{a^2}{e^2} - x^2}\, dx = \dfrac{2\pi be}{2a}\left[x\sqrt{\dfrac{a^2}{e^2} - x^2} + \dfrac{a^2}{e^2}\sin^{-1}\dfrac{ex}{a}\right]_{-a}^{a}$$

$$= \dfrac{2\pi be}{a}\left(a\sqrt{\dfrac{a^2}{e^2} - a^2} + \dfrac{a^2}{e^2}\sin^{-1} e\right) = 2\pi b^2 + \dfrac{2\pi ab}{e}\sin^{-1} e$$

問題

18.1 つぎの曲線を x 軸（原線）のまわりに回転して得られる回転体の体積および表面積を求めよ（p.65 の図を参照すること）．

$$\text{カーディオイド（心臓形）} \quad r = a(1 + \cos\theta) \quad (a > 0)$$

18.2 つぎの回転体の体積を求めよ（p.64, 65 の図を参照すること）．

(1) $y = \log x$ のグラフの $1 \leqq x \leqq e$ の部分と x 軸の囲む部分を x 軸のまわりに回転した立体．

(2) $x^2 y^2 = (x - a)(b - x) \; (0 < a < b)$ を x 軸のまわりに回転した立体．

(3) 円 $x^2 + (y - b)^2 = a^2 \; (0 < a < b)$ を x 軸のまわりに回転した立体（この回転体を**円環体**という）．

例題 19 ――― シンプソンの公式

区間 $[0,1]$ を 10 等分して，シンプソンの公式により $\int_0^1 \dfrac{dx}{1+x}$ を求め，$\log 2$ の近似値を少数第 5 位まで求めよ．

[解答] シンプソンの公式において，$f(x) = \dfrac{1}{1+x}, a=0, b=1, 2n=10$ とおくと，$h = \dfrac{1}{10}$ である．

$$y_0 = 1, \quad y_{10} = 0.5 \quad \therefore \quad y_0 + y_{10} = 1.5$$

$$y_2 = \frac{10}{12} = 0.8333333, \qquad y_1 = \frac{10}{11} = 0.9090909,$$

$$y_4 = \frac{10}{14} = 0.7142857, \qquad y_3 = \frac{10}{13} = 0.7692308,$$

$$y_6 = \frac{10}{16} = 0.6250000, \qquad y_5 = \frac{10}{15} = 0.6666667,$$

$$+) \ y_8 = \frac{10}{18} = 0.5555556, \qquad y_7 = \frac{10}{17} = 0.5882353,$$

$$\overline{ 2.7281746}$$
$$\times 2$$
$$\overline{ 5.4563492} \qquad +) \ y_9 = \frac{10}{19} = 0.5263158,$$

$$\overline{ 3.4595395}$$
$$\times 4$$
$$\overline{ 13.8381580}$$

$$\therefore \ \int_0^1 \frac{dx}{1+x} = \log 2 \fallingdotseq \frac{1}{3} \times \frac{1}{10} \times (1.5 + 5.4563492 + 13.8381580)$$
$$\fallingdotseq 0.69315$$

問 題

19.1[*] シンプソンの公式を使い，$\int_0^1 \dfrac{dx}{1+x^2}$ を計算し，π の近似値を小数第 5 位まで求めよ．

19.2 区間 $\left[0, \dfrac{\pi}{3}\right]$ を 2 等分して，シンプソンの公式を用い，$\int_0^{\pi/3} \dfrac{\sin x}{x} dx$ の近似値を小数第 4 位まで求めよ．

---

[*] $\int_0^1 \dfrac{dx}{1+x^2} = \dfrac{\pi}{4}$ であるので，$\pi = 4\int_0^1 \dfrac{dx}{1+x^2}$．$f(x) = \dfrac{1}{1+x^2}, a=0, b=1, 2n=10$ としてシンプソンの公式を用いよ．

● **平面曲線の図** ●

よく引用される平面曲線の図をつぎにあげておく ($a > 0$).

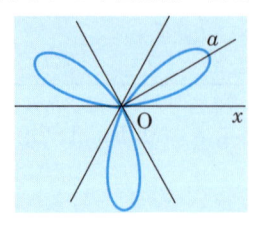

三葉線　$r = a \sin 3\theta$

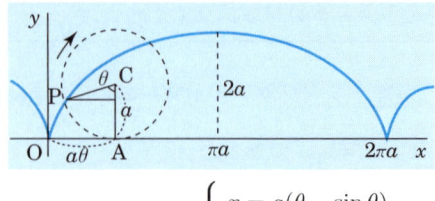

サイクロイド　$\begin{cases} x = a(\theta - \sin\theta) \\ y = a(1 - \cos\theta) \end{cases}$

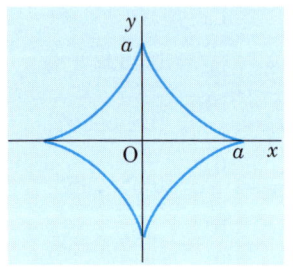

星芒形（アステロイド）
$x^{2/3} + y^{2/3} = a^{2/3}$
($x = a\cos^3\theta, y = a\sin^3\theta$)

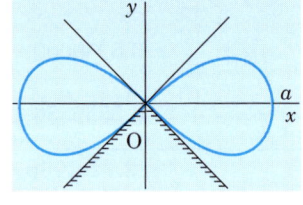

連珠形（レムニスケート）
$(x^2 + y^2)^2 = a^2(x^2 - y^2)$
($r^2 = a^2 \cos 2\theta$)

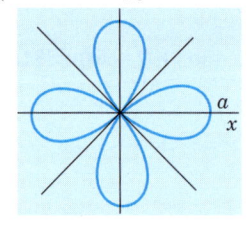

四葉線　$r = a\cos 2\theta$

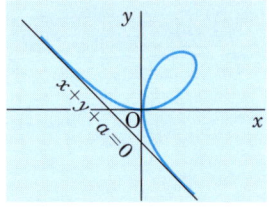

正葉線（デカルトのホリアム）
$x^3 + y^3 - 3axy = 0$
($x = 3at/(1+t^3), y = 3at^2/(1+t^3)$)

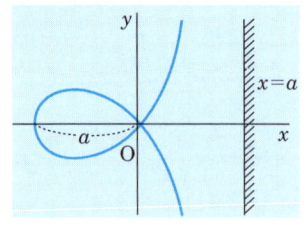

ストロホイド　$y^2 = x^2((a+x)/(a-x))$

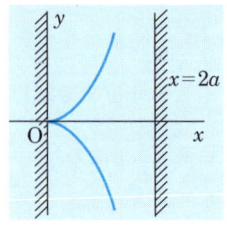

シソイド　$y^2 = x^3/(2a-x)$

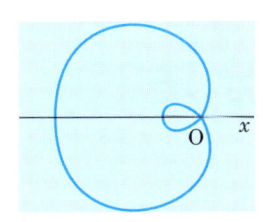

3.5 定積分の応用

リマソン $r = b - a\cos\theta \quad (0 < b < a)$

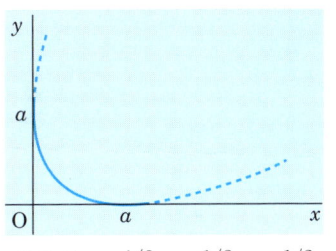

放物線 $x^{1/2} + y^{1/2} = a^{1/2}$

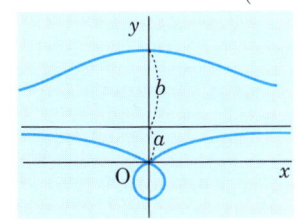

コンコイド $b^2 y^2 = (y-a)^2(x^2+y^2)$
$r = a\,\mathrm{cosec}\,\theta + b \quad (0 < a < b)$

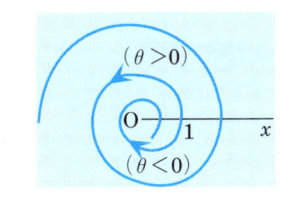

ロガリスミック-スパイラル $r = e^{a\theta}$

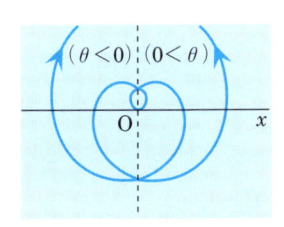

アルキメデスのスパイラル
$r = a\theta$

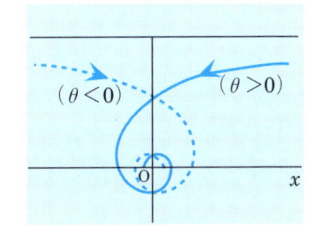

ハイパボリック-スパイラル
$r\theta = a$

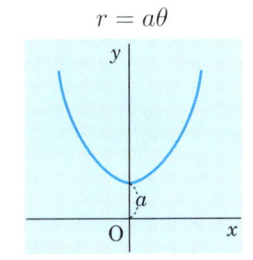

カテナリー $y = \dfrac{a}{2}(e^{x/a} + e^{-x/a})$

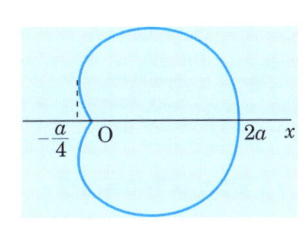

心臓形（カーディオイド）
$r = a(1 + \cos\theta)$

4 偏微分法

4.1 多変数の関数とその極限

● **2 変数の関数** ● x と y の値によって z の値が決まるとき，z は x と y の関数であるといい，$z = f(x, y)$ などと表す．3 変数以上も同様に定義される．

● **集合** ● R を実数全体の集合とし，2 次元の空間を $R^2 = \{(x, y) \mid x, y \in R\}$ と書く．R^2 の部分集合 D が **開集合** であるとは，D の任意の点 $P(a, b)$ に対して，P を中心とする半径 ε の円 D_ε で D に含まれるものが存在するとき，すなわち，

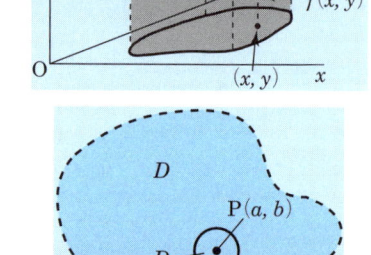

$$\{(x, y) \mid (x-a)^2 + (y-b)^2 < \varepsilon^2\} = D_\varepsilon \subset D$$

となる正の数 ε が存在するときにいう．直観的には，上図のように周の点が含まれない集合のことである．開集合の補集合になっている集合を **閉集合** という．

● **領域，閉領域** ● 開集合 D の中の任意の 2 点が，D の中で右図のように折れ線で結べるとき，D を **領域** という．特にその周も含めて考えるとき，**閉領域** という．さらに閉領域 D が十分大きな半径の円に含まれるとき，**有界閉領域** という．

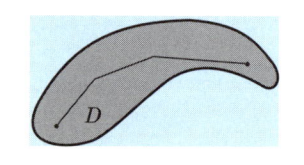

● **2 変数の関数の極限値** ● $f(x, y)$ が点 $A(a, b)$ を含むある領域 D で定義されているとする（ただし点 A では $f(x, y)$ は定義されていてもいなくてもよい）．点 $P(x, y)$ が D 内を点 A に限りなく近づくとき，その近づき方に無関係に $f(x, y)$ が一定値 l に近づくならば，点 P が点 A に近づくときの **極限値** は l であるといって

$$\lim_{(x,y) \to (a,b)} f(x, y) = l, \quad \lim_{\substack{x \to a \\ y \to b}} f(x, y) = l, \quad f(x, y) \to l \quad ((x, y) \to (a, b))$$

などと書く．

$$\lim_{(x,y)\to(a,b)} f(x,y) = \infty, \quad \lim_{(x,y)\to(\infty,\infty)} f(x,y) = l$$

なども1変数の場合と同様に定義する．また，

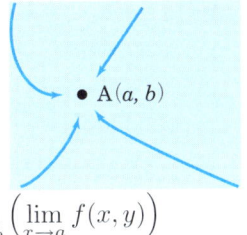

$$\lim_{(x,y)\to(a,b)} f(x,y), \quad \lim_{x\to a}\left(\lim_{y\to b} f(x,y)\right), \quad \lim_{y\to b}\left(\lim_{x\to a} f(x,y)\right)$$

は一般に等しくないし，1つが存在しても他が存在するとは限らない（p.68 の例題 1，問題 1.1 参照）．

● **2 変数の関数の点 A における連続性** ● 関数 $f(x,y)$ が点 $\mathrm{A}(a,b)$ を含むある領域 D で定義されていて

$$\lim_{(x,y)\to(a,b)} f(x,y) = f(a,b)$$

となるとき，$f(x,y)$ は点 A で連続であるという．

1 変数の場合と同じように，$f(x,y)$ が点 $\mathrm{A}(a,b)$ で**不連続**であるとは，$f(a,b)$ が定義されていないとき，$\lim_{(x,y)\to(a,b)} f(x,y)$ が存在しないとき，あるいは両方とも存在するが一致しないときである．

● **2 変数の関数の領域 D における連続性** ● 領域 D で定義される関数 $f(x,y)$ が D で連続であるとは，$f(x,y)$ が D のすべての点において連続であるときにいう．

2 変数の連続関数についても 1 変数の場合と同じようにつぎの諸定理が成り立つ（変数がさらに増えてもまったく同じである）．

定理 1 （連続関数の和，差，積，商） $f(x,y), g(x,y)$ がともに点 (a,b) で連続ならば，$f(x,y) \pm g(x,y), f(x,y) \cdot g(x,y), \dfrac{f(x,y)}{g(x,y)}$ $(g(a,b) \neq 0)$ も点 (a,b) で連続である．

定理 2 $f(x,y), g(x,y)$ が点 (a,b) で連続で $f(a,b) = \alpha, g(a,b) = \beta$ とする．$F(u,v)$ が点 (α,β) で連続ならば，合成関数 $F(f(x,y), g(x,y))$ は点 (a,b) で連続である．

定理 3 $f(x,y)$ が点 (a,b) で連続で $f(a,b) \neq 0$ ならば，点 (a,b) に十分近い点 (x,y) では $f(x,y)$ の符号は $f(a,b)$ の符号と一致する．

定理 4 $f(x,y)$ が有界閉領域 D で連続ならば，$f(x,y)$ は D 上で最大値および最小値をとる．

定理 5 $f(x,y)$ が閉領域 D で連続で，$f(x_1,y_1) < k < f(x_2,y_2)$ ならば $f(x_3,y_3) = k$ となる点 $(x_3,y_3) \in D$（領域）が存在する．

例題 1 ─────────────────────── 2 変数の関数の極限

つぎの関数の極限を調べよ．

(1) $\displaystyle\lim_{(x,y)\to(0,0)} \frac{2x^3 - y^3 + x^2 + y^2}{x^2 + y^2}$ (2) $\displaystyle\lim_{(x,y)\to(0,0)} \frac{x^2 - y^2 + x^3 + y^3}{x^2 + y^2}$

解答 (1) 直線 $y = x$ 上に点 (x, y) をとると，

$$f(x, y) = \frac{2x^3 - x^3 + x^2 + x^2}{2x^2} = \frac{x + 2}{2}$$

となり，この直線に沿って点 (x, y) を原点に近づけると，$f(x, y) \to 1$ となる．直線 $x = 0, y = 0$ についても同様に考えるとその極限値は 1 になる．よって，もし極限があるならば，それは 1 でなければならない．そこで，$f(x, y)$ と 1 との差が 0 に近づくことを証明する．

いま，$x = r\cos\theta, y = r\sin\theta$（p.57 の極座標）とおくと $(x, y) \to (0, 0)$ のとき，$r \to 0$ であるからつぎのようになり，極限は 1 である．

$$\left| \frac{2x^3 - y^3 + x^2 + y^2}{x^2 + y^2} - 1 \right| = \left| \frac{2x^3 - y^3}{x^2 + y^2} \right| = \left| \frac{r^3(2\cos^3\theta - \sin^3\theta)}{r^2} \right|$$

$$\leq \left| 2r\cos^3\theta \right| + \left| r\sin^3\theta \right| \leq 2r + r \to 0 \quad ((x, y) \to (0, 0))$$

(2) 直線 $y = mx$ 上に点 (x, y) をとり，この直線に沿って点 (x, y) を原点に近づけると，

$$f(x, y) = \frac{x^2 - (mx)^2 + x^3 + (mx)^3}{x^2 + (mx)^2} = \frac{1 - m^2 + (1 + m^3)x}{1 + m^2} \to \frac{1 - m^2}{1 + m^2}$$

$\displaystyle\lim_{(x,y)\to(0,0)} f(x, y)$ が存在するというのは，上記(1)のように点 (x, y) が $(0, 0)$ にその近づき方に無関係に一定値に近づくことを意味しているが，この場合 $f(x, y)$ は m によって異なった値に近づくので極限値は存在しない．

問題

1.1 つぎの各関数について，$\displaystyle\lim_{(x,y)\to(0,0)} f(x, y), \lim_{x\to 0}\lim_{y\to 0} f(x, y), \lim_{y\to 0}\lim_{x\to 0} f(x, y)$ を求めよ．

(1) $f(x, y) = \begin{cases} \dfrac{xy}{x^2 + y^2} & (x, y) \neq (0, 0) \\ 0 & (x, y) = (0, 0) \end{cases}$

(2) $f(x, y) = x\sin\dfrac{1}{y} + y\sin\dfrac{1}{x}$

例題 2 ——————————————— 2 変数の関数の連続性

つぎの関数の連続性を吟味せよ．

$$f(x,y) = \begin{cases} \dfrac{x^4 - 3x^2 y^2}{2x^2 + y^2} & (x,y) \neq (0,0) \\ 0 & (x,y) = (0,0) \end{cases}$$

解答 x^4, $3x^2 y^2$, $2x^2$, y^2 は連続である．それらの和や差は連続である．また $(x,y) \neq (0,0)$ のとき分母が 0 でないので，多項式の商 $f(x,y)$ は連続である（p.67 の定理 1）．つぎに $(x,y) = (0,0)$ の連続性を調べる．$x = r\cos\theta$, $y = r\sin\theta$ とおく．$2x^2 + y^2 \geq x^2 + y^2$ であるので，

$$\left| \frac{x^4 - 3x^2 y^2}{2x^2 + y^2} \right| \leq \left| \frac{x^4 - 3x^2 y^2}{x^2 + y^2} \right| = \left| \frac{r^4 \cos^4 \theta - 3r^4 \cos^2 \theta \sin^2 \theta}{r^2} \right|$$

$$\leq \left| \frac{r^4 \cos^4 \theta}{r^2} \right| + \left| \frac{3r^4 \cos^2 \theta \sin^2 \theta}{r^2} \right| \leq 4r^2 \to 0 \quad ((x,y) \to (0,0))$$

よって，

$$\lim_{(x,y) \to (0,0)} f(x,y) = \lim_{(x,y) \to (0,0)} \frac{x^4 - 3x^2 y^2}{2x^2 + y^2} = 0 = f(0,0)$$

したがって，$f(x,y)$ は原点でも連続である．

問題

2.1 つぎの各関数の原点における連続性を吟味せよ．

(1)* $f(x,y) = \begin{cases} \dfrac{x^3 - y^3}{x^2 + y^2} & (x^2 + y^2 > 0) \\ 0 & (x = y = 0) \end{cases}$

(2) $f(x,y) = e^{|x|+|y|}$

(3)** $f(x,y) = \begin{cases} \dfrac{x^3 + y^3}{x - y} & (x \neq y) \\ 0 & (x = y) \end{cases}$

(4)*** $f(x,y) = \begin{cases} xy \dfrac{x^2 - y^2}{x^2 + y^2} & (x,y) \neq (0,0) \\ 0 & (x,y) = (0,0) \end{cases}$

---

* $x = r\cos\theta$, $y = r\sin\theta$ とおけ．

** $y = x - kx^3$ とおけ．

*** $\left| \dfrac{x^2 - y^2}{x^2 + y^2} \right| \leq 1$ を用いよ．

4.2 偏導関数

● 偏微分可能性 ● (a,b) を含む領域 D で定義された関数 $f(x,y)$ で, $y=b$ とおいて得られる x の関数 $f(x,b)$ が $x=a$ で微分可能のとき, $f(x,y)$ は点 (a,b) で x に関して偏微分可能であるといって, その微分係数

$$\lim_{h \to 0} \frac{f(a+h,b) - f(a,b)}{h}$$

を点 (a,b) における x に関する偏微分係数という. 記号で

$$f_x(a,b), \quad \frac{\partial f(a,b)}{\partial x}, \quad \frac{\partial}{\partial x}f(a,b)$$

などで表す. これは $z=f(x,y)$ の表す曲面を, 平面 $y=b$ で切ったときの切り口の曲線上の点 $(a,b,f(a,b))$ における接線の傾きを表す (右図を参照).

同様に, 点 (a,b) における $f(x,y)$ の y に関する偏微分係数

$$f_y(a,b), \quad \frac{\partial f(a,b)}{\partial y}, \quad \frac{\partial}{\partial y}f(a,b)$$

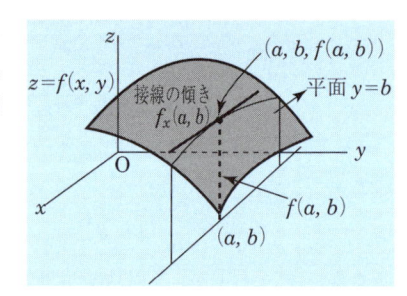

が定義できる.

偏導関数 領域 D の各点 (x,y) に対し, その点における $z=f(x,y)$ の x に関する偏微分係数 $f_x(x,y)$ を対応させる関数を x に関する偏導関数といって,

$$f_x(x,y), \quad \frac{\partial f(x,y)}{\partial x}, \quad \frac{\partial}{\partial x}f(x,y), \quad \frac{\partial z}{\partial x}, \quad z_x$$

などと書く. y に関する偏導関数

$$f_y(x,y), \quad \frac{\partial f(x,y)}{\partial y}, \quad \frac{\partial}{\partial y}f(x,y), \quad \frac{\partial z}{\partial y}, \quad z_y$$

も同様に定義される. 一般に, 2 変数の関数 $f(x,y)$ に対してその偏導関数を求めることを, $f(x,y)$ を x あるいは y についても**偏微分する**という.

● 全微分可能性 ● 関数 $f(x,y)$ が点 (x,y) で**全微分可能**であるとは, x,y の増分 h,k に対して, h,k に無関係な数 A,B (x,y には関係する) が存在して

$$f(x+h, y+k) - f(x,y) = Ah + Bk + +\varepsilon\sqrt{h^2+k^2}$$

$$\varepsilon \to 0 \quad (h \to 0, k \to 0)$$

となるときである. $df = Ah + Bk$ をその点における f の**全微分**という.

つぎに領域 D の各点で全微分可能のとき**領域 D で全微分可能**という．

定理 6（全微分可能性と偏微分可能性） 関数 $f(x,y)$ が点 $(x,y) \in D$ で全微分可能ならば $f(x,y)$ はその点で偏微分可能であり，
$$df = f_x(x,y)h + f_y(x,y)k$$

一般に「偏微分可能 $\Rightarrow$ 全微分可能」,「偏微分可能 $\Rightarrow$ 連続」,「連続 $\Rightarrow$ 全微分可能」は成立しない．それらの例はそれぞれ「p.73 の例題 4」,「p.73 の問題 4.1, p.69 の問題 2.1(3)」および「p.69 の問題 2.1(1), p.73 の例題 4」などである．

定理 7（全微分可能性） 関数 $f(x,y)$ が領域 D で偏微分可能で，$f_x(x,y)$, $f_y(x,y)$ が D で連続ならば，$f(x,y)$ は D で全微分可能である．

定理 8（全微分可能性と連続性） 関数 $f(x,y)$ が点 $(x,y) \in D$ で全微分可能ならば連続である．

● **合成関数の偏微分法** ●

定理 9（合成関数の微分） 関数 $z = f(u,v)$ が全微分可能で，$u = \varphi(t)$, $v = \psi(t)$ が微分可能ならば
$$\frac{dz}{dt} = \frac{\partial z}{\partial u}\frac{du}{dt} + \frac{\partial z}{\partial v}\frac{dv}{dt}$$
$u = \varphi(x,y)$, $v = \psi(x,y)$ が偏微分可能ならば
$$\frac{\partial z}{\partial x} = \frac{\partial z}{\partial u}\frac{\partial u}{\partial x} + \frac{\partial z}{\partial v}\frac{\partial v}{\partial x}, \quad \frac{\partial z}{\partial y} = \frac{\partial z}{\partial u}\frac{\partial u}{\partial y} + \frac{\partial z}{\partial v}\frac{\partial v}{\partial y}$$

● **接平面** ● 曲面 $z = f(x,y)$ 上の点 A を通る平面 π について，曲面上の点 P から平面 π におろした垂線の足を H，AP と AH とのなす角を θ とするとき，$\theta \to 0 \,(\mathrm{P} \to \mathrm{A})$ ならば，π を点 A におけるこの曲面の**接平面**という．

定理 10（接平面の方程式） 関数 $z = f(x,y)$ が点 (a,b) で全微分可能ならば，点 $(a,b,f(a,b))$ における接平面の方程式は
$$z - f(a,b) = f_x(a,b)(x-a) + f_y(a,b)(y-b)$$

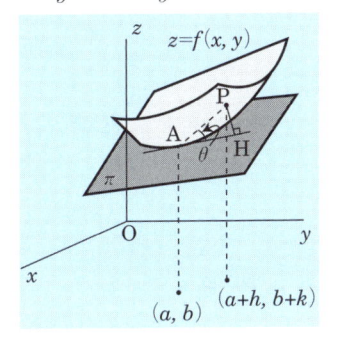

---**例題 3**---------------------------------偏微分法，合成関数の偏微分法---

(1) $z = xy \sin(1/\sqrt{x^2+y^2})$ を偏微分せよ．

(2) $z = f(x,y), x = r\cos\theta, y = r\sin\theta$ のときつぎの式を証明せよ．

$$\left(\frac{\partial z}{\partial x}\right)^2 + \left(\frac{\partial z}{\partial y}\right)^2 = \left(\frac{\partial z}{\partial r}\right)^2 + \frac{1}{r^2}\left(\frac{\partial z}{\partial \theta}\right)^2$$

[解答] (1) $\dfrac{\partial z}{\partial x} = \dfrac{\partial}{\partial x}(xy) \cdot \sin\dfrac{1}{\sqrt{x^2+y^2}} + xy \cdot \dfrac{\partial}{\partial x}\sin\dfrac{1}{\sqrt{x^2+y^2}}$

$= y\sin\dfrac{1}{\sqrt{x^2+y^2}} + xy\cos\dfrac{1}{\sqrt{x^2+y^2}} \cdot \dfrac{\partial}{\partial x}\dfrac{1}{\sqrt{x^2+y^2}}$

$= y\sin\dfrac{1}{\sqrt{x^2+y^2}} - \dfrac{x^2 y}{(x^2+y^2)\sqrt{x^2+y^2}}\cos\dfrac{1}{\sqrt{x^2+y^2}}$

上の計算で x と y を交換して考えれば，まったく同様にして，

$$\dfrac{\partial z}{\partial y} = x\sin\dfrac{1}{\sqrt{x^2+y^2}} - \dfrac{xy^2}{(x^2+y^2)\sqrt{x^2+y^2}}\cos\dfrac{1}{\sqrt{x^2+y^2}}$$

(2) 合成関数の偏微分の公式から，

$$\dfrac{\partial z}{\partial r} = \dfrac{\partial z}{\partial x}\dfrac{\partial x}{\partial r} + \dfrac{\partial z}{\partial y}\dfrac{\partial y}{\partial r} = \cos\theta\dfrac{\partial z}{\partial x} + \sin\theta\dfrac{\partial z}{\partial y},$$

$$\dfrac{\partial z}{\partial \theta} = \dfrac{\partial z}{\partial x}\dfrac{\partial x}{\partial \theta} + \dfrac{\partial z}{\partial y}\dfrac{\partial y}{\partial \theta} = -r\sin\theta\dfrac{\partial z}{\partial x} + r\cos\theta\dfrac{\partial z}{\partial y}$$

ゆえに

$$\left(\dfrac{\partial z}{\partial r}\right)^2 + \dfrac{1}{r^2}\left(\dfrac{\partial z}{\partial \theta}\right)^2 = \left(\cos\theta\dfrac{\partial z}{\partial x} + \sin\theta\dfrac{\partial z}{\partial y}\right)^2 + \left(-\sin\theta\dfrac{\partial z}{\partial x} + \cos\theta\dfrac{\partial z}{\partial y}\right)^2$$

$$= \left(\dfrac{\partial z}{\partial x}\right)^2 + \left(\dfrac{\partial z}{\partial y}\right)^2$$

~~~~ **問 題** ~~~~~~~~~~~~~~~~~~~~~~~~~~~~~~~~~~~~

3.1 つぎの関数を偏微分せよ．

(1) $z = \sqrt{x^2+y^2}$ (2) $z = xy\sin(xy)$ (3) $z = e^{ax}\cos by$

(4) $z = x^y \ (x > 0)$ (5) $z = \tan^{-1} y/x$

3.2 つぎの関数関係で偏導関数 z_x, z_y を求めよ．

(1) $z = uv, \quad u = x+y, \quad v = 3x+2y$

(2) $z = \tan^{-1}(u+v), \quad u = 2x^2 - y^2, \quad v = x^2 y$

(3) $z = (\sin u)/v, \quad u = y/x, \quad v = x^2 + y^2$

例題 4 ──────── 偏微分可能性，全微分可能性，接平面

(1) 関数 $f(x,y) = \begin{cases} \dfrac{x^3 - y^3}{x^2 + y^2} & (x^2 + y^2 > 0) \\ 0 & (x = y = 0) \end{cases}$ は $(0,0)$ で偏微分可能であるが，全微分可能でないことを示せ．

(2) 関数 $f(x,y) = \log(x^2 + y^2)$ の点 $(1, 1, \log 2)$ における接平面の方程式を求めよ．

[解答] (1) p.70 の偏微分係数の定義式により

$$f_x(0,0) = \lim_{h \to 0} \frac{1}{h}\{f(h,0) - f(0,0)\} = \lim_{h \to 0} \frac{1}{h} \cdot \frac{h^3}{h^2} = 1,$$

$$f_y(0,0) = \lim_{k \to 0} \frac{1}{k}\{f(0,k) - f(0,0)\} = \lim_{k \to 0} \frac{1}{k}\left(-\frac{k^3}{k^2}\right) = -1$$

よって与えられた関数は $(0,0)$ で偏微分可能である．

つぎに p.70 の全微分可能の定義式に $A = f_x(0,0) = 1, B = f_y(0,0) = -1$ を代入すると，

$$f(h,k) - f(0,0) = h \cdot 1 + k(-1) + \varepsilon\sqrt{h^2 + k^2}$$

$\dfrac{h^3 - k^3}{h^2 + k^2} = h - k + \varepsilon\sqrt{h^2 + k^2}$ より $\varepsilon = \left\{\dfrac{h^3 - k^3}{h^2 + k^2} - (h - k)\right\}\dfrac{1}{\sqrt{h^2 + k^2}}$. よって，$\varepsilon = \dfrac{hk(h - k)}{(h^2 + k^2)^{3/2}}$. いま，$k = rh$ とおくと，$\varepsilon = \dfrac{r(1 - r)}{(1 + r^2)^{3/2}}$ となり，$h \to 0$, $k \to 0$ のとき $\varepsilon \to 0$ とならない．すなわち，$f(x,y)$ は $(0,0)$ で全微分可能でない．

(2) $f_x = \dfrac{2x}{x^2 + y^2}, f_y = \dfrac{2y}{x^2 + y^2}$ で，f_x, f_y はともに $(1,1)$ の近くで連続であるので，p.71 の定理 7 より $f(x,y)$ は $(1,1)$ の近くで全微分可能である．また $f_x(1,1) = 1, f_y(1,1) = 1$ であるので，p.71 の定理 10 より求める接平面の方程式は，$z = (x - 1) + (y - 1) + \log 2$ である．

問題

4.1 $f(x,y) = \dfrac{x^3 + y^3}{x - y}$ $(x \neq y)$, $f(x,y) = 0$ $(x = y)$

は $(0,0)$ で偏微分可能であることを示せ．

4.2 つぎの曲面の与えられた点における接平面の方程式を求めよ．

(1) $z = x^2 + y^2$ $(1, 1, 2)$ (2) $z = \sqrt{1 - x^2 - y^2}$ (a, b, c)

4.3 高次偏導関数，テーラーの定理と2変数関数の極値

●**高次偏導関数**● 関数 $f(x,y)$ の偏導関数 $f_x(x,y), f_y(x,y)$ はまた x, y の関数であるから，これらの偏導関数も考えられる．これらを $f(x,y)$ の**2次偏導関数**という．2次偏導関数にはつぎの4つがある．

$$\frac{\partial}{\partial x}\left(\frac{\partial f}{\partial x}\right), \quad \frac{\partial}{\partial y}\left(\frac{\partial f}{\partial x}\right), \quad \frac{\partial}{\partial x}\left(\frac{\partial f}{\partial y}\right), \quad \frac{\partial}{\partial y}\left(\frac{\partial f}{\partial y}\right)$$

これらをそれぞれ

$$\frac{\partial^2 f}{\partial x^2} = f_{xx}, \quad \frac{\partial^2 f}{\partial y \partial x} = f_{xy}, \quad \frac{\partial^2 f}{\partial x \partial y} = f_{yx}, \quad \frac{\partial^2 f}{\partial y^2} = f_{yy}$$

で表す．さらに3次，4次 … の偏導関数も考えられるが，2次以上の偏導関数をまとめて**高次偏導関数**という．

2次偏導関数 f_{xy}, f_{yx} は必ずしも一致しない（p.76 の例題5参照）が，つぎのことが成り立つ．

定理11 （偏微分の順序変換） $f_{xy}(x,y), f_{yx}(x,y)$ が連続ならば，

$$f_{xy}(x,y) = f_{yx}(x,y)$$

一般に高次偏導関数の連続性を仮定すれば，その偏微分の順序は問題にならない．

●**偏微分作用素**● h, k が定数のとき，偏微分作用素 $h\dfrac{\partial}{\partial x} + k\dfrac{\partial}{\partial y}$ を

$$\left(h\frac{\partial}{\partial x} + k\frac{\partial}{\partial y}\right)f(x,y) = h\frac{\partial}{\partial x}f(x,y) + k\frac{\partial}{\partial y}f(x,y)$$

と定義する．

いま，$z = f(x,y), x = a+ht, y = b+kt$ で，$f(x,y)$ が必要な回数だけ連続な偏導関数をもてば，p.71 の定理9 より

$$\frac{d}{dt}f(a+ht, b+kt) = hf_x(a+ht, b+kt) + kf_y(a+ht, b+kt)$$

$$= \left(h\frac{\partial}{\partial x} + k\frac{\partial}{\partial y}\right)f(a+ht, b+kt)$$

………

$$\frac{d^n}{dt^n}f(a+ht, b+kt) = \left(h\frac{\partial}{\partial x} + k\frac{\partial}{\partial y}\right)^n f(a+ht, b+kt)$$

●**テーラーの定理**● 1変数の場合には，高次導関数をもつ関数についてテーラーの定理が成り立った．2変数の関数についても高次偏導関数をもつ関数についてつぎの定理が成り立つ．

4.3 高次偏導関数,テーラーの定理と2変数関数の極値

定理12 (**テーラーの定理**) 関数 $f(x,y)$ が点 (a,b) を含む領域 D で n 次までの連続な偏導関数をもてば,$(a+h, b+k) \in D$ のとき,

$$f(a+h, b+k) = f(a,b) + \frac{1}{1!}\left(h\frac{\partial}{\partial x} + k\frac{\partial}{\partial y}\right)f(a,b)$$

$$+ \frac{1}{2!}\left(h\frac{\partial}{\partial x} + k\frac{\partial}{\partial y}\right)^2 f(a,b) + \cdots + \frac{1}{(n-1)!}\left(h\frac{\partial}{\partial x} + k\frac{\partial}{\partial y}\right)^{n-1} f(a,b)$$

$$+ \frac{1}{n!}\left(h\frac{\partial}{\partial x} + k\frac{\partial}{\partial y}\right)^n f(a+\theta h, b+\theta k) \quad (0 < \theta < 1)$$

となる θ が存在する.

とくに $n=1$ のときは,

$$f(a+h, b+k) - f(a,b) = h f_x(a+\theta h, b+\theta k) + k f_y(a+\theta h, b+\theta k)$$

$$(0 < \theta < 1)$$

となるが,これを2変数関数の**平均値の定理**という.

また上の定理で $(a,b) = (0,0)$ とし,h, k の代りに x, y としたときは,**マクローリンの定理**という.

● **2変数関数の極値** ● $z = f(x,y)$ を点 (a,b) に近い点で考えたとき,点 (a,b) と異なるすべての点 (x,y) に対して,$f(a,b) > f(x,y)$ ならば $f(x,y)$ は点 (a,b) で**極大**で $f(a,b)$ を**極大値**という.極小値についても同様である.極大値,極小値をあわせて**極値**という.

偏微分可能な関数 $f(x,y)$ が点 (a,b) で極値をとれば $f_x(a,b) = f_y(a,b) = 0$ である.この関係を満足する点で $f(x,y)$ が極値をとるかどうかはつぎの定理を用いて判定する.

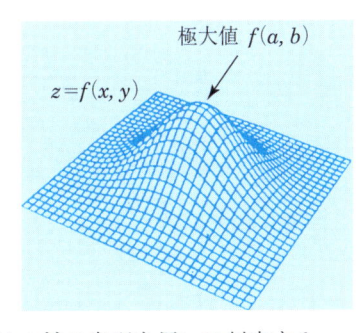

定理13 (**極値の判定**) 関数 $f(x,y)$ が点 (a,b) において連続な2次偏導関数をもち,$f_x(a,b) = f_y(a,b) = 0$ であるとする.

$$D = \{f_{xy}(a,b)\}^2 - f_{xx}(a,b) f_{yy}(a,b)$$

とおくとき,つぎのことが成り立つ.

(i) $D < 0$, $f_{xx}(a,b) > 0$ ならば $f(a,b)$ は極小値
    $D < 0$, $f_{xx}(a,b) < 0$ ならば $f(a,b)$ は極大値
(ii) $D > 0$ のときは $f(a,b)$ は極値でない.

---例題 5--- $f_{xy} \neq f_{yx}$ ---

つぎの関数について $f_{xy}(0,0), f_{yx}(0,0)$ を求めよ．

$$f(x,y) = \begin{cases} x^2 \tan^{-1} \dfrac{y}{x} - y^2 \tan^{-1} \dfrac{x}{y} & (xy \neq 0) \\ 0 & (xy = 0) \end{cases}$$

[解答] $f_x(0,0) = \lim_{h \to 0} \dfrac{f(h,0) - f(0,0)}{h} = \lim_{h \to 0} \dfrac{0}{h} = 0$

$f_x(0,k) = \lim_{h \to 0} \dfrac{f(h,k) - f(0,k)}{h} = \lim_{h \to 0} \dfrac{h^2 \tan^{-1} k/h - k^2 \tan^{-1} h/k}{h}$

$= \lim_{h \to 0} \left(2h \tan^{-1} \dfrac{k}{h} + h^2 \dfrac{-k/h^2}{1 + (k/h)^2} - k^2 \dfrac{1/k}{1 + (h/k)^2} \right)$ (ロピタルの定理)

$= \lim_{h \to 0} \left(2h \tan^{-1} \dfrac{k}{h} - k \right) = -k$

よって，$f_{xy}(0,0) = \lim_{k \to 0} \dfrac{f_x(0,k) - f_x(0,0)}{k} = \lim_{k \to 0} \dfrac{-k}{k} = -1$．

$f_y(0,0) = \lim_{k \to 0} \dfrac{f(0,k) - f(0,0)}{k} = \lim_{k \to 0} \dfrac{0}{k} = 0$

$f_y(h,0) = \lim_{k \to 0} \dfrac{f(h,k) - f(h,0)}{k} = \lim_{k \to 0} \dfrac{h^2 \tan^{-1} k/h - k^2 \tan^{-1} h/k}{k}$

$= \lim_{k \to 0} \left(h^2 \dfrac{1/h}{1 + (k/h)^2} - 2k \tan^{-1} \dfrac{h}{k} - k^2 \dfrac{-h/k^2}{1 + (h/k)^2} \right)$ (ロピタルの定理)

$= \lim_{k \to 0} \left(-2k \tan^{-1} \dfrac{h}{k} + h \right) = h$

よって，$f_{xy}(0,0) = \lim_{h \to 0} \dfrac{f_y(h,0) - f_y(0,0)}{h} = \lim_{h \to 0} \dfrac{h}{h} = 1$．

問 題

5.1 つぎの関数について $f_{xy}(0,0) \neq f_{yx}(0,0)$ を示せ．

$$f(x,y) = \begin{cases} xy \dfrac{x^2 - y^2}{x^2 + y^2} & (x,y) \neq (0,0) \\ 0 & (x,y) = (0,0) \end{cases}$$

5.2 つぎの関数について $f_{xy} = f_{yx}$ を確かめよ．

(1) $f(x,y) = \sqrt{1 - x^2 - y^2}$ (2) $f(x,y) = \tan^{-1} \dfrac{y}{x}$ $(x \neq 0)$

―― 例題 6 ――――――――――――――――――― マクローリン展開，ラプラシアン Δ ――

(1) $n=3$ として関数 $f(x,y) = e^x \log(1+y)$ をマクローリン展開せよ．

(2) 微分作用素 $\Delta = \dfrac{\partial^2}{\partial x^2} + \dfrac{\partial^2}{\partial y^2}$ をラプラシアンという．

関数 $f(x,y) = \tan^{-1} \dfrac{y}{x}$ にラプラシアン Δ を作用させよ．

解答 (1) $(\log(1+y))' = \dfrac{1}{1+y}$, $(\log(1+y))'' = \dfrac{-1}{(1+y)^2}$,

$(\log(1+y))''' = \dfrac{2}{(1+y)^3}$, $f_x = f_{xx} = f_{xxx} = e^x \log(1+y)$,

$f_y = f_{xy} = f_{xxy} = e^x/(1+y)$, $f_{yy} = f_{xyy} = -e^x/(1+y)^2$

$f_{yyy} = 2e^x/(1+y)^3$

したがって，
$$f_x(0,0) = f_{xx}(0,0) = 0, \quad f_y(0,0) = f_{xy}(0,0) = 1, \quad f_{yy}(0,0) = -1$$
ゆえに，p.75 の定理 12 ($a=b=0$, h, k の代わりに x, y とおく) より，
$$e^x \log(1+y) = y + \frac{1}{2!}(2xy - y^2) + \frac{e^x}{3!}\left\{ x^3 \log(1+\theta y) \right.$$
$$\left. + \frac{3x^2 y}{1+\theta y} + \frac{-3xy^2}{(1+\theta y)^2} + \frac{2y^3}{(1+\theta y)^3} \right\} \quad (0 < \theta < 1)$$

(2) $\dfrac{\partial f}{\partial x} = \dfrac{1}{1+(y/x)^2}\left(-\dfrac{y}{x^2}\right) = \dfrac{x^2}{x^2+y^2}\dfrac{-y}{x^2} = \dfrac{-y}{x^2+y^2}$

$\dfrac{\partial^2 f}{\partial x^2} = \dfrac{-(-y)2x}{(x^2+y^2)^2} = \dfrac{2xy}{(x^2+y^2)^2}$, $\dfrac{\partial f}{\partial y} = \dfrac{1}{1+(y/x)^2}\dfrac{1}{x} = \dfrac{x}{x^2+y^2}$,

$\dfrac{\partial^2 f}{\partial y^2} = \dfrac{-2xy}{(x^2+y^2)^2}$ よって，$\Delta f = \dfrac{2xy}{(x^2+y^2)^2} + \dfrac{-2xy}{(x^2+y^2)^2} = 0$

―― 問 題 ――

6.1 つぎの関数のマクローリン展開のはじめの数項を求めよ．

(1) $f(x,y) = \sin(x+y^2)$ (2) $f(x,y) = (1+x^2+y^2)^{-1/2}$

6.2 $f(x,y) = ax^2 + by^2$ にテーラーの定理を用いて
$$f(x+h, y+k) = ax^2 + by^2 + 2(axh + byk) + ah^2 + bk^2$$
であることを証明せよ．

―― 例題 7 ―――――――――――――――――――― 2 変数の関数の極値 ――

つぎの関数の極値をもとめよ．
$$f(x,y) = x^3 + y^3 - 3xy$$

[解答]　p.75 の定理 13 を用いる．
$f_x = 3x^2 - 3y,\ f_y = 3y^2 - 3x$ であるので，$f_x = 0,\ f_y = 0$ を解く．つまり，
$$\begin{cases} x^2 - y = 0 \cdots ① \\ y^2 - x = 0 \cdots ② \end{cases}$$
を満足する x, y を求める．

②より $y^2 = x$ となり，これを①に代入すると，$y^4 - y = 0$．これを因数分解して，$y(y-1)(y^2+y+1) = 0$．$y^2+y+1 = (y+1/2)^2 + 3/4 > 0$ であるので $y = 0, 1$．これらを②に代入すると，つぎのような 2 組の解を得る．
$$\begin{cases} x = 0 \\ y = 0 \end{cases},\quad \begin{cases} x = 1 \\ y = 1 \end{cases}$$

つぎに，$f_{xx} = 6x,\ f_{yy} = 6y,\ f_{xy} = -3$ であるから
$$D(0,0) = f_{xy}^2(0,0) - f_{xx}(0,0)f_{yy}(0,0) = (-3)^2 - 0 \times 0 = 9 > 0$$
となるので点 $(0,0)$ は極値ではない．
$$D(1,1) = f_{xy}^2(1,1) - f_{xx}(1,1) \times f_{yy}(1,1) = (-3)^2 - 6 \times 6 = -27 < 0$$
$$f_{xx}(1,1) = 6 > 0$$
であるので，$f(1,1) = -1$ は極小値である．

―――― 問　題 ――――

7.1 つぎの関数の極値を求めよ．
  (1)　$f(x,y) = xy(x^2 + y^2 - 1)$
  (2)*　$f(x,y) = x^4 + y^4 - 2x^2 + 4xy - 2y^2$

7.2 つぎの関数の極値を吟味せよ．
  (1)　$f(x,y) = \sin x + \sin y - \sin(x+y)\quad (0 < x < \pi,\quad 0 < y < \pi)$
  (2)*　$f(x,y) = 2x^4 - 5x^2 y + 2y^2$

注意　7.1, 7.2 ともに計算が長くなるので途中で投げ出さないこと．
*　p.75 の定理 13 は $D = 0$ のときは使えない．このとき $f(a,b)$ は極値のときもあり，極値でないこともある．2 次偏微分係数だけでは極値かどうか判定できないので他の方法を考えなくてはならない．7.1 (2), 7.2 (2) の場合のように判定できるものもあるが一般には容易ではない．

4.4 陰関数の存在定理，陰関数の極値，包絡線

● **陰関数** ● 変数 x, y の間に $f(x,y) = 0$ という関係があるとき，これを一価関数 $y = g(x)$ の形に簡単に書き直せる場合もあるが必ずしもそうでないこともある．

たとえば円の方程式 $x^2 + y^2 = r^2$ などは $y = \pm\sqrt{r^2 - x^2}$ と直せるが一価ではないし，$x^3 + y^3 - 3xy = 0$ はそれも難しい．

そこで $f(x,y) = 0$ の形のままで y を x の関数といえるように，x に対して y が 2 つ以上定まることを防いだり，微分可能性のためにつぎの定理のような条件をつけて考える．なお $y = g(x)$ が $f(x, g(x)) = 0$ をみたすとき，$y = g(x)$ を $f(x,y) = 0$ で定義された**陰関数**という．

定理 14（**陰関数の存在定理**） 関数 $f(x,y)$ は点 (a,b) を含む領域で連続な偏導関数をもち，

(1) $\begin{cases} f(a,b) = 0 \\ f_y(a,b) \neq 0 \end{cases}$

と仮定すると，$x = a$ を含むある区間を定義域とする関数 $y = g(x)$ でつぎの条件をみたすものが一意に定まる．

(2) $\begin{cases} g(a) = b \\ f(x, g(x)) = 0 \\ g'(x) = -\dfrac{f_x(x,y)}{f_y(x,y)} \end{cases}$

さらに，$f(x,y)$ が連続な 2 次偏導関数をもてば，次式が得られる．

(3) $g''(x) = -\dfrac{(f_y)^2 f_{xx} - 2 f_x f_y f_{xy} + (f_x)^2 f_{yy}}{(f_y)^3}$

● **陰関数の極値** ● $f(x,y) = 0$ で定まる陰関数 $y = g(x)$ の極値を求めるためには，

$$g'(x) = -\frac{f_x(x,y)}{f_y(x,y)} = 0, \quad f(x,y) = 0$$

をみたす点 (x,y) を求め，この点における $g''(x)$ の符号をみればよいが $g'(x) = 0$ のときは $f_x(x,y) = 0$ であるから問題にしている点では，上の (3) よりつぎの式を得る．

(4) $g''(x) = -f_{xx}(x,y) / f_y(x,y)$

ここでは，簡単のために y が x の関数で表される場合のみ扱ったが，x と y の関係は対称的であるから，$f_x(a,b) \neq 0$ ならば，点 (a,b) の近くで，$x = h(y)$ の形の陰関数をもつことがわかる．

第4章 偏微分法

● **条件つき極値（ラグランジュの未定乗数法）** ● 関数 $z = f(x, y)$ の変数 x, y の間に $\varphi(x, y) = 0$ の条件があるとき，z は x または y だけの関数となり，z の極大，極小が考えられる．これをグラフで考えれば，$\varphi(x, y) = 0$ は右図のように xy 平面上の曲線で，その真上にある曲面

$$\Gamma = \{(x, y, z) \mid z = f(x, y)\}$$

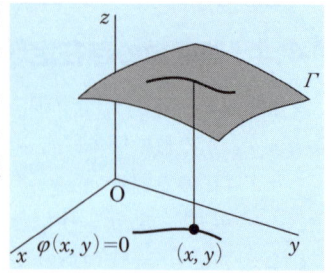

上の曲線をとって，その上の1点の十分近くで高さ z が最高，最低の点をみつけることである．

定理 15（ラグランジュの未定乗数法）　$f(x, y)$, $\varphi(x, y)$ は連続な偏導関数をもつとき，条件 $\varphi(x, y) = 0$ のもとで関数 $z = f(x, y)$ が (a, b) で極値をとり，$\varphi_x(a, b)$ または $\varphi_y(a, b)$ の少なくとも一方が 0 でなければ，ある定数 λ が存在して次式が成り立つ．

(5) $\begin{cases} f_x(a, b) - \lambda \varphi_x(a, b) = 0 \\ f_y(a, b) - \lambda \varphi_y(a, b) = 0 \\ \varphi(a, b) = 0 \end{cases}$

この方法は条件式がいくつあっても，変数の数がいくつあっても同様である．しかし，この定理は極値の必要条件を与えるものであるから完全とはいえない．問題の性質上極値の存在が明らかなときは有効である．

● **曲線の特異点** ● 曲線 $f(x, y) = 0$ 上の点 (a, b) が $f(a, b) = f_x(a, b) = f_y(a, b) = 0$ となるときはその点では曲線の接線が一意に定まらない．この点 (a, b) をその**曲線の特異点**という．点 (a, b) が特異点でなければ，その点における曲線の接線は，

(6) 　$f_x(a, b)(x - a) + f_y(a, b)(y - b) = 0$

で与えられる．

● **包絡線** ● x, y の他に変数 α を含む方程式 $f(x, y, \alpha) = 0$ は α が変化するとき曲線の集まりを表す．この曲線の集まりを α を助変数（またはパラメータ）とする**曲線群**という．この曲線群のすべての曲線に接し，かつその接点の軌跡になっている曲線をその曲線群の**包絡線**という．

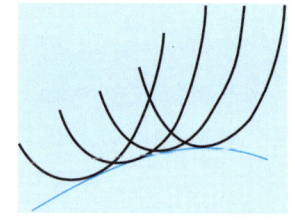

定理 16　曲線群 $f(x, y, \alpha) = 0$ に対して

(7) 　$f(x, y, \alpha) = 0$, 　$f_\alpha(x, y, \alpha) = 0$

から α を消去した（または x, y を α でパラメータ表示した）方程式はこの曲線群の包絡線かまたは特異点の軌跡である．

4.4 陰関数の存在定理，陰関数の極値，包絡線

―― 例題 8 ―――――――――――――――――― 接線の方程式，陰関数の微分 ――

(1) $f(x, y) = x^3 + 3xy + 4xy^2 + y^2 + y - 2 = 0$ 上の点 $(1, -1)$ における接線の方程式を求めよ．
(2) $y = x^y \ (x > 0)$ で定まる陰関数 $y = g(x)$ の導関数を求めよ．
(3) $x^3 + xy + y^2 - a^2 = 0$ で定まる陰関数 $y = g(x)$ に対し，y', y'' を x, y を用いて表せ．

[解答] (1) 題意より $f(1, -1) = 0$, また $f_y = 3x + 8xy + 2y + 1$ より, $f_y(1, -1) = -6 \neq 0$ であるから, p.79 の定理 14 より, $f(x, y) = 0$ は $(1, -1)$ の近くで $y = g(x)$ の形の陰関数をもつ．
$f_x = 3x^2 + 3y + 4y^2$, $f_x(1, -1) = 4$, $f_y(1, -1) = -6$ より,
$$g'(1) = -\frac{f_x(1, -1)}{f_y(1, -1)} = -\frac{4}{-6} = \frac{2}{3}$$
となり，求める接線の方程式は，$y + 1 = \frac{2}{3}(x - 1)$．

(2) $f(x, y) = y - x^y = y - e^{y \log x}$ で $f_x = -\frac{y}{x} e^{y \log x} = -\frac{y}{x} x^y$．題意より $y = x^y$ であるので，$f_x = -y^2/x$．
また, $f_y = 1 - e^{y \log x} \times \log x = 1 - x^y \log x = 1 - y \log x$ となる．
ゆえに, $f_y(x, y) = 0$ にならない点, すなわち, $y \log x = 1$ 上の点を除いて,
$$\frac{dy}{dx} = -\frac{f_x}{f_y} = -\frac{-y^2/x}{1 - y \log x} = \frac{y^2}{x(1 - y \log x)}$$

(3) $f(x, y) = x^3 + xy + y^2 - a^2 = 0$ の両辺を x に関して微分すると,
$$3x^2 + y + (x + 2y)y' = 0 \quad \text{ゆえに} \quad y' = \frac{-(3x^2 + y)}{x + 2y} \cdots (*)$$
上の式をさらに x に関して微分して, $6x + 2y' + 2(y')^2 + (x + 2y)y'' = 0$. この式に $(*)$ を代入して, $y'' = \dfrac{-2(9x^4 + 12x^2y + 13xy^2 - xy - y^2)}{(x + 2y)^3}$．

～～ 問 題 ～～～～～～～～～～～～～～～～～～～～～～～～～～～～～～

8.1 つぎの式で求まる x の関数 y の導関数を求めよ．
(1) $x^3 + xy + y^2 = a^2 \quad (a > 0)$
(2) $\sin x + \sin y - \sin(x + y) = 0 \quad (0 < x < \pi, \ 0 < y < \pi)$
(3) $\log \sqrt{x^2 + y^2} = \tan^{-1} \dfrac{y}{x}$

―― 例題 9 ――――――――――――――――――――――――陰関数の極値 ――

つぎの関係式で定まる陰関数 $y = g(x)$ の極値を求めよ.
(1) $x^4 + 2x^2 + y^3 - y = 0$ (2) $x^3 - 3xy + y^3 = 0$

【解答】 (1) $f(x,y) = x^4 + 2x^2 + y^3 - y = 0$ とおき, p.79 の陰関数の極値を求める方法を用いる. まず $f_x = 4x^3 + 4x$, $f_y = 3y^2 - 1$, $f_{xx} = 12x^2 + 4$ を求め,

$$\begin{cases} f = x^4 + 2x^2 + y^3 - y = 0 \\ f_x = 4(x^3 + x) = 0 \end{cases}$$

を解くと, $(x, y) = (0, 0), (0, \pm 1)$ を得る.

p.79 の (4) より, $-\dfrac{f_{xx}(0,0)}{f_y(0,0)} = 4 > 0$, $-\dfrac{f_{xx}(0, \pm 1)}{f_y(0, \pm 1)} = -2 < 0$.

ゆえに, $x = 0$ で極小値 $y = 0$, $x = 0$ で極大値 $y = \pm 1$ をとる.

(2) $f(x, y) = x^3 - 3xy + y^3 = 0$ とおく. p.79 の陰関数の極値を求める方法を用いる. まず $f_x = 3x^2 - 3y$, $f_y = 3y^2 - 3x$, $f_{xx} = 6x$ を求め,

$$\begin{cases} f = x^3 - 3xy + y^3 = 0 & \cdots ① \\ f_x = 3(x^2 - y) = 0 & \cdots ② \end{cases}$$

を解く. ② より $y = x^2$ となり, これを① に代入すると, $x^3(x^3 - 2) = 0$ となり,

$$x^3(x - \sqrt[3]{2})(x^2 + \sqrt[3]{2}x + \sqrt[3]{4}) = 0 \quad \text{よって} \quad x = 0, \quad x = \sqrt[3]{2}$$

これより,

$(x, y) = (0, 0),$
$(x, y) = (\sqrt[3]{2}, \sqrt[3]{4})$

$(0, 0)$ では $f_x = 0, f_y = 0$ であるので $(0, 0)$ は特異点 (p.80) で $g'(x)$ は確定しない.

$(\sqrt[3]{2}, \sqrt[3]{4})$ のときは,

$$-\frac{f_{xx}(\sqrt[3]{2}, \sqrt[3]{4})}{f_y(\sqrt[3]{2}, \sqrt[3]{4})} = -2 < 0$$

であるので, $x = \sqrt[3]{2}$ のとき $y = \sqrt[3]{4}$ は極大値である.

～～ 問 題 ～～～～～～～～～～～～～～～～～～～～～～～～～～～～～～

9.1 つぎの関係式で定まる陰関数 $y = g(x)$ の極値を求めよ.
(1) $2x^2 + xy + 3y^2 - 1 = 0$ (2) $x^3 y^3 + y - x = 0$
(3) $2x^5 + 3ay^4 - x^2 y^3 = 0$ $(a > 0)$

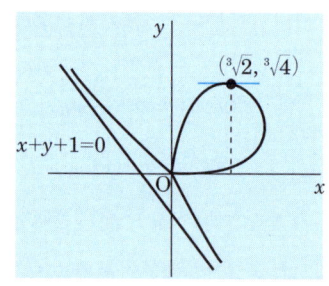

4.4 陰関数の存在定理,陰関数の極値,包絡線

---- 例題 10 ━━━━━━━━━━━ 条件つき極値(ラグランジュの未定乗数法) ━━━

(1) 条件 $\varphi(x,y) = x^2 + y^2 - 2 = 0$ のもとで, $f(x,y) = xy$ の極値を求めよ.

(2) 条件 $\varphi(x,y) = x^3 - y^2 = 0$ のもとで, $f(x,y) = (x+1)^2 + y^2$ の極値を求めよ.

解答 (1) $\varphi = x^2 + y^2 - 2 = 0, \varphi_x = 2x = 0, \varphi_y = 2y = 0$ を満足する x, y の値はないので,$\varphi(x,y) = 0$ は特異点をもたない.

p.80 の定理 15(ラグランジュの未定乗数法)を用いる.

$$y - 2\lambda x = 0, \quad x - 2\lambda y = 0, \quad x^2 + y^2 - 2 = 0$$

より λ を消去すると,$y^2 = x^2$ となり,これを最後の式に代入すると,$x^2 = 1, y^2 = 1$ を得る.よって極値の候補は $(1,1), (1,-1), (-1,1), (-1,-1)$ の 4 つの点である.このとき $f(x,y)$ の値は $f(1,1) = 1, f(1,-1) = -1, f(-1,1) = -1, f(-1,-1) = 1$ である.

他方,$f(x,y)$ は有界閉集合 $x^2 + y^2 - 2 = 0$ で連続であるから,$x^2 + y^2 - 2 = 0$ の上で最大値と最小値をとることが知られている.ここに,最大値は極大値であり,最小値は極小値である.よって,$f(x,y)$ は $(1,1)$ と $(-1,-1)$ で極大値(最大値)1 を,$(1,-1)$ と $(-1,1)$ で極小値(最小値)-1 をとる.

(2) p.80 の定理 15 の(5)より,

$$\begin{cases} f_x - \lambda\varphi_x = 2(x+1) - \lambda \cdot 3x^2 = 0 \\ f_y - \lambda\varphi_y = 2y - \lambda(-2y) = 0 \\ \varphi = x^3 - y^2 = 0 \end{cases}$$

この 3 つの式をみたす (x,y) は存在しない.

曲線 $\varphi(x,y) = 0$ の特異点は $(0,0)$ のみだから,極値をとる候補は $(0,0)$ のみである.

ところで,$x^3 = y^2 \geq 0$ より $x \geq 0$ となり,$(x,y) \neq (0,0)$ ならば

$$f(x,y) = (x+1)^2 + y^2 > 1 = f(0,0)$$

よって,$f(x,y)$ は $(0,0)$ で極小値(最小値)1 をとる.

問題

10.1 つぎの条件 $g(x,y) = 0$ のもとで関数 $f(x,y)$ の極値を求めよ.

(1) $g(x,y) = x + y - 1, \quad f(x,y) = x^2 + y^2$

(2) $g(x,y) = x^3 - 3xy + y^3, \quad f(x,y) = x^2 + y^2$

10.2 点 (α, β) から直線 $ax + by + c = 0$ までの最短距離を求めよ.

---**例題 11**--包絡線---

楕円 $\dfrac{x^2}{a^2}+\dfrac{y^2}{b^2}=1\ (a>b>0)$ の長軸に垂直な弦を直径とする円群の包絡線を求めよ．

解答　p.80 の定理 16 を用いる．

まず楕円の長軸に垂直な弦の両端の座標を右図のように考える．

$\angle \mathrm{AOP'}=\alpha$ とすると，円 O 上の点 P' の x 座標は $x=a\cos\alpha$，y 座標は $y=a\sin\alpha$ である．いま考える楕円は円 O を b/a 倍に縮小したものと考え，y 座標の長さ $a\sin\alpha$ に b/a をかけて，楕円の y 座標 $b\sin\alpha$ を得る．

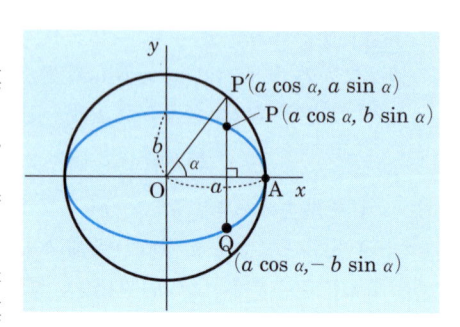

よって，長軸に垂直な弦の両端を $\mathrm{P}(a\cos\alpha, b\sin\alpha)$，$\mathrm{Q}(a\cos\alpha, -b\sin\alpha)$ とする．このとき PQ を直径とする円は $(x-a\cos\alpha)^2+y^2=b^2\sin^2\alpha$ である．

$f(x,y,\alpha)=(x-a\cos\alpha)^2+y^2-b^2\sin^2\alpha=0$ とおくと，

$$f_\alpha(x,y,\alpha)=2(x-a\cos\alpha)a\sin\alpha-2b^2\sin\alpha\cos\alpha=0$$

上の 2 式から α を消去して x,y の関係を求める．

まず $f_\alpha(x,y,\alpha)=0$ から $x=\dfrac{a^2+b^2}{a}\cos\alpha$．

ゆえに，$\begin{aligned}y^2&=b^2\sin^2\alpha-(x-a\cos\alpha)^2\\&=b^2\sin^2\alpha-\left(\dfrac{b^2}{a}\cos\alpha\right)^2\\&=\dfrac{b^2}{a^2}\{a^2-(a^2+b^2)\cos^2\alpha\}.\end{aligned}$

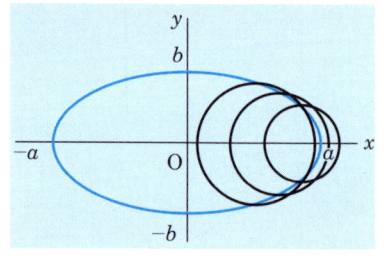

したがって，α を消去すれば $y^2=b^2-\dfrac{b^2}{a^2+b^2}x^2$．すなわち包絡線は $\dfrac{x^2}{a^2+b^2}+\dfrac{y^2}{b^2}=1$．

〜〜〜〜**問　題**〜〜〜〜〜〜〜〜〜〜〜〜〜〜〜〜〜〜〜〜〜〜〜〜〜〜〜〜〜〜〜〜

11.1　α をパラメータとするつぎの曲線群の包絡線を求めよ．
　　(1)　$(x-\alpha)^2+y^2-1=0$　　(2)　$x^3=\alpha(y+\alpha)^2$

11.2　つぎの曲線群の包絡線を求めよ．
　　(1)　双曲線 $x^2-y^2=a^2$ の上に中心をもち，原点を通る円群．
　　(2)　両軸が x 軸，y 軸にあって長さが一定の線分群．

5　重積分法

5.1　2重積分

●**2重積分の定義**●　p.46 で述べた1変数の定積分の考え方を拡張して，2変数の関数 $f(x,y)$ の積分を定義する．

$f(x,y)$ は xy 平面の有界閉領域（p.66）で定義された連続関数とする．下図左のように，まず有界閉領域 D を n 個の小閉領域 $D_1, D_2, \cdots, D_n$ に分割し，各小閉領域 D_i の面積を ΔS_i $(i=1,2,\cdots,n)$ とする．1つの小閉領域 D_i において，その中の2点の距離の最大値を d_i（これを D_i の**直径**という）とし，この分割を Δ で表す．いま n 個の d_i $(i=1,2,\cdots,n)$ の最大値を d とし，各 D_i から任意に点 $\mathrm{P}_i(x_i, y_i)$ をとり

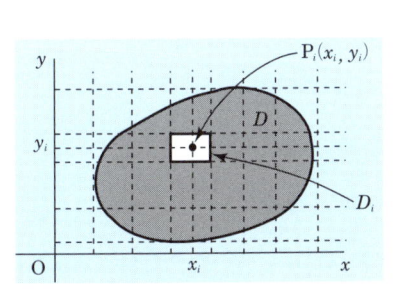

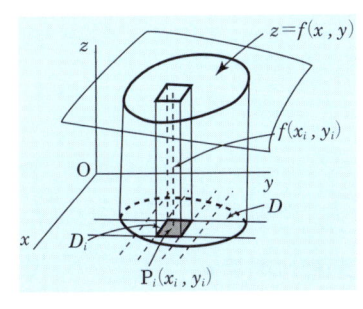

$$S(\Delta) = \sum_{i=1}^{n} f(x_i, y_i) \Delta S_i$$

とする．この $S(\Delta)$ を関数 $f(x,y)$ の分割 Δ に関する**リーマン和**という．このとき分割を細かくして $d \to 0$ とするとき，$S(\Delta)$ が分割の仕方や，$\mathrm{P}_i(x_i, y_i)$ のとり方に無関係に一定の値に収束するとき，$f(x,y)$ は D で**2重積分可能**（または**重積分可能**）であるといい，この極限値を有界閉領域 D における**2重積分**といって，$\iint_D f(x,y)\, dx\, dy$ と書き表す．すなわち

(1) $\quad \displaystyle\iint_D f(x,y)\, dx\, dy = \lim_{d \to 0} \sum_{i=1}^{n} f(x_i, y_i) \Delta S_i$

であり，$f(x,y)$ を**被積分関数**，D を**積分領域**という．

第5章 重積分法

● **体積** ● 前頁の右側の図のように，2重積分は立体の体積を表すものと考えられる．実際，有界閉領域 D 上で $f(x,y) \geqq 0$ とするとき，xy 平面の有界閉領域 D を底とし，上面が曲面 $z = f(x,y)$ であるような柱状の立体の体積 V は

(2) $\quad V = \iint_D f(x,y)\,dx\,dy$

● **2重積分の性質** ● 1変数の定積分の場合と同様につぎの定理が成り立つ．

定理1 （**2重積分の積分可能性**） $f(x,y)$ が有界閉領域で連続ならば，$f(x,y)$ は D で2重積分可能である．

注意 1変数の場合と同様につぎのことが示される．

$f(x,y), g(x,y)$ は有界閉領域 D で連続とする．ここでは単に f, g と書くことにする．

(3) 定数 α, β に対して，

$$\iint_D \{\alpha f + \beta g\}\,dx\,dy = \alpha \iint_D f\,dx\,dy + \beta \iint_D g\,dx\,dy$$

(4) $f \leqq g$ ならば，$\displaystyle\iint_D f\,dx\,dy \leqq \iint_D g\,dx\,dy$

特に $|f|$ も2重積分可能で

(5) $\quad \left|\displaystyle\iint_D f\,dx\,dy\right| \leqq \iint_D |f|\,dx\,dy$

D を共通点をもたない2つの領域 D_1, D_2 に分けるとき，

(6) $\quad \displaystyle\iint_D f\,dx\,dy = \iint_{D_1} f\,dx\,dy + \iint_{D_2} f\,dx\,dy$

● **2重積分の計算** ● 2重積分の計算は1変数の積分をくり返すことによって求めることが多い．

定理2 （**累次積分**） $\varphi_1(x), \varphi_2(x)$ は $[a,b]$ で連続とする．いま，$D = \{(x,y) : a \leqq x \leqq b, \varphi_1(x) \leqq y \leqq \varphi_2(x)\}$ とし，この領域 D を **x に関して単純な領域**という．そして，$f(x,y)$ が D で連続ならばつぎの等式が成り立つ．

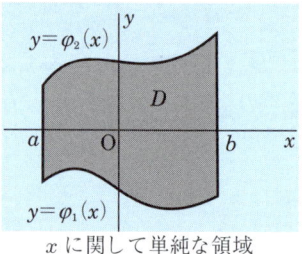

x に関して単純な領域

(7) $\quad \displaystyle\iint_D f(x,y)\,dx\,dy = \int_a^b \left\{\int_{\varphi_1(x)}^{\varphi_2(x)} f(x,y)\,dy\right\} dx$

この積分を**累次積分**とよぶ．

つぎに $\psi_1(y), \psi_2(y)$ は $[p,q]$ で連続とする．いま

$$D = \{(x,y) : p \leqq y \leqq q, \ \psi_1(y) \leqq x \leqq \psi_2(y)\}$$

とし，D を **y に関して単純な領域**という．$f(x,y)$ が D で連続ならば，

(8) $$\iint_D f(x,y)\,dx\,dy$$
$$= \int_p^q \left\{ \int_{\varphi_1(y)}^{\varphi_2(y)} f(x,y)\,dx \right\} dy$$

特に D が右下図のように長方形のときは

(9) $$\iint_D f(x,y)\,dx\,dy$$
$$= \int_a^b \left\{ \int_p^q f(x,y)\,dy \right\} dx$$

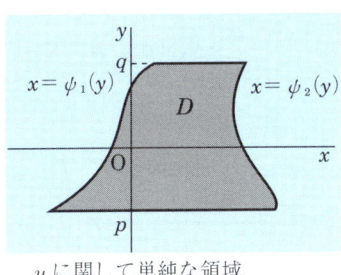

y に関して単純な領域

さらに $f(x,y) = g(x)\,h(y)$ のように変数が分離していれば，

(10) $$\iint_D f(x,y)\,dx\,dy$$
$$= \left(\int_a^b g(x)\,dx \right) \left(\int_p^q h(y)\,dy \right)$$

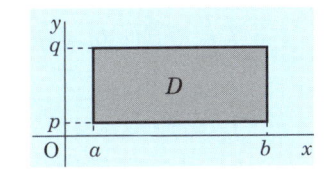

のように 2 つの定積分の積になる．

● **2 重積分の順序交換** ●　領域 D が $x = a$, $y = b$, $y = \varphi_1(x)$, $y = \varphi_2(x)$ ($\varphi_1 \leqq \varphi_2$) で囲まれた x に関して単純な領域 (下図左) であり，$y = p$, $y = q$, $x = \psi_1(y)$, $x = \psi_2(y)$ ($\psi_1 \leqq \psi_2$) で囲まれた y に関して単純な領域 (下図右) でもあるとき p.86 の定理 2 により 2 通りの累次積分で表せる．

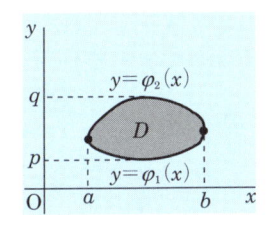

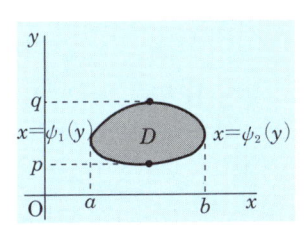

x に関して単純な領域とみる場合　y に関して単純な領域とみる場合

定理 3　(**2 重積分の順序交換**)

(11) $$\int_a^b \left\{ \int_{\varphi_1(x)}^{\varphi_2(x)} f(x,y)\,dy \right\} dx = \int_p^q \left\{ \int_{\psi_1(y)}^{\psi_2(y)} f(x,y)\,dx \right\} dy$$

注意　$\int_a^b \left\{ \int_{\varphi_1(x)}^{\varphi_2(x)} f(x,y)\,dy \right\} dx$ を $\int_a^b dx \int_{\varphi_1(x)}^{\varphi_2(x)} f(x,y)\,dy$ と書くことがある．

---例題 1---------------------------------------2 重積分 (1)---

(1) つぎの 2 重積分を求めよ.
$$\iint_D \sqrt{x}\,dx\,dy, \quad D: x^2+y^2 \leqq x$$

(2) $f(x,y)=1$ のとき, $\iint_D f(x,y)\,dx\,dy$ は D の面積に等しいことを示せ.

[解答] (1) $x^2+y^2=x$ は $\left(x-\dfrac{1}{2}\right)^2+y^2=\left(\dfrac{1}{2}\right)^2$ と変形することによって, 中心が $(1/2, 0)$ で半径が $1/2$ の円である. D はこの円の周および内部である. この D を x に関する単純な領域と考える (p.86). よって,

$$I = \iint_D \sqrt{x}\,dx\,dy = \int_0^1 dx \int_{-\sqrt{x-x^2}}^{\sqrt{x-x^2}} \sqrt{x}\,dy$$

$$= \int_0^1 [\sqrt{x}\,y]_{-\sqrt{x-x^2}}^{\sqrt{x-x^2}}\,dx$$

$$= 2\int_0^1 \sqrt{x}\sqrt{x-x^2}\,dx = 2\int_0^1 x\sqrt{1-x}\,dx$$

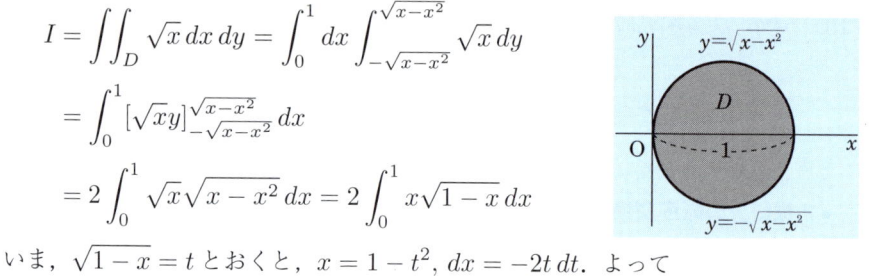

いま, $\sqrt{1-x}=t$ とおくと, $x=1-t^2$, $dx=-2t\,dt$. よって

$$2\int_0^1 x\sqrt{1-x}\,dx = 2\int_1^0 (1-t^2)t(-2t)dt$$

$$= 4\int_0^1 (t^2-t^4)dt = 4\left[\dfrac{t^3}{3}-\dfrac{t^5}{5}\right]_0^1 = \dfrac{8}{15}$$

(2) p.85 の 2 重積分の定義 (1) により, $f(x,y)=1$ のとき $f(x_i,y_i)\Delta S_i = \Delta S_i$ である. よって

$$\iint_D f(x,y)\,dx\,dy = \lim_{d\to 0}\sum_{i=1}^n f(x_i,y_i)\Delta S_i = \lim_{d\to 0}\sum_{i=1}^n \Delta S_i = D \text{ の面積}$$

問題

1.1 つぎの 2 重積分を求めよ.

(1) $\displaystyle\iint_D \dfrac{x}{x^2+y^2}\,dx\,dy, \quad D: y-\dfrac{1}{4}x^2 \geqq 0,\ y-x \leqq 0,\ x \geqq 2$

(2) $\displaystyle\iint_D \sqrt{xy-y^2}\,dx\,dy, \quad D: 0 \leqq y \leqq 1,\ y \leqq x \leqq 10y$

例題 2 ———————————————— 2 重積分 (2) ———

(1) つぎの 2 重積分を計算せよ.
$$\iint_D \sqrt{4x^2 - y^2}\, dx\, dy, \quad D: 0 \leq y \leq x \leq 1$$

(2) 曲面 $z = e^{px+qy}$ $(pq \neq 0)$
が xy 平面の正方形 $D = \{(x,y) : 0 \leq x \leq 1, 0 \leq y \leq 1\}$ との間につくる立体の体積を求めよ.

解答 (1) 右図を x に関する単純な領域とみる. p.35 の不定積分の公式(7)より,

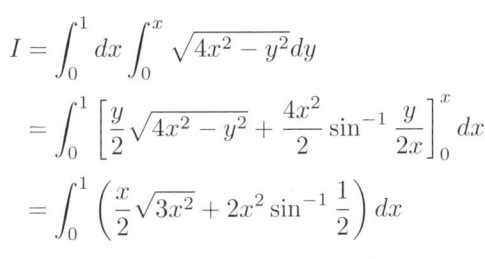

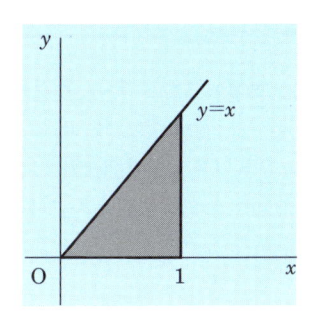

$$I = \int_0^1 dx \int_0^x \sqrt{4x^2 - y^2}\, dy$$
$$= \int_0^1 \left[\frac{y}{2}\sqrt{4x^2 - y^2} + \frac{4x^2}{2}\sin^{-1}\frac{y}{2x} \right]_0^x dx$$
$$= \int_0^1 \left(\frac{x}{2}\sqrt{3x^2} + 2x^2 \sin^{-1}\frac{1}{2} \right) dx$$
$$= \int_0^1 \left(\frac{\sqrt{3}}{2}x^2 + 2x^2 \frac{\pi}{6} \right) dx = \left[\frac{\sqrt{3}}{6}x^3 + \frac{\pi}{3}\cdot\frac{x^3}{3} \right]_0^1 = \frac{1}{3}\left(\frac{\sqrt{3}}{2} + \frac{\pi}{3} \right)$$

(2) $I = \iint_D e^{px} \cdot e^{qy}\, dx\, dy$ で変数に関して分離された形である. p.87 の(10)より

$$I = \left(\int_0^1 e^{px} dx \right) \left(\int_0^1 e^{qy} dy \right) = \left[\frac{e^{px}}{p} \right]_0^1 \cdot \left[\frac{e^{qx}}{q} \right]_0^1 = \frac{e^p - 1}{p} \cdot \frac{e^q - 1}{q}$$

問題

2.1 つぎの 2 重積分を求めよ.

(1) $\iint_D \log \dfrac{x}{y^2}\, dx\, dy, \quad D: 1 \leq y \leq x \leq 2$

(2) $\displaystyle\int_0^\pi \left\{ \int_0^{1+\cos\theta} r^2 \sin\theta\, dr \right\} d\theta$ （p.65 の図を参照）

(3) $\iint_D y\, dx\, dy, \quad D: \sqrt{x} + \sqrt{y} \leq 1$ （p.53 の上図を参照）

―― 例題 3 ――――――――――――――― 2 重積分の順序交換，ディリクレの変換 ――

つぎの積分の順序を交換せよ．ただし関数 $f(x,y)$ は与えられた有界閉領域で連続である．

(1) $\displaystyle\int_0^1 dx \int_{\sqrt{1-x^2}}^{x+2} f(x,y)\,dy$

(2) $\displaystyle\int_a^b dx \int_a^x f(x,y)\,dy \quad (a>0,\ b>0)$

この積分の順序の交換を**ディリクレの変換**という．

[解答] (1) p.87 の定理 3 を用いる．積分する領域は，3 つの直線 $x=0,\ x=1,\ y=x+2$ および半円 $y=\sqrt{1-x^2}$ で囲まれた平面 D であるから，この積分の順序を交換するためには，D のまわりの曲線の方程式が異なるところで D を 3 つの部分 D_1, D_2, D_3 に分けて考える．

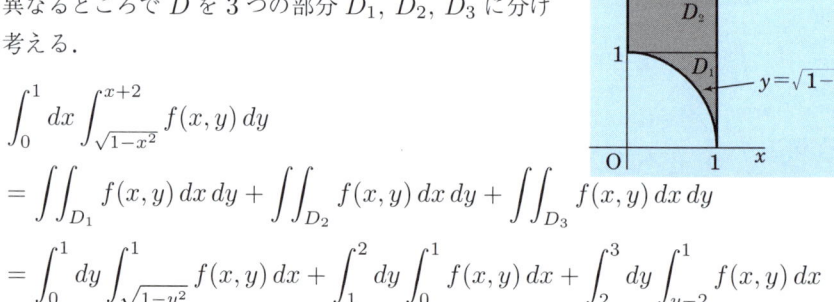

$\displaystyle\int_0^1 dx \int_{\sqrt{1-x^2}}^{x+2} f(x,y)\,dy$
$= \displaystyle\iint_{D_1} f(x,y)\,dx\,dy + \iint_{D_2} f(x,y)\,dx\,dy + \iint_{D_3} f(x,y)\,dx\,dy$
$= \displaystyle\int_0^1 dy \int_{\sqrt{1-y^2}}^1 f(x,y)\,dx + \int_1^2 dy \int_0^1 f(x,y)\,dx + \int_2^3 dy \int_{y-2}^1 f(x,y)\,dx$

(2) この積分の領域は，3 つの直線 $y=x,\ y=a,\ x=b$ で囲まれた平面 D である．よって

$\displaystyle\int_a^b dx \int_a^x f(x,y)\,dy = \int_a^b dy \int_y^b f(x,y)\,dx$

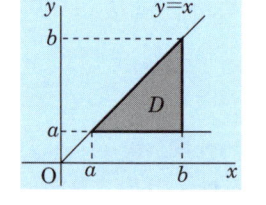

―― 問　題 ――

3.1 つぎの積分の順序を交換せよ $(a>0)$．

(1) $\displaystyle\int_0^a dx \int_0^{x^2} f(x,y)\,dy$　　(2) $\displaystyle\int_0^2 dx \int_{x/2}^{3x} f(x,y)\,dy$

(3) $\displaystyle\int_0^{2a} dx \int_{x^2/4a}^{3a-x} f(x,y)\,dy$

5.2 2重積分における変数変換，広義の2重積分，重積分の応用，3重積分

● 変数の変換 ●

定理4 （**2重積分の変数の変換**） uv 平面の有界閉領域 Δ を xy 平面の有界閉領域 D に写す写像 $x = \varphi(u,v)$, $y = \psi(u,v)$ が1対1で φ, ψ は u, v に関して連続な導関数をもち，ヤコビアン $J = \begin{vmatrix} \varphi_u & \varphi_v \\ \psi_u & \psi_v \end{vmatrix}$ が0にならないとする．さらに関数 $f(x,y)$ が D で連続ならば，

(1) $$\iint_D f(x,y)\,dx\,dy = \iint_\Delta f\{\varphi(u,v), \psi(u,v)\}|J|\,du\,dv$$

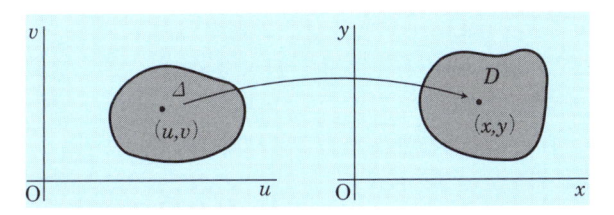

● 2重積分の定義の拡張（広義の2重積分）●

不連続点がある場合 関数 $f(x,y)$ は有界閉領域 D で定義され D の周上または内部の有限個の点以外では連続とする．この不連続点の集合を E とする．

さて，D に含まれる有界閉領域の列 $\{D_n\}$ がつぎの条件をみたすとき，E を除外する**近似増加列**という．

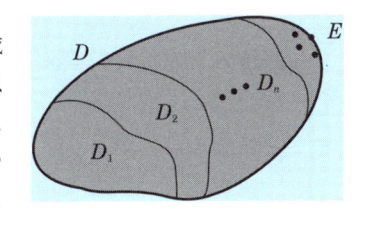

(i) D_{n+1} は D_n を含む $(n = 1, 2, \cdots)$． (ii) D_n は E の点を含まない．

(iii) D に含まれる任意の有界閉領域は適当な番号から先の D_n に含まれてしまう．

いま，E を除外するどんな近似増加列 $\{D_n\}$ をとった場合でも，その選び方に無関係に

(2) $$\lim_{n\to\infty} \iint_{D_n} f(x,y)\,dx\,dy$$

が存在するとき，その値を

(3) $$\iint_D f(x,y)\,dx\,dy$$

で表し，有界閉領域における広義の**2重積分**という．

無限領域の場合 D を無限領域（自分自身とは交わらない1つの曲線によって分けられた無限区域の部分，たとえば $y \geq x^2$ など）とし，前頁の(i), (ii), (iii)をみたすような有界閉領域の近似増加列 $\{D_n\}$ を考える．関数 $f(x,y)$ がどんな近似増加列 $\{D_n\}$ に対しても，その選び方に無関係に，前頁の(2)が決まるとき，これを(3)で表し**無限領域における広義の 2 重積分**という．

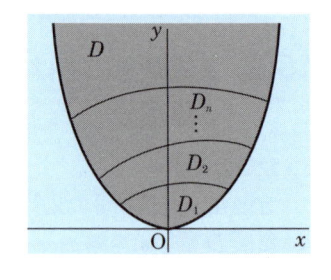

定理 5 $f(x,y)$ が有界閉領域または無限領域 D で定符号とする．D のある近似増加列 $\{D_n\}$ に対して，前頁の(2)が1つの値 V に収束すれば，他のどんな近似増加列についても V に収束する．

● **体積** ● p.86 で 2 重積分によって立体の体積を求めることができることを示した．ここでは，2 つの曲面 $z = f(x,y)$, $z = g(x,y)$ が有界閉領域 D で連続で，$f(x,y) \geq g(x,y)$ が成り立っているとする（xy 平面の下方にあってもよい）．このとき 2 曲面と D 上の柱面で囲まれる部分の体積 V は次式で与えられる．

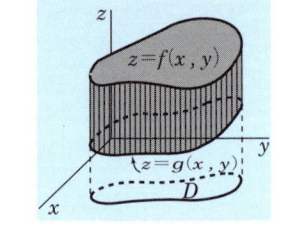

(4) **2 曲面のはさむ体積** $\quad V = \iint_D \{f(x,y) - g(x,y)\}\, dx\, dy$

● **曲面積** ● 曲面 $z = f(x,y)$ が D で定義されていて，$f(x,y)$ が連続な偏導関数をもつとする．このとき $z = f(x,y)$ の D 上の曲面積 S は次式で与えられる．

(5) **曲面積** $\quad S = \iint_D \sqrt{1 + f_x^2 + f_y^2}\, dx\, dy$

つぎに，$x = r\cos\theta, y = r\sin\theta$ と変数変換することにより極座標の場合の曲面積を求める公式が得られる．すなわち，

(6) **極座標のときの曲面積** $\quad S = \iint_D \sqrt{r^2 + \left(r\dfrac{\partial z}{\partial r}\right)^2 + \left(\dfrac{\partial z}{\partial \theta}\right)^2}\, dr\, d\theta$

● **3 重積分** ● これまで 2 変数の関数の積分を考えてきたが，3 変数の関数の場合にもそのまま拡張される．

3 変数の関数 $f(x,y,z)$ が空間のある有界閉領域 K で連続であるとする．2 重積分の場合と同様に，リーマン和の極限値を

(7) **3 重積分** $\quad \iiint_K f(x,y,z)\, dx\, dy\, dz$

と書き，領域 K における関数 $f(x,y,z)$ の **3 重積分**という．

5.2 2重積分における変数変換，広義の2重積分，重積分の応用，3重積分

── 例題 4 ──────────────── 2重積分の変数の変換 ──

$$\iint_D (x+y)^2 e^{x-y}\,dx\,dy, \quad D: |x+y| \leq 1, |x-y| \leq 1$$

を $x+y=u$, $x-y=v$ と変数を変換することによって求めよ．

解答 p.91 の定理 4 (変数の変換) (1) を用いる．

$\begin{cases} x+y=u \\ x-y=v \end{cases}$ とおくと，$\begin{cases} x=(u+v)/2 \\ y=(u-v)/2 \end{cases}$ となる．これを D の条件の式に代入すると，$\Delta = \{(u,v); |u| \leq 1, |v| \leq 1\}$ となり，Δ と D の点は 1 対 1 に対応する．またヤコビアンは $J = \begin{vmatrix} x_u & x_v \\ y_u & y_v \end{vmatrix} = \begin{vmatrix} 1/2 & 1/2 \\ 1/2 & -1/2 \end{vmatrix} = -\frac{1}{2}$．よって，

$$\iint_D (x+y)^2 e^{x-y}\,dx\,dy = \iint_\Delta u^2 e^v \left|-\frac{1}{2}\right| du\,dv$$

$$= \frac{1}{2} \int_{-1}^1 du \int_{-1}^1 u^2 e^v dv = \frac{1}{2} \left(\int_{-1}^1 u^2 du\right)\left(\int_{-1}^1 e^v dv\right)$$

$$= \frac{1}{2} \left[\frac{1}{3}u^3\right]_{-1}^1 \cdot [e^v]_{-1}^1 = \frac{1}{2}\frac{2}{3}(e-e^{-1}) = \frac{1}{3}(e-e^{-1})$$

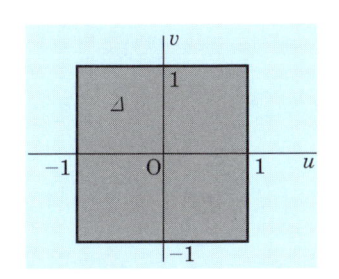

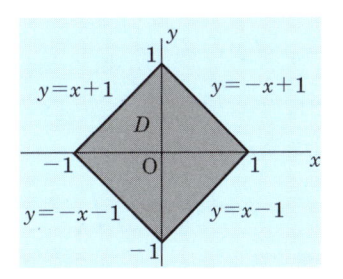

問題

4.1 4つの放物線 $x^2 = ay$, $x^2 = 2ay (a>0)$, $y^2 = bx$, $y^2 = 2bx (b>0)$ の囲む部分を D とするとき，つぎの積分を変数の変換 $x^2 = uy$, $y^2 = vx (u,v > 0)$ を行って求めよ． $\iint_D xy\,dx\,dy$．

4.2 $\iint_D e^{(y-x)/(y+x)}\,dx\,dy, \quad D: x \geq 0, y \geq 0, \frac{1}{2} \leq x+y \leq 1$

を $x+y=u$, $y=uv$ と変換することによって求めよ．

─── 例題 5* ─────── 2 重積分の変数の変換 $(x = r\cos\theta, y = r\sin\theta)$ ───

つぎの 2 重積分を $x = r\cos\theta$, $y = r\sin\theta$ と変数を変換して求めよ．
$$\iint_D (x^2 + y^2)\,dx\,dy, \quad D : x^2 + y^2 \leqq a^2 \quad (a > 0)$$

解答 p.91 の定理 4（2 重積分の変数の変換）を用いる．

極座標 $x = r\cos\theta$, $y = r\sin\theta$ に変数を変換する．$r\theta$ 平面の領域 Δ を
$$\Delta = \{(r, \theta) : 0 \leqq r \leqq a, 0 \leqq \theta \leqq 2\pi\}$$
とおくと，Δ は $x = r\cos\theta$, $y = r\sin\theta$ によって D に写像される．このとき

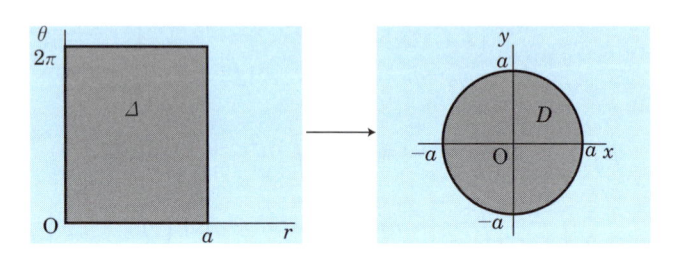

(i) 線分 $r = 0$ は原点に写像され，線分 $\theta = 0$ 上の点と $\theta = 2\pi$ 上の点も同じ点に写像される．それ以外では Δ の点と D の点は 1 対 1 である．

(ii) ヤコビアン $J = \begin{vmatrix} \cos\theta & -r\sin\theta \\ \sin\theta & r\cos\theta \end{vmatrix} = r$ は $r = 0$ 以外では 0 にならない．

例外の点では面積が 0 になっているので積分値には関係しないので p.91 の定理 4 を用いることができる．よって，
$$\iint_D (x^2 + y^2)\,dx\,dy = \iint_\Delta r^2 \cdot r\,dr\,d\theta = \left(\int_0^{2\pi} d\theta\right)\left(\int_0^a r^3\,dr\right) = \frac{\pi a^4}{2}$$

～～ **問 題** ～～～～～～～～～～～～～～～～～～～～～～～～

5.1 つぎの 2 重積分の値を計算せよ（$x = r\cos\theta$, $y = r\sin\theta$ と変換せよ）．

(1) $\displaystyle\iint_D x^2\,dx\,dy, \quad D : x^2 + y^2 \leqq x$

(2) $\displaystyle\iint_D \frac{dx\,dy}{(1 + x^2 + y^2)^2}, \quad D : (x^2 + y^2)^2 \leqq x^2 - y^2, x \geqq 0$ （連珠形）

(3) $\displaystyle\iint_D \tan^{-1}\frac{y}{x}\,dx\,dy, \quad D : x^2 + y^2 \leqq 1, x \geqq 0, y \geqq 0$

───
* 極座標に変数を変換するとき，対応が 1 対 1 でない点が存在する．しかし，それらの点の面積は上の(i), (ii)のように 0 であるので，以後は問題にしない．

5.2 2重積分における変数変換，広義の2重積分，重積分の応用，3重積分　　95

―― 例題 6 ――――――― 広義の **2 重積分**（不連続な点，不連続な曲線のある場合）――
つぎの広義の 2 重積分を求めよ．
$$\iint_D \frac{dxdy}{\sqrt{x^2+y^2}}, \quad D: 0 \leqq x \leqq y \leqq 1$$

解答　p.91 の広義の 2 重積分を用いる．被積分関数は閉領域 D で正で，原点以外では連続である．よって D の近似増加列 $\{D_n\}$ をつぎのようにとる．

$$D_n : 0 \leqq x \leqq y, \ \frac{1}{n} \leqq y \leqq 1$$

$$I_n = \iint_{D_n} \frac{dx\,dy}{\sqrt{x^2+y^2}} = \int_{1/n}^1 dy \int_0^y \frac{1}{\sqrt{x^2+y^2}}\,dx$$

$$= \int_{1/n}^1 \left[\log(x+\sqrt{x^2+y^2})\right]_0^y dy$$

$$= \int_{1/n}^1 \{\log(1+\sqrt{2})y - \log y\}\,dy$$

$$= \int_{1/n}^1 \log(1+\sqrt{2})\,dy = \log(1+\sqrt{2})[y]_{1/n}^1 = \log(1+\sqrt{2})\left(1-\frac{1}{n}\right)$$

$$\to \log(1+\sqrt{2}) \quad (n \to \infty)$$

$$\therefore \quad \iint_D \frac{dx\,dy}{\sqrt{x^2+y^2}} = \log(1+\sqrt{2})$$

問　題

6.1　つぎの広義の 2 重積分を求めよ．

(1)*　$\displaystyle\iint_D \frac{dx\,dy}{(y-x)^\alpha} \quad (0 < \alpha < 1), \quad D: 0 \leqq x \leqq y \leqq 1$

(2)**　$\displaystyle\iint_D \frac{dx\,dy}{(x+y)^{3/2}}, \quad D: 0 \leqq x \leqq 1, \ 0 \leqq y \leqq 1$

(3)***　$\displaystyle\iint_D \frac{dx\,dy}{(x^2+y^2)^{\alpha/2}} \quad (\alpha > 0), \quad D: x^2+y^2 \leqq 1$

---

*　被積分関数が直線 $y=x$ 上の点で不連続であるが，この場合も p.91 の広義の 2 重積分と同様に考えて，近似増加列は $D_n : 1/n \leqq y \leqq 1, \ y \geqq x + 1/n$ とせよ．
**　原点で被積分関数が不連続である．近似増加列は D から $0 \leqq x \leqq 1/n, \ 0 \leqq y \leqq 1/n$ を除いたものとせよ．
***　原点で被積分関数が不連続である．近似増加列は $D_n : 1/n^2 \leqq x^2+y^2 \leqq 1$ とせよ．

---例題 7---　　　　　　　　　　　　広義の 2 重積分（無限領域の場合）---

つぎの広義の 2 重積分を求めよ．
$$\iint_D \frac{dx\,dy}{(x+y+1)^\alpha} \quad (\alpha > 2), \quad D : x \geqq 0,\ y \geqq 0$$

[解答] p.92 の広義の 2 重積分（無限領域の場合）を用いる．被積分関数は無限領域 D で正である．近似増加列 $\{D_n\}$ を

$$D_n : 0 \leqq x \leqq n,\ 0 \leqq y \leqq n$$

とする．$\alpha > 2$ であるので，

$$I_n = \iint_{D_n} \frac{dx\,dy}{(x+y+1)^\alpha} = \int_0^n dx \int_0^n \frac{1}{(x+y+1)^\alpha}\,dy$$

$$= \int_0^n \left[\frac{1}{-\alpha+1}(x+y+1)^{1-\alpha} \right]_0^n dx$$

$$= \int_0^n \frac{1}{1-\alpha}\left\{(x+n+1)^{1-\alpha} - (x+1)^{1-\alpha}\right\} dx$$

$$= \frac{1}{1-\alpha}\frac{1}{2-\alpha}\left[(x+n+1)^{2-\alpha} - (x+1)^{2-\alpha}\right]_0^n$$

$$= \frac{1}{(1-\alpha)(2-\alpha)}\left\{\frac{1}{(2n+1)^{\alpha-2}} - \frac{2}{(n+1)^{\alpha-2}} + 1\right\}$$

$$\to \frac{1}{(1-\alpha)(2-\alpha)} \quad (n \to \infty)$$

よって，$\displaystyle \iint_D \frac{dx\,dy}{(x+y+1)^\alpha} = \frac{1}{(1-\alpha)(2-\alpha)} \quad (\alpha > 2)$

～～ 問　題 ～～～～～～～～～～～～～～～～～～～～～～～～

7.1*　つぎの広義の 2 重積分を求めよ．

(1)**　$\displaystyle \iint_D e^{-(x^2+y^2)}\,dx\,dy, \quad D : x \geqq 0,\ y \geqq 0$

(2)　$\displaystyle \iint_D x^2 e^{-(x^2+y^2)}\,dx\,dy, \quad D : x \geqq 0,\ y \geqq 0$

---

*　(1), (2) とも近似増加列 D_n は原点を中心として半径 n の円と D との共通部分とせよ．また $x = r\cos\theta, y = r\sin\theta$ と変数変換せよ．

**　この積分を用いて $\displaystyle \int_0^\infty e^{-x^2} dx = \frac{\sqrt{\pi}}{2}$ を示すことができる（解答の注意参照）．

―― 例題 8 ――――――――――――――――――――――――――――― 体積 ――

$a > 0$ とするとき，球 $x^2 + y^2 + z^2 = a^2$ で囲まれた円柱 $x^2 + y^2 = ax$ の内部の体積を求めよ．

解答 求める体積は，
$$D : x^2 + y^2 \leqq ax$$
の上の曲面 $z = \sqrt{a^2 - x^2 - y^2}$ と D の下の曲面 $z = -\sqrt{a^2 - x^2 - y^2}$ とで囲まれた部分の体積 V である．xy 平面の上の部分の体積と下の部分の体積は等しいので，
$$\frac{V}{2} = \iint_D \sqrt{a^2 - x^2 - y^2}\, dx\, dy$$
いま，$x = r\cos\theta, y = r\sin\theta$ とおけば，
$$D' : 0 \leqq r \leqq a\cos\theta, \quad -\frac{\pi}{2} \leqq \theta \leqq \frac{\pi}{2}$$
p.91 の定理 4 により，
$$\frac{V}{2} = \int_{-\pi/2}^{\pi/2} d\theta \int_0^{a\cos\theta} \sqrt{a^2 - r^2}\, r\, dr$$
$$= \int_{-\pi/2}^{\pi/2} \left[-\frac{1}{3}(a^2 - r^2)^{3/2} \right]_0^{a\cos\theta} d\theta$$
$$= \frac{a^3}{3} \int_{-\pi/2}^{\pi/2} \{1 - (1 - \cos^2\theta)^{3/2}\}\, d\theta = \frac{2}{3} a^3 \int_0^{\pi/2} (1 - \sin^3\theta)\, d\theta$$

p.48 の三角関数の定積分の公式 (10) より $\int_0^{\pi/2} \sin^3\theta\, d\theta = \frac{2}{3}$ であるので，
$$\frac{V}{2} = \frac{2}{3} a^3 \left(\frac{\pi}{2} - \frac{2}{3} \right) \quad \therefore\ V = \frac{4}{3} a^3 \left(\frac{\pi}{2} - \frac{2}{3} \right)$$

―― 問 題 ――

8.1 円柱 $x^2 + y^2 \leqq a^2 (a > 0)$ の xy 平面の上方，平面 $z = x$ の下方にある部分の体積を求めよ．

8.2 $a > 0$ とするとき，2 つの円柱 $x^2 + y^2 \leqq a^2$, $y^2 + z^2 \leqq a^2$ の共通部分の体積を求めよ．

8.3 $a > 0$ とするとき，底面の半径 a の直円柱から，その底面の直径を通り底面と $\alpha (0 < \alpha < \pi/2)$ の角をなす平面で切り取った部分の体積を求めよ．

---例題 9---　　　　　　　　　　　　　　　　　　　　　　　　　　　曲面積---

$a > 0$ とするとき，円柱面 $x^2 + y^2 = a^2$ の内部にある円柱面 $y^2 + z^2 = a^2$ の曲面積を求めよ．

[解答] $x \geqq 0, y \geqq 0, z \geqq 0$ の部分の面積を S' とすると，求める曲面積 $S = 8S'$ である．また，$D : x^2 + y^2 \leqq a^2, x \geqq 0, y \geqq 0$ とする．

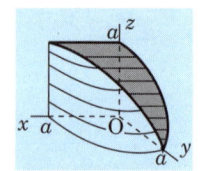

いま，$z = \sqrt{a^2 - y^2}$ であるので，

$$\frac{\partial z}{\partial x} = 0, \quad \frac{\partial z}{\partial y} = -\frac{y}{\sqrt{a^2 - y^2}}$$

よって，求める曲面積 S は p.92 の(5)より

$$S = 8 \iint_D \sqrt{1 + \frac{y^2}{a^2 - y^2}} \, dx \, dy$$

$$= 8 \int_0^a dy \int_0^{\sqrt{a^2 - y^2}} \frac{a}{\sqrt{a^2 - y^2}} \, dx$$

$$= 8 \int_0^a \frac{a}{\sqrt{a^2 - y^2}} [x]_0^{\sqrt{a^2 - y^2}} \, dy = 8 \int_0^a a \, dy = 8a[y]_0^a = 8a^2$$

問　題

9.1 つぎの曲面積を求めよ．

(1) $a > 0$ とするとき，円柱面 $x^2 + y^2 = ax$ によって切り取られる球面
$$x^2 + y^2 + z^2 = a^2$$
の部分の曲面積（右上図参照）．

(2) $a > 0$ とするとき，球面
$$x^2 + y^2 + z^2 = a^2$$
によって切り取られる円柱面 $x^2 + y^2 = ax$ の側面の部分の曲面積（右下図参照）．

(3) 曲面 $z = x^2 + y^2$ の 2 平面 $z = 0, z = a$ の間にある部分の曲面積．ただし $a > 0$ とする．

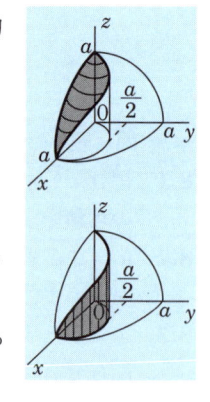

5.2 2重積分における変数変換，広義の2重積分，重積分の応用，3重積分   99

---**例題 10**--------------------------------**3重積分**---

つぎの3重積分を求めよ．
$$I = \iiint_K dx\,dy\,dz, \quad K : x^2 + y^2 + z^2 \leq a^2,\ z \geq 0 \quad (a > 0)$$

解答 $(*)\begin{cases} x = r\sin\theta\,\cos\varphi \\ y = r\sin\theta\,\sin\varphi \\ z = r\cos\theta \end{cases} \begin{pmatrix} r \geq 0 \\ 0 \leq \theta \leq \pi \\ 0 \leq \varphi \leq 2\pi \end{pmatrix}$

と極座標に変換すると，xyz 空間 K は $r\theta\varphi$ 空間 K' に対応する．下の注意によってヤコビアンは $J = r^2 \sin\theta$ であるので，

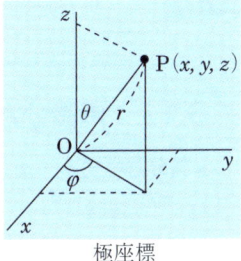

極座標

$$\iiint_K dx\,dy\,dz$$
$$= \iiint_{K'} r^2 \sin\theta\,dr\,d\theta\,d\varphi = \int_0^a r^2\,dr \int_0^{\pi/2} \sin\theta\,d\theta \int_0^{2\pi} d\varphi = \frac{2}{3}\pi a^3$$

注意 2重積分の変数変換（p.91 の定理 4）と同様のことが3重積分においても成り立つ．つまり変換
$$x = \varphi(u,v,w), \quad y = \psi(u,v,w), \quad z = \chi(u,v,w)$$
に適当な条件があって，uvw 空間 K' を xyz 空間 K に移す写像が1対1であれば，
$$\iiint_K f(x,y,z)\,dx\,dy\,dz = \iiint_{K'} f(\varphi,\psi,\chi)|J|\,du\,dv\,dw$$
ただし，ヤコビアンは $J = \begin{vmatrix} x_u & x_v & x_w \\ y_u & y_v & y_w \\ z_u & z_v & z_w \end{vmatrix}$ である．

たとえば極座標への変換（上記 $(*)$）に対しては，つぎのようになる．
$$J = \begin{vmatrix} \sin\theta\,\cos\varphi & r\cos\theta\,\cos\varphi & -r\sin\theta\,\sin\varphi \\ \sin\theta\,\sin\varphi & r\cos\theta\,\sin\varphi & r\sin\theta\,\cos\varphi \\ \cos\theta & -r\sin\theta & 0 \end{vmatrix} = r^2\sin\theta$$

～～～ **問　題** ～～～～～～～～～～～～～～～～～～～～～～～～～

10.1 つぎの3重積分を求めよ．

(1) $\displaystyle\iiint_K \frac{dx\,dy\,dz}{(x+y+z+1)^3}, \quad K : x+y+z \leq 1,\ x,y,z, \geq 0$

(2)* $\displaystyle\iiint_K z\,dx\,dy\,dz, \quad K : \begin{array}{l} x^2+y^2+z^2 \leq a^2,\ x^2+y^2 \leq ax \\ z \geq 0 \quad (a > 0) \end{array}$

---

* 円柱座標 $x = r\cos\theta,\ y = r\sin\theta,\ z = z$ に変換せよ．

6 微分方程式

6.1　1階微分方程式，定数係数の2階線形微分方程式

● **微分方程式** ●　関数 $y = f(x)$ とその導関数 $y', y'', \cdots$ の間の関係式

(1) 　$F(x, y, y', \cdots, y^{(n)}) = 0$

を微分方程式といい，この関係式をみたす x の関数 y を方程式(1)の解といい，解を求めることを微分方程式を解くという．微分方程式に含まれる導関数のうち最高次のものが $y^{(n)}$ であるとき，n 階の微分方程式という．微分方程式(1)を $y^{(n)}$ について解いた形

(2) 　$y^{(n)} = f(x, y, y', \cdots, y^{(n-1)})$

を正規形という．特に，

(3) 　$y^{(n)} + p_1(x) y^{(n-1)} + \cdots + p_n(x) y = q(x)$

の形の方程式を **n 階線形微分方程式**という．条件

(4) 　$y(a) = b_0, \quad y'(a) = b_1, \quad \cdots, \quad y^{(n-1)}(a) = b_{n-1}$

のもとで(2)を解くことを初期値問題（コーシー問題）といい，(4)を初期条件という．

● **一般解，特異解** ●　微分方程式の階数だけ任意定数を含む解を一般解という．これに対して，一般解における任意定数が特定の値をとったものを特殊解という．また一般解の任意定数にどのような値を代入しても得られない解があれば，その解を特異解という．微分方程式を解くことは，一般解および特異解を求めることである．

● **変数分離形** ●　$\dfrac{dy}{dx} = -\dfrac{P(x)}{Q(y)}$ の形の微分方程式を変数分離形という．

解法1：一般解は $\displaystyle\int P(x)\,dx + \int Q(y)\,dy = C$ （C は任意定数）．

● **同次形** ●　$\dfrac{dy}{dx} = f\left(\dfrac{y}{x}\right)$ の形の微分方程式を同次形という．$f\left(\dfrac{y}{x}\right)$ は $\dfrac{y}{x}$ だけの関数とする．

解法2：$y = xu$ とおくと，$\dfrac{du}{dx} = \dfrac{f(u) - u}{x}$ のような変数分離形に帰着できる．

● **1階線形微分方程式** ●　上記(3)で $n = 1$ の場合の微分方程式（ここでは $p_1(x)$ を $p(x)$ と書く）のことである．

解法 3：一般解は $y = e^{-\int p(x)\,dx}\left\{\int q(x) e^{\int p(x)dx}\,dx + C\right\}$ （C は任意定数）．

● **ベルヌーイの微分方程式** ● $y' + p(x)y = q(x)y^n\,(n \neq 0, 1)$ の形をした微分方程式をベルヌーイの微分方程式という．

解法 4：$z = y^{1-n}$ とおくと，$\dfrac{dz}{dx} = (1-n)y^{-n}\dfrac{dy}{dx}$ となり，もとの方程式に代入して整理すれば，つぎのような線形微分方程式となる．

$$\dfrac{dz}{dx} - (n-1)p(x)z = (1-n)q(x)$$

● **クレーローの微分方程式** ● $y = x\dfrac{dy}{dx} + f\left(\dfrac{dy}{dx}\right)$ をクレーローの微分方程式という．$f\left(\dfrac{dy}{dx}\right)$ は $\dfrac{dy}{dx}$ だけの関数である．

解法 5：一般解は $y = Cx + f(C)$ （C は任意定数）．

特異解は連立方程式 $\begin{cases} y = Cxf(C) \\ x + f'(C) = 0 \end{cases}$ から C を消去して，x, y の関係式を求める（C は任意定数）．

注意　特異解を $y = \psi(x)$ とすると解曲線 $y = \psi(x)$ は一般解 $y = Cx + f(C)$ の直線群の包絡線になっている．すなわち $y = Cx + f(C)$ のおのおのに接して，その接点の軌跡である．

● **完全微分形** ● $\dfrac{dy}{dx} = -\dfrac{p(x,y)}{q(x,y)}$ において，$\dfrac{\partial p}{\partial y} = \dfrac{\partial q}{\partial x}$ をみたすとき，この微分方程式を完全微分形であるという．

解法 6：$\displaystyle\int p(x,y)\,dx + \int\left\{q(x,y) - \dfrac{\partial}{\partial y}\int p(x,y)\,dx\right\}dy = C$

（C は任意定数）

● **積分因子** ● $p(x,y)dx + q(x,y)dy = 0$ は完全微分形ではないが，この両辺に適当な関数 $\mu(x,y)$ をかけた微分方程式

(5)　$\mu(x,y)p(x,y)dx + \mu(x,y)q(x,y)dy = 0$

が完全微分形になることがある．このとき $\mu(x,y)$ を **積分因子** という．

一般に，積分因子を求めるのは容易ではないが，つぎのようにわかる場合もある．

(i)　$\dfrac{p_y - q_x}{q}$ が x のみの関数のときは，$\mu(x) = \exp\left(\displaystyle\int \dfrac{p_y - q_x}{q}\,dx\right)$．

(ii)　$\dfrac{q_x - p_y}{p}$ が y のみの関数のときは，$\mu(y) = \exp\left(\displaystyle\int \dfrac{q_x - p_y}{p}\,dy\right)$．

(iii)　$p(x,y), q(x,y)$ が多項式のときは，$\mu(x,y) = x^m y^n$ とおいて，比較すること

により, $\mu(x,y)$ が積分因子となるような m, n を求める.

● **1階微分方程式の近似解法（オイラー・コーシーの解法）** ● 　与えられた微分方程式がこれまで述べた種々の方法で解が求められるとは限らない．この場合，具体的な関数として解が求められなくても，数値として近似値が求められれば十分であるという場合が多い．

一般に微分方程式 $\dfrac{dy}{dx} = f(x,y)$ を, $x = x_0, y = y_0$ という初期条件で数値解を求める 1 つの方法として，**オイラー・コーシーの方法**がある．

まず区間 $[x_0, x_n]$ を n 等分し $\dfrac{x_n - x_0}{n} = h$ とおく．つぎに各分点 $x_0, x_1, \cdots, x_n$ で y 軸に平行線を引いておく．まず, (x_0, y_0) から傾き $f(x_0, y_0)$ なる直線を引き, これと分点 x_1 で y 軸に平行に引いた直線との交点を y_1 とする. つぎに点 (x_1, y_1) から傾き $f(x_1, y_1)$ の直線を引いて直線 $x = x_2$ との交点を y_2 とする. 以下同様にして $x = x_n$ のとき y_n が与えられたとする. この y_n をもって, 与えられた初期条件のもとでの解の近似値とするのである. このことをまとめると,

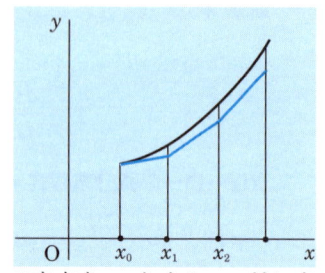

(6) $\begin{cases} y_1 - y_0 = f(x_0, y_0)h \\ y_2 - y_1 = f(x_1, y_1)h \\ \cdots\cdots \\ y_n - y_{n-1} = f(x_{n-1}, y_{n-1})h \end{cases}$

これらの和をとって

(7) 　$y_n = y_0 + \{f(x_0, y_0) + f(x_1, y_1) + \cdots + f(x_{n-1}, y_{n-1})\}h$

● **定数係数の 2 階線形微分方程式** ● 　ここでは a, b は定数とする. まず,

(8) 　$y'' + ay' + by = 0$

のような**斉次の微分方程式**について扱う. これに対して, 2 次方程式 $\lambda^2 + a\lambda + b = 0$ を(8)の**特性方程式**といい, その解を α, β とするとき(8)の一般解はつぎのように与えられる (C_1, C_2 は任意定数).

解法 7 : $\begin{cases} \text{(i)} & \alpha, \beta \text{ が相異なる 2 実根のとき, } y = C_1 e^{\alpha x} + C_2 e^{\beta x} \\ \text{(ii)} & \alpha(=\beta) \text{ が等根のとき, } y = e^{\alpha x}(C_1 + C_2 x) \\ \text{(iii)} & \alpha = \lambda + i\mu, \beta = \lambda - i\mu \text{ のとき,} \\ & y = C^{\lambda x}(C_1 \cos \mu x + C_2 \sin \mu x) \end{cases}$

(9) 　$y'' + ay' + by = f(x)$

のような**非斉次の微分方程式**の一般解は, 斉次の微分方程式(8)の一般解と, 非斉次の微分方程式(9)の特殊解の和として表される.

6.1 1階微分方程式，定数係数の2階線形微分方程式

―― 例題 1 ―――――――――――――― 変数分離形，同次形の微分方程式 ――

つぎの微分方程式を解け．
(1) $(1+x)y + 2(1-y)xy' = 0$ (2) $(x^2+y^2)y' = xy$

[解答] (1) 与式から $\dfrac{y-1}{y}\dfrac{dy}{dx} = \dfrac{1+x}{2x}$ となり変数分離形である．したがって，p.100 の解法1より，$\displaystyle\int \dfrac{y-1}{y} dy = \int \dfrac{1+x}{2x} dx + C_1$ となる．これを計算することにより，$y - \log|y| = \dfrac{x}{2} + \dfrac{1}{2}\log|x| + C_1$．これを整理して，

$$\log|y| + \log\sqrt{|x|} = y - x/2 - C_1 \quad \text{つまり}, \quad |y|\sqrt{|x|} = e^y e^{-x/2} e^{-C_1}$$

よって，$ye^{-y} = C_1 x^{-1/2} e^{-x/2}$．($\pm e^{-C_1}$ はまた1つの任意定数であるので，これを改めて C と書く．)

(2) 与式の両辺を $x^2 + y^2$ で割ると，$\dfrac{dy}{dx} = \dfrac{xy}{x^2+y^2}$ で，この分母分子を x^2 で割ると，$\dfrac{dy}{dx} = \dfrac{y/x}{1+(y/x)^2}$ となり同次形となる．p.100 の解法2より $\dfrac{y}{x} = u$ とおくと，$\dfrac{du}{dx} = \left(\dfrac{u}{1+u^2} - u\right)\Big/ x$ となる．これは変数分離形であるので，p.100 の解法1より

$$\int \dfrac{1+u^2}{u^3} du + \int \dfrac{1}{x} dx = C \quad \text{つまり}, \quad -\dfrac{1}{2u^2} + \log|u| + \log|x| = C$$

よって，$\log|u| + \log|x| = C + \dfrac{1}{2u^2}$．これを書き直して，$|u||x| = e^C e^{1/2u^2}$．変数を x, y にもどして $y = Ce^{x^2/2y^2}$ を得る．

問題

1.1 つぎの微分方程式を解け (変数分離形，同次形)．

(1) $x\dfrac{dy}{dx} = y$ (2) $\sqrt{1+y^2} - x\dfrac{dy}{dx} = 0$ (3) $\dfrac{dy}{dx} = \dfrac{2xy}{x^2-y^2}$

(4)* $\dfrac{dy}{dx} = \dfrac{4x-y-6}{2x+y}$ (5)* $\dfrac{dy}{dx} = \dfrac{x+2y-1}{x+2y+1}$

1.2 法線の長さが一定値 a に等しい曲線を求めよ $(a > 0)$．

1.3 $x - yy' = 0$ について，$x = 0$ のとき $y = 1$ となる解を求めよ．

---

* (4)は $x = u+1, y = v-2$，(5)は $x+2y = u$ と変数変換せよ (この変数変換についての一般論は解答を参照のこと)．

---- 例題 2 ──────────── 1 階線形微分方程式, ベルヌーイの微分方程式 ────

つぎの微分方程式を解け.
(1) $\dfrac{dy}{dx} + y\cos x = \sin x\ \cos x$ 　　(2) $\dfrac{dy}{dx} + \dfrac{y}{x} = x^2 y^3$

[解答] (1) 与えられた微分方程式は $p(x) = \cos x$, $q(x) = \sin x\ \cos x$ とする 1 階線形微分方程式である. よって p.101 の解法 3 により,

$$y = e^{-\int \cos x\,dx}\left\{\int \sin x\ \cos x\ e^{\int \cos x\,dx}dx + C\right\}$$

$$= e^{-\sin x}\left\{\int \sin x\ \cos x\ e^{\sin x}dx + C\right\}$$

$\sin x = t$ とおけば, $\cos x\,dx = dt$ であるので,

$$\int \sin x\ \cos x\ e^{\sin x}dx = \int te^t dt = te^t - \int e^t dt = (t-1)e^t$$

ゆえに, 一般解は

$$y = e^{-\sin x}\{(\sin x - 1)e^{\sin x} + C\} = \sin x - 1 + Ce^{-\sin x}$$

(2) 与えられた微分方程式は右辺に y^3 があるので, $p(x) = 1/x$, $q(x) = x^2$ とするベルヌーイの微分方程式である. p.101 の解法 4 により, $z = y^{-2}$ とおくと,

$$\dfrac{dz}{dx} = -2y^{-3}\dfrac{dy}{dx},\quad \dfrac{dy}{dx} = -\dfrac{y^3}{2}\dfrac{dz}{dx}$$

これを与式に代入して整頓すると, $\dfrac{dz}{dx} - \dfrac{2}{x}z = -2x^2$ となって線形微分方程式になる. ゆえに p.101 の解法 3 により

$$z = e^{\int (2/x)\,dx}\left\{\int (-2x^2)\exp\left(-\int \dfrac{2}{x}dx\right)dx + C\right\}$$

$$= e^{\log x^2}\left\{\int (-2x^2)e^{-\log x^2}dx + C\right\} = x^2\left\{\int (-2x^2)\dfrac{1}{x^2}dx + C\right\}$$

$$= x^2(-2x + C) \quad \text{よって,}\quad -2x^3 y^2 + Cx^2 y^2 = 1$$

～～ **問　題** ～～～～～～～～～～～～～～～～～～～～～～～～～～

2.1 つぎの微分方程式を解け (1 階線形微分方程式).
　(1) $y' - 2y = x^2 e^x$　　(2) $y' + 2y\tan x = \sin x$
　(3) $y' + y/x = \sin x$

2.2 つぎの微分方程式を解け (ベルヌーイの微分方程式).
　(1) $y' - y = xy^2$　　(2) $y' + y = x/y$

例題 3 ―――――――――――――― 完全微分形，クレーローの微分方程式 ――

つぎの微分方程式を解け．
(1) $(x^3 - 2xy - y)dx + (y^3 - x^2 - x)dy = 0$
(2) $y = xy' - (y')^2/2$

解答 (1) $\dfrac{\partial}{\partial y}(x^3 - 2xy - y) = -2x - 1$, $\dfrac{\partial}{\partial x}(y^3 - x^2 - x) = -2x - 1$

であるので，この微分方程式は完全微分形である．ゆえに p.101 の解法 6 により，その一般解は

$$\int (x^3 - 2xy - y)\,dx + \int \left\{(y^3 - x^2 - x) - \frac{\partial}{\partial y}\int (x^3 - 2xy - y)\,dx\right\}dy = C_1$$

ここで

$$\text{左辺} = \frac{x^4}{4} - x^2 y - yx + \int \left\{(y^3 - x^2 - x) - \frac{\partial}{\partial y}\left(\frac{x^4}{4} - x^2 y - yx\right)\right\}dy$$

$$= \frac{x^4}{4} - x^2 y - yx + \int y^3 dy = \frac{x^4}{4} - x^2 y - yx + \frac{y^4}{4}$$

ゆえに一般解は $x^4 + y^4 - 4xy(x+1) = C$．

(2) 与式は $y = xy' + f(y')$ の形をしているのでクレーローの微分方程式である．よって p.101 の解法 5 を用いる．$f(C) = -C^2/2$ より，一般解は

$$y = Cx - C^2/2 \qquad ①$$

また，$f'(C) = -C$ であるので，①と $x - C = 0$ より C を消去すれば，$y = x^2 - x^2/2$．ゆえに特異解は $y = x^2/2$ である．

問題

3.1 つぎの微分方程式を解け（完全微分形）．
(1) $(2xy - \cos x)dx + (x^2 - 1)dy = 0$
(2) $(y^2 + e^x \sin y) + (2xy + e^x \cos y)y' = 0$

3.2 つぎの微分方程式を積分因子を求めて，それを解け．
(1) $2xy - (x^2 - y^2)y' = 0$
(2) $(e^y + xe^y)dx + xe^y dy = 0$
(3) $y^2(1+y)dx + x(x - y^2)dy = 0$

3.3 つぎのクレーローの微分方程式を解け．
(1) $y = xy' + (y')^2$ (2) $y = xy' + 1/y'$

---例題 4--- **1 階微分方程式の近似解法（オイラー・コーシーの解法）**

$\dfrac{dy}{dx} = \dfrac{x}{y}$ を $x = 0, y = 1$ という初期条件で数値解をオイラー・コーシーの解法によって求めよ．

解答 まず $[0, 1]$ を 10 等分して，$h = 0.1$ とする．

x_i	y_i	$\dfrac{x_i}{y_i}$	$\dfrac{x_i}{y_i}h$
0	1.	0.	0.
0.1	1.	0.1	0.01
0.2	1.01	0.19802	0.019302
0.3	1.029802	0.29133	0.029133
0.4	1.058935	0.37773	0.037773
0.5	1.096708	0.45591	0.045591
0.6	1.142299	0.52526	0.052526
0.7	1.194825	0.58586	0.058586
0.8	1.253411	0.63826	0.063825
0.9	1.317236	0.68322	0.068322
1.0	1.385558		

注意 与えられた微分方程式 $\dfrac{dy}{dx} = \dfrac{x}{y}$ は変数分離形であるので，これを解くと，$y^2 = x^2 + C$ となる．初期条件 $x = 0, y = 1$ により $C = 1$．したがって求める解は
$$y^2 = x^2 + 1$$
ゆえに，考えられる数値は $\sqrt{2}$ である．

上記の近似解法で求めた数値は 1.385558 であるので，$\sqrt{2} = 1.4142\cdots$ と比べれば誤差は約 0.03 で 2%ほどである．しかし区間の分割を細かくすることにより誤差は減少する．

問題

4.1 つぎの数値解をオイラー・コーシーの解法によって求めよ．ただし関数値は $x = 1$ で求め，区間は 10 等分して計算せよ．

$$\dfrac{dy}{dx} = y, \quad 初期条件は \quad x = 0, \ y = 1$$

―― 例題 5 ――――――――― 定数係数の 2 階線形微分方程式（斉次，非斉次）――

つぎの微分方程式を解け．
(1) (i) $y'' - 3y' - 10y = 0$ (ii) $y'' - 4y' + 9y = 0$
    (iii) $y'' - 2y' + y = 0$
(2) $y'' + 3y' + 2y = \cos x$

解答 与えられた微分方程式 (i), (ii), (iii) はいずれも，実係数の 2 階線形微分方程式であり，しかも斉次である．よって p.102 の解法 7 を用いる．
(i) 特性方程式は $\lambda^2 - 3\lambda - 10 = (\lambda - 5)(\lambda + 2) = 0$. ゆえに一般解は
$$y = C_1 e^{5x} + C_2 e^{-2x}$$
(ii) 特性方程式は $\lambda^2 - 4\lambda + 9 = 0$. したがって特性方程式の解は $\lambda = 2 \pm \sqrt{5}i$ である．ゆえに一般解は $y = e^{2x}(C_1 \cos \sqrt{5}x + C_2 \sin \sqrt{5}x)$．
(iii) 特性方程式は $\lambda^2 - 2\lambda + 1 = 0$ でこの特性方程式の解は $\lambda = 1$（等しい解）である．ゆえに一般解は $y = e^x(C_1 + C_2 x)$．

(2) 与えられた微分方程式は実係数の 2 階線形微分方程式であり，しかも非斉次である．p.102 の (9) により，$y'' + 3y' + 2y = 0 \cdots$ ① の一般解と $y'' + 3y' + 2y = \cos x \cdots$ ② の特性解の和が求める微分方程式の一般解である．よって① の特性方程式 $\lambda^2 + 3\lambda + 2 = 0$ の解は $\lambda = -2, -1$ であるから，上記① の一般解を求めると，$y = C_1 e^{-x} + C_2 e^{-2x}$ である．つぎに上記② の特殊解は右辺が $\cos x$ であるので $y = a \cos x + b \sin x$ の形をしていると予想される．これを② に代入すると $(a + 3b) \cos x + (b - 3a) \sin x = \cos x$ となるから，$a + 3b = 1, b - 3a = 0$ となり，$a = 1/10, b = 3/10$ を得る．ゆえに求める一般解は
$$y = C_1 e^{-x} + C_2 e^{-2x} + \frac{1}{10} \cos x + \frac{3}{10} \sin x$$

注意 $y'' + ay' + by = f(x)$ の特殊解を求めるとき $f(x)$ の形から類推できることがある．

$f(x)$ の形	類推される特殊解の形
$a + be^{\alpha x}$	$A + Be^{\alpha x}$
$a \cos \alpha x + b \sin \alpha x$	$A \cos \alpha x + B \sin \alpha x$
$ae^{\alpha x} \sin \beta x$，または $ae^{\alpha x} \cos \beta x$	$e^{\alpha x}(A \cos \beta x + B \sin \beta x)$
多項式	多項式

～～ 問 題 ～～～～～～～～～～～～～～～～～～～～～～～～～～～～～
5.1 つぎの微分方程式を解け（定数係数の 2 階線形微分方程式）．
(1) $y'' - 3y' + 2y = e^{3x}$ (2) $y'' - 2y' + y = e^x \cos x$
(3) $y'' + y' - 2y = 2x^2 - 3x$

付録
ガンマ関数とベータ関数

ここでは，応用上重要な特殊関数である，ガンマ関数とベータ関数について述べる．この両関数は，つぎのような広義積分で定義される．

ガンマ関数　$\Gamma(p) = \int_0^\infty e^{-x} x^{p-1} dx \quad (p > 0)$

ベータ関数　$B(p, q) = \int_0^1 x^{p-1}(1-x)^{q-1} dx \quad (p > 0, q > 0)$

―――― ガンマ関数の基本性質 ――――
(1) $\Gamma(p)$ は $p > 0$ で収束する．
(2) $\Gamma(p+1) = p\Gamma(p) \quad (p > 0)$
(3) $\Gamma(1) = 1, \quad \Gamma(n+1) = n! \quad (n = 1, 2, 3, \cdots)$
(4) $\Gamma\left(\dfrac{1}{2}\right) = \sqrt{\pi}$

証明　(1) p.22 の定理 7（ロピタルの定理）より $\displaystyle\lim_{x \to \infty} \dfrac{x^{p+1}}{e^x} = 0$ である．そこで $c \leqq x$ について $\dfrac{x^{p+1}}{e^x} < 1$ となるような c をとることができる．
$I_1 = \int_0^c e^{-x} x^{p-1} dx$ と $I_2 = \int_c^\infty e^{-x} x^{p-1} dx$ にわけて考える．

$e^{-x} x^{p-1} > 0$ であるから $\int_\varepsilon^c e^{-x} x^{p-1} dx$ は $\varepsilon \to +0$ にするにつれて単調に増加する．

$x^{1-p}(e^{-x} \cdot x^{p-1}) = e^{-x} < 1$ であるので
$\int_\varepsilon^c e^{-x} x^{p-1} dx < \int_\varepsilon^c \dfrac{1}{x^{1-p}} dx \to \dfrac{c^p}{p} \quad \left(\varepsilon \to +0 \text{ のとき増加して } \dfrac{c^p}{p} \text{ に近づく}\right)$

ゆえに $I_1 = \int_0^c e^{-x} x^{p-1} dx$ は収束する．

つぎに，$I_2 = \int_c^\infty e^{-x} x^{p-1} dx$ について考える．まず $\int_c^N e^{-x} x^{p-1} dx$ は $N \to \infty$ とするとき，単調に増加するが，一方 c のとり方から $e^{-x} x^{p-1} < \dfrac{1}{x^2} (c \leqq x)$ が成

り立つ．ゆえに

$$\int_c^N e^{-x}x^{p-1}dx < \int_c^N \frac{1}{x^2}dx \to \frac{1}{c} \quad \left(N \to \infty \text{ のとき増加して} \frac{1}{c} \text{に近づく}\right)$$

よって $\int_c^\infty e^{-x}x^{p-1}dx$ も収束する．以上から $\int_0^\infty e^{-x}x^{p-1}dx$ は収束する．

(2) p は正の数であるので，部分積分法により

$$\begin{aligned}\Gamma(p+1) &= \int_0^\infty e^{-x}x^p dx \\ &= [-e^{-x}x^p]_0^\infty - \int_0^\infty (-e^{-x})px^{p-1}dx \\ &= p\int_0^\infty e^{-x}x^{p-1}dx = p\Gamma(p)\end{aligned}$$

(3) $\Gamma(1) = \int_0^\infty e^{-x}dx = [-e^{-x}]_0^\infty = 1$

$$\begin{aligned}\Gamma(n+1) &= n\Gamma(n) = n(n-1)\Gamma(n-1) \\ &= n(n-1)\cdots\Gamma(1) = n!\end{aligned}$$

(4) $\Gamma\left(\dfrac{1}{2}\right) = \int_0^\infty e^{-x}x^{-\frac{1}{2}}dx$. $x = t^2$ と変数変換を行うと，

$$\int_0^\infty e^{-x}x^{-\frac{1}{2}}dt = \int_0^\infty e^{-t^2}(t^2)^{-\frac{1}{2}}2t\,dt = 2\int_0^\infty e^{-t^2}dt = \sqrt{\pi}$$

この最後の $\int_0^\infty e^{-t^2}dt = \dfrac{\sqrt{\pi}}{2}$ の証明は，p.96 の問題 7.1(1) 解答の注意にあるので参照のこと．

---- ベータ関数の基本性質 ----

(1) $p > 0, q > 0$ のとき $B(p,q)$ は収束する．

(2) $B(p,q) = B(q,p)$

(3) $B(p,q+1) = \dfrac{q}{p}B(p+1,q), \quad p > 0, \quad q > 0$

(4) $B(p,q) = 2\int_0^{\pi/2} \sin^{2p-1}\theta \cos^{2q-1}\theta\,d\theta, \quad p > 0, \quad q > 0$

証明 (1) まず $p \geq 1, q \geq 1$ なら特異点をもたないから，収束性は明らかである．つぎに $0 < p < 1, q \geq 1$ の場合を考える．このときは $x = 0$ が特異点である．

被積分関数を $f(x)$ とすると, $f(x)$ は $0 < x \leq 1$ で負でないから, 十分小さい ε に対して,

$$\int_\varepsilon^1 f(x)\,dx$$

は ε が $+0$ に近づくにつれて増加する. しかも

$$x^{1-p}f(x) = (1-x)^{q-1} < 1$$

だから,

$$\int_\varepsilon^1 f(x)\,dx < \int_\varepsilon^1 \frac{dx}{x^{1-p}} \to \frac{1}{p}$$

($\varepsilon \to +0$ のとき増加して $1/p$ に近づく)

すなわち, ε が $+0$ に近づくとき, 上に有界である. そこで単調増加性も考えあわせて, 定積分 $\int_0^1 f(x)\,dx$ は収束する.

$0 < q < 1, p \geqq 1$ のときには, $x = 1$ が特異点であり上と同様にできる.

$0 < q < 1, 0 < p < 1$ のときは, $x = 0, x = 1$ ともに特異点である. この場合の収束性もまったく同様に示すことができる.

(2) $t = 1 - x$ とおくと, $dx = -dt$ であるので,

$$B(p,q) = \int_0^1 x^{p-1}(1-x)^{q-1}dx = \int_1^0 (1-t)^{p-1}t^{q-1}(-dt)$$

$$= \int_0^1 t^{q-1}(1-t)^{p-1}dt = B(q,p)$$

(3) $\displaystyle pB(p, q+1) = p\int_0^1 x^{p-1}(1-x)^q dx$

$$= [x^p(1-x)^q]_0^1 + q\int_0^1 x^p(1-x)^{q-1}dx$$

$$= qB(p+1, q)$$

(4) $x = \sin^2\theta$ とおく.

$$B(p,q) = \int_0^1 x^{p-1}(1-x)^{q-1}dx$$

$$= \int_0^{\pi/2} (\sin\theta)^{2(p-1)}(1-\sin^2\theta)^{q-1}2\sin\theta\,\cos\theta\,d\theta$$

$$= 2\int_0^{\pi/2} (\sin\theta)^{2p-1}(\cos\theta)^{2q-1}d\theta$$

付録 ガンマ関数とベータ関数

━━ ガンマ関数とベータ関数の関係 ━━

$$B(p,q) = \frac{\Gamma(p)\Gamma(q)}{\Gamma(p+q)} \quad (p>0, q>0)$$

証明 広義の2重積分 $\iint_D e^{-x-y} x^{p-1} y^{q-1} \, dx \, dy$, $D: x \geq 0, y \geq 0$ を計算することによりガンマ関数とベータ関数の関係を証明する.

被積分関数は x 軸上の点 (直線 $y=0$) と y 軸上の点 (直線 $x=0$) において不連続であり, かつ無限領域で与えられているので, p.91 の (広義の2重積分) および p.92 の (無限領域の場合) を用いるため右図のような近似増加列を考える.

$$I_n = \int_{1/n}^{n} \left(\int_0^{1/n} e^{-x-y} x^{p-1} y^{q-1} dy \right) dx \cdots \text{①}$$

$$+ \int_0^{1/n} \left(\int_{1/n}^{n} e^{-x-y} x^{p-1} y^{q-1} dy \right) dx \cdots \text{②}$$

$$+ \int_{1/n}^{n} \left(\int_{1/n}^{n} e^{-x-y} x^{p-1} y^{q-1} dy \right) dx \cdots \text{③}$$

$$= \int_{1/n}^{n} e^{-x} x^{p-1} dx \int_0^{1/n} e^{-y} y^{q-1} dy$$

$$+ \int_0^{1/n} e^{-x} x^{p-1} dx \int_{1/n}^{n} e^{-y} y^{q-1} dy$$

$$+ \int_{1/n}^{n} e^{-x} x^{p-1} dx \int_{1/n}^{n} e^{-y} y^{q-1} dy$$

$$= I_1 + I_2 + I_3$$

ここで, $n \to \infty$ とすると $I_1 = \int_{1/n}^{n} e^{-x} x^{p-1} dx \int_0^{1/n} e^{-y} y^{q-1} dy \to \Gamma(p) \times 0 = 0$. 同様にして, $I_2 \to 0 \, (n \to \infty)$ であり,

$$I_3 = \int_{1/n}^{n} e^{-x} x^{p-1} dx \int_{1/n}^{n} e^{-y} y^{q-1} dy \to \Gamma(p)\Gamma(q) \quad (n \to \infty)$$

である. ゆえに,

(1) $\displaystyle\iint_D e^{-x-y}x^{p-1}y^{q-1}dx\,dy = \Gamma(p)\Gamma(q)$

一方, $\{D_n\}$ とは別に $\{D'_m\}$ を

$$\frac{1}{m} \leq x+y \leq m, \quad x \geq 0, \quad y \geq 0$$

のような領域とすると, これも D の近似増加列である. 被積分関数は正であるので, 上記式(1)と p.92 の定理 5 から

(2) $\displaystyle\lim_{m\to\infty}\iint_{D'_m} e^{-x-y}x^{p-1}y^{q-1}dx\,dy = \Gamma(p)\Gamma(q)$

さらに上記積分に変数変換

$$\begin{cases} x = uv \\ y = u - uv \end{cases}$$

を行う.

$x+y=u$ より $\dfrac{1}{m} \leq u \leq m$ となる. また, $x \geq 0$ より $x = uv \geq 0$ となり u は $\dfrac{1}{m} \leq u \leq m$ であるので正. よって $v \geq 0$ となる. また $y \geq 0$ であるので $y = u(1-v) \geq 0$ となり $u > 0$ より $v \leq 1$ となる. ゆえに uv 平面の有界閉領域はつぎのようになる.

$$D''_m : \frac{1}{m} \leq u \leq m, \quad 0 \leq v \leq 1$$

また,

$$\begin{vmatrix} x_u & x_v \\ y_u & y_v \end{vmatrix} = \begin{vmatrix} v & u \\ 1-v & -u \end{vmatrix} = -u$$

であるので,

$$\iint_{D_{m'}} e^{-x-y}x^{p-1}y^{q-1}dx\,dy = \int_{1/m}^{m} u^{p+q-1}e^{-u}du \int_0^1 v^{p-1}(1-v)^{q-1}dv$$

$$= B(p,q)\int_{1/m}^{m} u^{p+q-1}e^{-u}du$$

ここで, $m \to \infty$ とすると, これは $B(p,q)\Gamma(p+q)$ に収束する. よって

$$\Gamma(p)\Gamma(q) = B(p,q)\Gamma(p+q) \quad (p>0, q>0)$$

総合問題

1. $a > 0$ のとき, $a^{1/n} \to 1 \; (n \to \infty)$ を示せ ($a > 1, a = 1, 0 < a < 1$ の 3 つの場合にわけて考えよ).

2. $\displaystyle\lim_{n \to \infty} \frac{x^n}{n!} = 0$ を証明せよ.

3. つぎのように定義された数列の単調性と有界性を調べてその極限値を求めよ.
$$a_1 = \sqrt{2}, \quad a_{n+1} = \sqrt{a_n + 2}$$

4. 数列 $a_n = \left(1 + \dfrac{1}{n}\right)^n$ は収束することを示せ (この極限値を e で表し, ネイピア (Napier) の数という).

5. つぎの関数の連続性について調べよ.
$$f(x) = \lim_{n \to \infty} \frac{x}{1 + x^n} \quad (x \geq 0, \, n \text{ は正の整数})$$

6. つぎの導関数を求めよ.

   (1) $\tan^{-1}(\sec x + \tan x)$ 　　(2) $\dfrac{x \sin^{-1} x}{\sqrt{1 - x^2}} + \log \sqrt{1 - x^2}$

   (以上, 第 1 章関連の問題)

7. 関数 $f(x) = \dfrac{4}{\cos^2 x} + \dfrac{1}{\sin^2 x} \; \left(0 < x < \dfrac{\pi}{2}\right)$ の極値を求めよ.

8. 楕円 $\dfrac{x^2}{a^2} + \dfrac{y^2}{b^2} = 1$ の接線が両軸と交わる点を A, B とするとき, 線分 AB の長さの最小値を求めよ (楕円上の点の座標を $(a \cos \theta, b \sin \theta)$ とおけ).

9. 関数 $f(x)$ が点 a を含む区間で 2 回微分可能で, $f''(x)$ が連続とする. $f''(a) \neq 0$ のとき, 平均値の定理
$$f(a + h) = f(a) + h f'(a + \theta h) \quad (0 < \theta < 1)$$
において, $\displaystyle\lim_{h \to 0} \theta = \dfrac{1}{2}$ であることを証明せよ.

10. e^x をマクローリンの定理で展開したときのラグランジュの剰余項 R_n を求め, $R_n \to 0 \; (n \to \infty)$ を証明せよ (上記の総合問題 2 を用いよ).

    注意　$\sin x, \cos x$ についてもラグランジュの剰余項 R_n を求め, $R_n \to 0 \; (n \to \infty)$ を示せ.

(以上，第 2 章関連の問題)

11 $f(t)$ が連続であるとき，つぎの式を証明せよ．
$$\frac{d}{dx}\int_{2x}^{x^2} f(t)dt = 2xf(x^2) - 2f(2x)$$

12 $\displaystyle\int_0^{\pi/4} \log(1+\tan x)dx$ を求めよ．

13 つぎの不等式を証明せよ．

(1) $\displaystyle\log(1+\sqrt{2}) < \int_0^1 \frac{1}{\sqrt{1+x^n}}dx < 1 \quad (n>2)$

(2) $\displaystyle\left|\int_{n\pi}^{(n+1)\pi} \frac{\sin x}{x}dx\right| \leq \log\frac{n+1}{n}$

14 つぎの漸化式を証明せよ．

(1) $\displaystyle I_n = \int \frac{dx}{(x^2+1)^n} \quad (n=2,3,\cdots)$ について
$$I_n = \frac{1}{2(n-1)}\left\{\frac{x}{(x^2+1)^{n-1}} + (2n-3)I_{n-1}\right\}$$

(2) $\displaystyle I_n = \int (\log x)^n dx \quad (n=1,2,3,\cdots)$ とすると，
$$I_n = x(\log x)^n - nI_{n-1} \quad (n \geq 2)$$

(以上，第 3 章関連の問題)

15 関数 $f(x,y)$ がつねに $f_x = f_y = 0$ ならば f は一定値であることを示せ．

16 関数 $z=f(x,y)$ が y/x のみの関数であるための必要十分条件は，
$$x\frac{\partial z}{\partial x} + y\frac{\partial z}{\partial y} = 0$$
であることを証明せよ．

17 3 つの正の数 x, y, z の和が一定値 a のとき，積 xyz の最大値を求めよ．

(以上，第 4 章関連の問題)

18 つぎの 2 重積分を，$x = ar\cos\theta, y = br\sin\theta$ と変数変換することにより求めよ．
$$\iint_D (x^2+y^2)dx\,dy, \quad D: \frac{x^2}{a^2} + \frac{y^2}{b^2} \leq 1 \quad (a>0, b>0)$$

19 $\displaystyle\iiint_K x^2y^2 dx\,dy\,dz, \quad K: \frac{x^2}{a^2} + \frac{y^2}{b^2} + \frac{z^2}{c^2} \leq 1 \quad (a,b,c>0)$ を求めよ．

(以上，第 5 章関連の問題)

問題解答

第1章の解答

問題 1.1 （1） 分母，分子をそれぞれ n^2 で割り $n \to \infty$ とすると $-1/3$ に収束する．極限値 $-1/3$.

（2） 分母，分子をそれぞれ $\sqrt{n}$ で割り $n \to \infty$ とすると $-\infty$ に発散する．極限値なし．

（3） $\left|\dfrac{\sin n\pi}{n}\right| \leq \dfrac{1}{n}$ であるので $n \to \infty$ とすると 0 に収束する．極限値 0.

（4） $\dfrac{1+2+\cdots+n}{n^2} = \dfrac{1}{n^2}\dfrac{n(n+1)}{2} = \dfrac{1}{2}\left(1+\dfrac{1}{n}\right) \to \dfrac{1}{2} \quad (n \to \infty)$. 極限値 $\dfrac{1}{2}$.

問題 1.2 （1） 正しくない．例：$a_n = 1 - \dfrac{1}{n} < 1$, $\lim\limits_{n\to\infty} a_n = 1$.

（2） 正しくない．例：$a_n = \dfrac{n+1}{n}$, $b_n = \dfrac{n+2}{n}$.

問題 2.1 （1） $a_n = (-1)^n$, $b_n = (-1)^{n-1}$; $a_n = n$, $b_n = -n$.

（2） $a_n = \dfrac{n-1}{n}$, $b_n = \dfrac{1}{n}$.

（3） $a_n = (-1)^n$.

問題 3.1 （1） $\dfrac{2x^2 - x - 6}{3x^2 - 2x - 8} = \dfrac{(2x+3)(x-2)}{(3x+4)(x-2)} = \dfrac{2x+3}{3x+4} \quad (x \neq 2)$

$$\lim_{x\to 2}\dfrac{2x^2-x-6}{3x^2-2x-8} = \lim_{x\to 2}\dfrac{2x+3}{3x+4} = \dfrac{7}{10}$$

（2） n が偶数のとき，$\lim\limits_{x\to 0}\dfrac{1}{x^n} = +\infty$.

n が奇数のとき，$\lim\limits_{x\to +0}\dfrac{1}{x^n} = +\infty$, $\lim\limits_{x\to -0}\dfrac{1}{x^n} = -\infty$ となるので，このときは極限値はない．

（3） $x = -z$ とおくと，$x \to -\infty$ のときは $z \to \infty$ となる．

$$\sqrt{x^2+x+1} + x = \sqrt{z^2-z+1} - z = \dfrac{(\sqrt{z^2-z+1}-z)(\sqrt{z^2-z+1}+z)}{\sqrt{z^2-z+1}+z}$$

$$= \frac{(z^2 - z + 1) - z^2}{\sqrt{z^2 - z + 1} + z} = \frac{-z + 1}{\sqrt{z^2 - z + 1} + z}$$

$$\lim_{z \to \infty} \frac{-z + 1}{\sqrt{z^2 - z + 1} + z} = \lim_{z \to \infty} \frac{-1 + \dfrac{1}{z}}{\sqrt{1 - \dfrac{1}{z} + \dfrac{1}{z^2}} + 1} = -\frac{1}{2}$$

(4) $\displaystyle \lim_{x \to 4} \frac{\sqrt{x} - 2}{x - 4} = \lim_{x \to 4} \frac{\sqrt{x} - 2}{(\sqrt{x})^2 - 2^2} = \lim_{x \to 4} \frac{\sqrt{x} - 2}{(\sqrt{x} - 2)(\sqrt{x} + 2)} = \lim_{x \to 4} \frac{1}{\sqrt{x} + 2} = \frac{1}{4}$

(5) $\displaystyle \lim_{x \to \infty} (\sqrt{x + a} - \sqrt{x}) = \lim_{x \to \infty} \frac{(\sqrt{x + a} - \sqrt{x})(\sqrt{x + a} + \sqrt{x})}{\sqrt{x + a} + \sqrt{x}}$

$$= \lim_{x \to \infty} \frac{(\sqrt{x + a})^2 - (\sqrt{x})^2}{\sqrt{x + a} + \sqrt{x}} = \lim_{x \to \infty} \frac{x + a - x}{\sqrt{x + a} + \sqrt{x}} = \lim_{x \to \infty} \frac{a}{\sqrt{x + a} + \sqrt{x}} = 0$$

(6) $\left|\sin \dfrac{1}{x}\right| \leq 1$ であるから，与えられた関数は $0 \leq \left|x \sin \dfrac{1}{x}\right| \leq |x|$ である．p.2 の定理 3 (はさみうちの定理) により，$\displaystyle \lim_{x \to 0} x \sin \dfrac{1}{x} = 0$ $(\because |x| \to 0 \ (x \to 0))$．

問題 4.1 (1) $x > 1$ のとき $\dfrac{2x^2 - x - 1}{|x - 1|} = \dfrac{2x^2 - x - 1}{x - 1} = \dfrac{(2x + 1)(x - 1)}{x - 1} = 2x + 1$

いま，$x \to 1 + 0$ のとき，$2x + 1 \to 3$．よって，$\displaystyle \lim_{x \to 1+0} \frac{2x^2 - x - 1}{|x - 1|} = 3$．

(2) $\dfrac{x}{|x|} = \begin{cases} 1 & (x > 0) \\ -1 & (x < 0) \end{cases}$ であるので，$\displaystyle \lim_{x \to +0} \frac{x}{|x|} = \lim_{x \to +0} 1 = 1$, $\displaystyle \lim_{x \to -0} \frac{x}{|x|} = \lim_{x \to -0} (-1) = -1$．よって，極限値はない．

(3) $\displaystyle \lim_{x \to 0} \frac{\sin ax}{x} = \lim_{x \to 0} a \cdot \frac{\sin ax}{ax} = a$ (p.6 の定理 6 (i) より)

(4) $\displaystyle \lim_{x \to 0} \frac{\tan ax}{\tan bx} = \lim_{x \to 0} \frac{\sin ax}{\cos ax} \bigg/ \frac{\sin bx}{\cos bx} = \lim_{x \to 0} \frac{\sin ax}{\sin bx} \cdot \frac{\cos bx}{\cos ax}$

$$= \lim_{x \to 0} \frac{\sin ax}{\sin bx} \cdot \frac{bx}{ax} \cdot \frac{a}{b} \cdot \frac{\cos bx}{\cos ax} = \lim_{x \to 0} \frac{\sin ax}{ax} \bigg/ \frac{\sin bx}{bx} \cdot \frac{a}{b} \cdot \frac{\cos bx}{\cos ax} = \frac{a}{b}$$

(5) 分母分子に $1 + \cos x$ をかけると

$$\lim_{x \to 0} \frac{(1 - \cos x)(1 + \cos x)}{x \sin x (1 + \cos x)} = \lim_{x \to 0} \frac{\sin^2 x}{x \sin x (1 + \cos x)}$$

$$= \lim_{x \to 0} \frac{\sin x}{x} \cdot \frac{1}{1 + \cos x} = \frac{1}{2}$$

問題 5.1 (1) $\dfrac{\log a(1 + x)}{x} = \dfrac{\log(1 + x)}{\log a} \cdot \dfrac{1}{x} = \dfrac{\log(1 + x)^{1/x}}{\log a}$

第 1 章の解答

よって，p.11 の例題 5 (2) より，分子は $\lim_{x \to 0} \log(1+x)^{1/x} = 1$ であるので

$$\lim_{x \to 0} \frac{\log(1+x)^{1/x}}{\log a} = \frac{1}{\log a}$$

(2) $a^x = 1 + y$ とおけば，$x = \log_a(1+y)$ で $y \to 0\,(x \to 0)$ であるから，前問を用いて，

$$\lim_{x \to 0} \frac{a^x - 1}{x} = \lim_{y \to 0} \frac{y}{\log_a(1+y)} = \lim_{y \to 0} 1 \,\Big/\, \frac{\log_a(1+y)}{y} = \log a$$

(3) $\displaystyle \lim_{x \to 0} \frac{e^{2x} - 1}{\sin 2x} = \lim_{x \to 0} \frac{e^{2x} - 1}{2x} \,\Big/\, \frac{\sin 2x}{2x} = 1$

(4) $\dfrac{a}{x} = z$ とおくと，$\left(1 + \dfrac{a}{x}\right)^x = (1+z)^{a/z} = \{(1+z)^{1/z}\}^a$. いま，$x \to \infty$ とすると，$z \to 0$. よって

$$\lim_{x \to \infty} \left(1 + \frac{a}{x}\right)^x = \lim_{z \to 0} \{(1+z)^{1/z}\}^a = e^a$$

(5) $ax = z$ とおくと，$(1+ax)^{1/x} = (1+z)^{a/z} = \{(1+z)^{1/z}\}^a$. いま，$z \to 0\,(x \to 0)$ であるので，

$$\lim_{x \to 0}(1+ax)^{1/x} = \lim_{z \to 0}\{(1+z)^{1/z}\}^a = e^a$$

問題 6.1 (1) $x \neq -1$ のときは $f(x) = \dfrac{x}{x-1}$ であるから $f(x)$ は連続で $\displaystyle\lim_{x \to -1} f(x) = \dfrac{1}{2}$ である．一方 $f(-1) = 1/2$ であるから $f(x)$ は $x = -1$ でも連続である．他方 $x = 1$ では $f(x)$ は定義されていないから，$f(x)$ は $x \neq 1$ で連続，$x = 1$ では不連続である．

(2) $x \neq 0$ のとき $1/x$, $\sin x$ はともに連続であるから $f(x)$ は $x \neq 0$ で連続である．また p.6 の定理 6 (i) より $\displaystyle\lim_{x \to 0} \frac{1}{x} \sin x = 1 = f(0)$ であるから $f(x)$ は $x = 0$ でも連続で，結局すべての x で連続である．

問題 6.2 不等式 $||a| - |b|| \leq |a - b|$ より $||f(x)| - |f(a)|| \leq |f(x) - f(a)|$ が成立する．$f(x)$ が $x = a$ で連続とすると $|f(x) - f(a)| \to 0\,(x \to a)$ であるから $|f(x)| \to |f(a)|\,(x \to a)$ である．ゆえに，$|f(x)|$ は $x = a$ において連続である．

問題 7.1 (1) $\sin^{-1} 1 = \dfrac{\pi}{2}$, $\cos^{-1}\left(-\dfrac{1}{\sqrt{2}}\right) = \dfrac{3}{4}\pi$, $\tan^{-1}(-1) = -\dfrac{\pi}{4}$, $\tan^{-1} 0 = 0$

よって，与式 $= 2 \times \dfrac{\pi}{2} - \dfrac{3}{4}\pi - \dfrac{\pi}{4} + 0 = 0$.

(2) $\sin^{-1}(-1) = -\dfrac{\pi}{2}$, $\cos^{-1} \dfrac{\sqrt{3}}{2} = \dfrac{\pi}{6}$, $\tan^{-1} 1 = \dfrac{\pi}{4}$, $\sin^{-1} 0 = 0$

よって，与式 $= -\dfrac{\pi}{2} + \dfrac{\pi}{6} - \dfrac{\pi}{4} + 0 = -\dfrac{7}{12}\pi$.

(3) $y = \tan^{-1} x$ のグラフより，$\lim_{x \to \infty} \tan^{-1} x = \dfrac{\pi}{2}$ である．

(4) $\sin^{-1} x = y$ とおけば，$x = \sin y$ で $y \to 0 \, (x \to 0)$ であるから，
$$\lim_{x \to 0} \frac{x}{\sin^{-1} x} = \lim_{y \to 0} \frac{\sin y}{y} = 1$$

問題 7.2 (1) $\sin^{-1} x = y$ とおくと，$x = \sin y \left(-\dfrac{\pi}{2} \leqq y \leqq \dfrac{\pi}{2}\right)$．$z = \dfrac{\pi}{2} - y$ とおけば，$0 \leqq z \leqq \pi$ で $\cos z = \sin y = x$．ゆえに $\cos^{-1} x = z$．したがって
$$\sin^{-1} x + \cos^{-1} x = y + z = \frac{\pi}{2}$$

(2) $\tan^{-1} x = y$ とおくと，$x = \tan y$, $-\dfrac{\pi}{2} < y < \dfrac{\pi}{2}$．$z = \dfrac{\pi}{2} - y$ とおくと，$0 < z < \pi$ で $\cot z = \tan y = x$．ゆえに
$$z = \cot^{-1} x, \quad \tan^{-1} x + \cot^{-1} x = y + z = \frac{\pi}{2}$$

問題 7.3 (1) $\cosh^2 x = \dfrac{e^{2x} + 2 + e^{-2x}}{4}$, $\sinh^2 x = \dfrac{e^{2x} - 2 + e^{-2x}}{4}$ である．よって
$$\cosh^2 x - \sinh^2 x = 1$$

(2) $\sinh x \cosh y + \cosh x \sinh y = \dfrac{e^x - e^{-x}}{2} \cdot \dfrac{e^y + e^{-y}}{2} + \dfrac{e^x + e^{-x}}{2} \cdot \dfrac{e^y - e^{-y}}{2}$
$$= \frac{2(e^x e^y - e^{-x} e^{-y})}{4} = \frac{e^{x+y} - e^{-(x+y)}}{2} = \sinh(x+y)$$

(3) まず $y = \dfrac{e^x - e^{-x}}{2}$ を満足する x の値を求める．$e^x - e^{-x} = 2y$, $(e^x)^2 - 2y(e^x) - 1 = 0$．よって $e^x = y \pm \sqrt{y^2 + 1}$．ところが $e^x > 0$ であるから，$e^x = y + \sqrt{y^2 + 1}$．したがって $x = \log(y + \sqrt{y^2 + 1})$．つぎに逆関数は独立変数を x で表すことが多いので，x と y を入れかえて
$$y = \log(x + \sqrt{x^2 + 1}) \quad (-\infty < x < \infty)$$

これを $\sinh^{-1} x$ で表し**逆双曲線正弦**とよぶ．逆双曲線余弦，逆双曲線正接も同様にして求めることができ，
$$\cosh^{-1} x = \log(x + \sqrt{x^2 - 1}) \quad (x \geqq 1), \quad \tanh^{-1} x = \frac{1}{2} \log \frac{1+x}{1-x} \quad (|x| < 1)$$
を得る．

問題 8.1 (1) $f(x) = x - \cos x$ とおくと $f(x)$ は $[0, \pi/2]$ で連続で，$f(0) = -1 < 0$, $f(\pi/2) = \pi/2 > 0$ であるから p.7 の中間値の定理により，$f(x) = 0$ は $(0, \pi/2)$ において少なくとも 1 つの実根をもつ．

(2) $f(x) = \sin x - x\cos x$ とおくと，$f(x)$ は $[\pi, 3\pi/2]$ で連続で，$f(\pi) = \pi > 0$, $f(3\pi/2) = -1 < 0$ であるので，$f(x) = 0$ は p.7 の中間値の定理により $(\pi, 3\pi/2)$ において少なくとも 1 つの実根をもつ．

問題 8.2 $f(x) = x^3 - 9x^2 + 23x - 13$ とおくと，$f(x)$ は連続であるので

$$f(0) = -13 < 0, \quad f(1) = 2 > 0, \quad f(3) = 2 > 0, \quad f(4) = -1 < 0, \quad f(5) = 2 > 0$$

であるから，p.7 の中間値の定理によって，$f(x) = 0$ は 0 と 1 の間，3 と 4 の間および 4 と 5 の間に実根をもつ．

問題 8.3 たとえば関数

$$f(x) = \begin{cases} \dfrac{1}{x-1} & (x \neq 1) \\ 0 & (x = 1) \end{cases}$$

を考えると，$f(x)$ は $[0, 2]$ で定義されているが，

$$\lim_{x \to 1-0} f(x) = -\infty, \quad \lim_{x \to 1+0} f(x) = \infty$$

であるので，最大値，最小値はない．

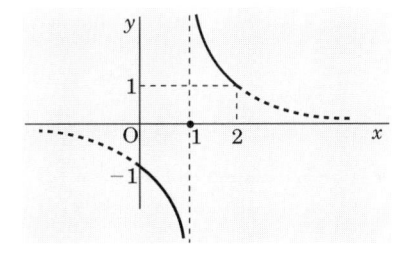

問題 9.1 (1) $y = e^{x^2}$ の両辺の対数をとると，$\log y = x^2 \log e$．この両辺を x で微分すると，

$$\frac{y'}{y} = 2x \quad \text{よって，} \quad y' = 2x \cdot e^{x^2}$$

(2) $y = x^2 \sqrt{\dfrac{1-x^2}{1+x^2}}$ とおき，両辺の対数をとると

$$\log y = 2\log x + \frac{1}{2}\{\log(1-x^2) - \log(1+x^2)\}$$

両辺を x で微分すると

$$\frac{y'}{y} = \frac{2}{x} + \frac{1}{2}\left(\frac{-2x}{1-x^2} - \frac{2x}{1+x^2}\right) \quad \text{よって，} \quad y' = x^2 \sqrt{\frac{1-x^2}{1+x^2}} 2\left(\frac{1}{x} - \frac{x}{1-x^4}\right)$$

(3) $y = (x^2+1)^{1/2}(x^3+1)^{1/3}$ の両辺の対数をとると，

$$y = \frac{1}{2}\log(x^2+1) + \frac{1}{3}\log(x^3+1)$$

となる．両辺を x で微分すると，

$$\frac{y'}{y} = \frac{1}{2}\frac{2x}{x^2+1} + \frac{1}{3}\frac{3x^2}{x^3+1} \quad \text{よって，} \quad y' = \sqrt{x^2+1}\sqrt[3]{x^3+1}\left(\frac{x}{x^2+1} + \frac{x^2}{x^3+1}\right)$$

(4) $y = x \cdot (x^2+1)^{-1/2}$ とすると

$$y' = (x^2+1)^{-1/2} + x\left(-\frac{1}{2}\right)(x^2+1)^{-3/2} \cdot 2x = \frac{1}{(x^2+1)\sqrt{x^2+1}}$$

(5) $y = \dfrac{x}{x - \sqrt{x^2 + a^2}}$ とすると

$$y' = \dfrac{x - \sqrt{x^2 + a^2} - x\left(1 - \frac{1}{2}(x^2 + a^2)^{-1/2} \cdot 2x\right)}{(x - \sqrt{x^2 + a^2})^2}$$

$$= \dfrac{-a^2}{(x - \sqrt{x^2 + a^2})^2 \sqrt{x^2 + a^2}}$$

(6) $y = (\tan x)^{\sin x}$ の両辺の対数をとって，x で微分すると，

$$\log|y| = \sin x \log|\tan x| \quad \text{より} \quad \dfrac{y'}{y} = \cos x \log|\tan x| + \sin x \dfrac{\sec^2 x}{\tan x}$$

$$\therefore \quad y' = (\tan x)^{\sin x}(\cos x \log|\tan x| + \sec x)$$

(7) $y = \log(x + \sqrt{x^2 + 1})$ とすると

$$y' = \dfrac{1}{x + \sqrt{x^2 + 1}} \cdot \{1 + (x^2 + 1)^{-1/2} \cdot x\} = \dfrac{1}{x + \sqrt{x^2 + 1}} \cdot \dfrac{\sqrt{x^2 + 1} + x}{\sqrt{x^2 + 1}} = \dfrac{1}{\sqrt{x^2 + 1}}$$

問題 9.2 (1) $y' = \dfrac{1}{1 + \left(\dfrac{1}{\sqrt{2}}\tan\dfrac{x}{2}\right)^2} \cdot \left(\dfrac{1}{\sqrt{2}}\sec^2\dfrac{x}{2}\right) \cdot \dfrac{1}{2}$

$$= \dfrac{1}{1 + \dfrac{1}{2}\tan^2\dfrac{x}{2}} \cdot \dfrac{1}{2\sqrt{2}\cos^2\dfrac{x}{2}}$$

$$= \dfrac{2\cos^2\dfrac{x}{2}}{2\cos^2\dfrac{x}{2} + \sin^2\dfrac{x}{2}} \cdot \dfrac{1}{2\sqrt{2}}\dfrac{1}{\cos^2\dfrac{x}{2}} = \dfrac{1}{\sqrt{2}\left(1 + \cos^2\dfrac{x}{2}\right)}$$

(2) $y' = -\dfrac{1}{\sqrt{1 - \left(\dfrac{4 + 5\cos x}{5 + 4\cos x}\right)^2}} \cdot \left(\dfrac{4 + 5\cos x}{5 + 4\cos x}\right)'$

$$\dfrac{d}{dx}\left(\dfrac{4 + 5\cos x}{5 + 4\cos x}\right) = \dfrac{-5\sin x(5 + 4\cos x) + 4\sin x(4 + 5\cos x)}{(5 + 4\cos x)^2}$$

$$= \dfrac{-9\sin x}{(5 + 4\cos x)^2}$$

$$y' = \dfrac{5 + 4\cos x}{3|\sin x|} \cdot \dfrac{-9\sin x}{(5 + 4\cos x)^2} = \dfrac{3\sin x}{(5 + 4\cos x)|\sin x|}$$

(3) $y' = \dfrac{1}{\sqrt{1 - (\sqrt{1 - x^2})^2}} \cdot \dfrac{1}{2}\dfrac{1}{\sqrt{1 - x^2}}(-2x) = \dfrac{1}{\sqrt{x^2}}\dfrac{-x}{\sqrt{1 - x^2}}$

$$= \dfrac{-x}{|x|\sqrt{1 - x^2}}$$

問題 10.1 (1) $\dfrac{dx}{dt} = -3a\cos^2 t \, \sin t, \dfrac{dy}{dt} = 3a\sin^2 t \, \cos t$ であるから

$$\dfrac{dy}{dx} = \dfrac{dy}{dt} \Big/ \dfrac{dx}{dt} = \dfrac{3a\sin^2 t \, \cos t}{-3a\cos^2 t \, \sin t} = -\tan t$$

(2) $\dfrac{dx}{dt} = \dfrac{3(1+t^3) - 3t^2 \cdot 3t}{(1+t^3)^2} = \dfrac{3(1-2t^3)}{(1+t^3)^2}$,

$\dfrac{dy}{dt} = \dfrac{6t(1+t^3) - 3t^2 \cdot 3t^2}{(1+t^3)^2} = \dfrac{3t(2-t^3)}{(1+t^3)^2}$

よって,$\dfrac{dy}{dx} = \dfrac{dy}{dt} \Big/ \dfrac{dx}{dt} = \dfrac{3t(2-t^3)}{(1+t^3)^2} \Big/ \dfrac{3(1-2t^3)}{(1+t^3)^2} = \dfrac{t(2-t^3)}{1-2t^3}$

(3) $\dfrac{dx}{dt} = -2t, \quad \dfrac{dy}{dt} = 3t^2$ よって,$\dfrac{dy}{dx} = \dfrac{dy}{dt} \Big/ \dfrac{dx}{dt} = \dfrac{3t^2}{-2t} = -\dfrac{3}{2}t$

(4) $\dfrac{dx}{dt} = at\cos t, \dfrac{dy}{dt} = at\sin t$ より $\dfrac{dy}{dx} = \dfrac{at\sin t}{at\cos t} = \tan t$.

問題 10.2 $\sinh x = \dfrac{e^x - e^{-x}}{2}$ であるので,$(\sinh x)' = \dfrac{e^x + e^{-x}}{2} = \cosh x$.

$\cosh x = \dfrac{e^x + e^{-x}}{2}$ であるので,$(\cosh x)' = \dfrac{e^x - e^{-x}}{2} = \sinh x$.

$\tanh x = \dfrac{e^x - e^{-x}}{2} \Big/ \dfrac{e^x + e^{-x}}{2} = \dfrac{e^x - e^{-x}}{e^x + e^{-x}}$ であるので

$$(\tanh x)' = \dfrac{(e^x + e^{-x})^2 - (e^x - e^{-x})^2}{(e^x + e^{-x})^2} = \dfrac{4}{(e^x + e^{-x})^2} = \dfrac{1}{(\cosh x)^2}$$

問題 11.1 (1) $0 \leqq x \leqq 2$ のときは $f(x) = 2x - x^2$ であるから,$h < 0$ とすると,
$f(2+h) - f(2)$
$= 2(2+h) - (2+h)^2 - 2 \times 2 + 2^2$
$= -2h - h^2$

よって,$\displaystyle\lim_{h \to -0} \dfrac{f(2+h) - f(2)}{h}$
$= \displaystyle\lim_{h \to -0} \dfrac{h(-2-h)}{h} = -2$

$x \geqq 2$ のとき,$f(x) = x^2 - 2x$ であるから,$h > 0$ とすると,

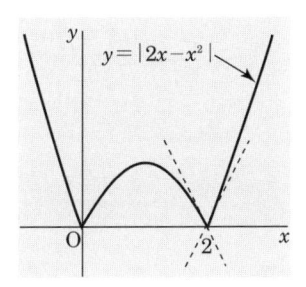

$$f(2+h) - f(2) = (2+h)^2 - 2(2+h) - (2^2 - 2 \times 2) = 2h + h^2$$

よって,$\displaystyle\lim_{h \to +0} \dfrac{f(2+h) - f(2)}{h} = \lim_{h \to +0} \dfrac{h(2+h)}{h} = \lim_{h \to +0} (2+h) = 2$

よって,$\displaystyle\lim_{h \to -0} \dfrac{f(2+h) - f(2)}{h} \neq \lim_{h \to +0} \dfrac{f(2+h) - f(2)}{h}$

したがって，$\displaystyle\lim_{h \to 0} \frac{f(2+h)-f(2)}{h}$ は存在しない．ゆえに，$f(x)$ は $x=2$ で微分可能でない．

(2) $\displaystyle\lim_{h \to +0} \frac{f(h)-f(0)}{h} = \lim_{h \to +0} \frac{|h|}{h} = \lim_{h \to +0} \frac{h}{h}$
$= \displaystyle\lim_{h \to +0} 1 = 1$

$\displaystyle\lim_{h \to -0} \frac{f(h)-f(0)}{h} = \lim_{h \to -0} \frac{|h|}{h} = \lim_{h \to -0} \frac{-h}{h}$
$= \displaystyle\lim_{h \to -0} (-1) = -1$

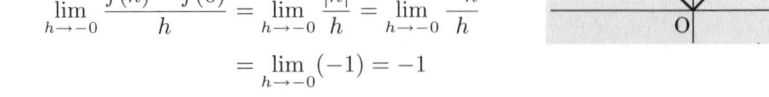

ゆえに $f'_+(0) \neq f'_-(0)$ であるので，$f(x)$ は $x=0$ で微分可能でない．

問題 11.2 (1) $x \neq 0$ ならば $x, \sin(1/x)$ はともに微分可能であるから $f(x)$ は $x \neq 0$ で微分可能である．よって，
$f'(x) = \sin\dfrac{1}{x} - \dfrac{1}{x}\cos\dfrac{1}{x}\,(x \neq 0)$ となる．

つぎに $x=0$ における微分係数を定義により求めると，
$$\lim_{h \to 0}\left\{(0+h)\sin\frac{1}{0+h}\right\}\bigg/ h = \lim_{h \to 0}\sin\frac{1}{h}$$
となる．これは右図のように極限値をもたないので，$f(x)$ は $x=0$ で微分可能でない．

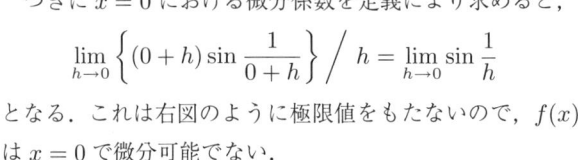

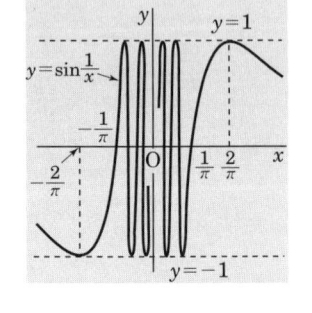

(2) $x \neq 0$ ならば $x^2, \sin(1/x)$ はともに微分可能であるから $f(x)$ は $x \neq 0$ で微分可能である．よって，$f'(x) = 2x\sin\dfrac{1}{x} - \cos\dfrac{1}{x}\,(x \neq 0)$ となる．

また，$\displaystyle\lim_{h \to 0}\frac{f(h)-f(0)}{h} = \lim_{h \to 0} h\sin\frac{1}{h} = 0 \left(\because \left|h\sin\frac{1}{h}\right| \leq |h|\right)$. ゆえに，$f(x)$ はすべての x において微分可能である．

第2章の解答

問題 1.1 $f(x) = x^2$ のとき，$f'(x) = 2x$ である．よって
$$(a+h)^2 - a^2 = 2h(a+\theta h)$$
これを計算すると $a^2 + 2ah + h^2 - a^2 = 2ah + 2\theta h^2$．ゆえに $\theta = 1/2$．

$f(x) = x^3$ のとき，$f'(x) = 3x^2$．よって
$$(a+h)^3 - a^3 = 3h(a+\theta h)^2$$
$$a^3 + 3a^2h + 3ah^2 + h^3 - a^3 = 3ha^2 + 6ha\theta h + 3h\theta^2 h^2$$
これを計算すると，
$$\theta = \frac{1}{2} + \frac{h}{6a} - \frac{\theta^2 h}{2a} \quad \text{よって，} \quad \lim_{h \to 0} \theta = \lim_{h \to 0}\left(\frac{1}{2} + \frac{h}{6a} - \frac{\theta^2 h}{2a}\right) = \frac{1}{2}$$

問題 1.2 $g(x) = e^{-\lambda x} f(x)$ とおくと $g(x)$ は，$[a, b]$ で連続，(a, b) で微分可能で，$g(a) = g(b) = 0$ となる．ゆえにロルの定理から $g'(c) = 0$ となる c が a と b の間に存在する．ここで $g'(c) = -\lambda e^{-\lambda c} f(c) + e^{-\lambda c} f'(c), e^{-\lambda c} \neq 0$ であるから $f'(c) = \lambda f(c)$．

問題 2.1 (1) $f'(x) = \dfrac{1}{x^2}(1 - \log x)$．よって，$f'(x) = 0$ にする x の値は $x = e$ である．増減表をつくると

x	0		e	
$f'(x)$		$+$	0	$-$
$f(x)$		↗	$1/e$	↘

$x = e$ のとき極大値は $\dfrac{1}{e}$ である．

(2) $x^3 + x^2 - x - 1 = (x+1)^2(x-1)$ であるから
$$f(x) = \begin{cases} x^3 + x^2 - x - 1 & (x \geq 1) \\ -(x^3 + x^2 - x - 1) & (x < 1) \end{cases}$$
したがって
$$f'(x) = \begin{cases} 3x^2 + 2x - 1 \\ -(3x^2 + 2x - 1) \end{cases} = \begin{cases} (3x-1)(x+1) & (x \geq 1) \\ -(3x-1)(x+1) & (x < 1) \end{cases}$$
増減表をつくると

x		-1		$1/3$		1	
$f'(x)$	$-$	0	$+$	0	$-$		
$f(x)$	↘	0	↗	$32/27$	↘	0	↗

極大値は $f(1/3) = 32/27$，極小値は $f(-1) = f(1) = 0$．

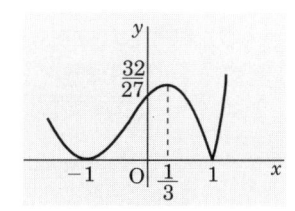

(3) $f'(x) = \dfrac{6(x-\sqrt{2})(x+\sqrt{2})}{(x^2+3x+2)^2}$ $(x^2+3x+2 \neq 0)$

$x^2+3x+2 = (x+1)(x+2)$ であるから，つぎの増減表が得られる．

x		-2		$-\sqrt{2}$		-1		$\sqrt{2}$	
$f'(x)$	$+$		$+$	0	$-$		$-$	0	$+$
$f(x)$	↗		↗	極大	↘		↘	極小	↗

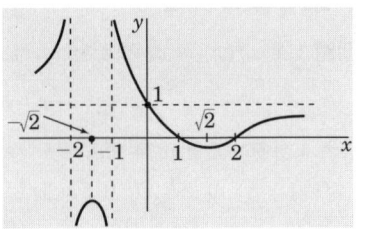

極大値は $f(-\sqrt{2}) = -(17+12\sqrt{2})$, 極小値は $f(\sqrt{2}) = -17+12\sqrt{2}$.

(4) $f'(x) = \dfrac{-2x(x-3/2)}{\sqrt{2x-x^2}}$ であり，$f'_+(0) = 0, f'_-(2) = -\infty$ であるので増減表が得られる．

x	0		$3/2$		2
$f'(x)$		$+$	0	$-$	$-\infty$
$f(x)$	0	↗	極大	↘	0

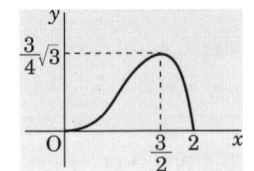

極大値は $f\left(\dfrac{3}{2}\right) = \dfrac{3}{4}\sqrt{3}$, 極小値はない．

(5) $x \neq 0$ のときは
$$f'(x) = \dfrac{2}{9}x^{-1/3}(2-x) - \dfrac{1}{3}x^{2/3} = \dfrac{1}{9} \cdot \dfrac{4-5x}{\sqrt[3]{x}}$$

ゆえに，$f'(x) = 0 \Longrightarrow x = 4/5$．また $f(x)$ は $x = 0$ で連続でありその前後では

$$x > 0 \Longrightarrow f'(x) > 0, \quad x < 0 \Longrightarrow f'(x) < 0$$

となるから，右の増減表が得られる．
ゆえに極小値は $f(0) = 0$,
極大値は $f\left(\dfrac{4}{5}\right) = \left(\dfrac{4}{5}\right)^{2/3} \cdot \dfrac{2}{5}$ である．

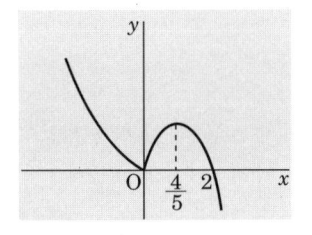

x		0		$4/5$	
$f'(x)$	$-$		$+$		$-$
$f(x)$	↘	極小	↗	極大	↘

問題 2.2 長方形の一辺の長さを x とすると他の一辺の長さは $\sqrt{4r^2-x^2}$ であるから，長方形の面積は $f(x) = x\sqrt{4r^2-x^2}\ (0 < x < 2r)$ となる．

$$f'(x) = \dfrac{4r^2-2x^2}{\sqrt{4r^2-x^2}} = \dfrac{-2(x-\sqrt{2}r)(x+\sqrt{2}r)}{\sqrt{4r^2-x^2}}$$

x	0		$\sqrt{2}r$		$2r$
$f'(x)$		$+$	0	$-$	
$f(x)$		↗	最大	↘	

したがって，右の増減表により $x = \sqrt{2}r$ のとき極大となる．いま考えている範囲で極大は1つしかないので $x = \sqrt{2}r$ のとき最大となる．すなわち正方形のときである．

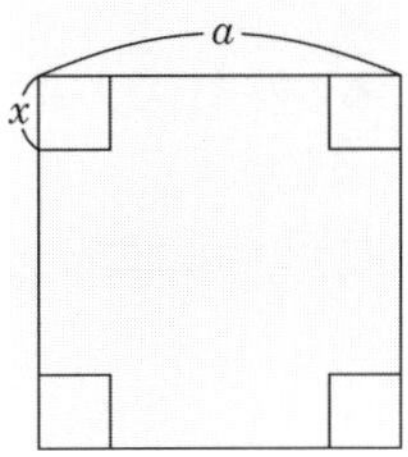

問題 2.3 切り取る正方形の一辺の長さを x とすると箱の体積は
$$f(x) = x(a-2x)^2 \quad \left(0 < x < \frac{a}{2}\right)$$
$$f'(x) = (a-2x)(a-6x)$$
いま, $0 < x < \dfrac{a}{2}$ で考えて $f(x)$ の増減表をつくれば下のようになる. $x = \dfrac{a}{6}$ のとき $f(x)$ は極大となり, いま考えている範囲で極大は1つしかないので $x = \dfrac{a}{6}$ のとき $f(x)$ は最大になる. すなわち, $x = \dfrac{a}{6}$ のとき箱の体積は最大でその値は $f\left(\dfrac{a}{6}\right) = \dfrac{2}{27}a^3$ である.

x	0		$a/6$		$a/2$
$f'(x)$		+	0	−	
$f(x)$		↗		↘	

問題 2.4 台形の底角を θ とすると, 底辺の長さは $a + 2a\cos\theta$, 高さは $a\sin\theta$ である. したがって台形の面積は 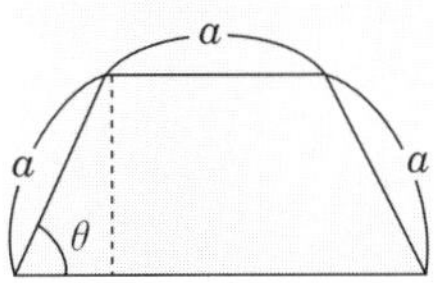
$$f(\theta) = a^2(1 + \cos\theta)\sin\theta \quad (0 < \theta < \pi)$$
$$f'(\theta) = a^2(1+\cos\theta)\cos\theta - a^2\sin^2\theta$$
$$= a^2(2\cos^2\theta + \cos\theta - 1)$$
$$= a^2(2\cos\theta - 1)(\cos\theta + 1)$$

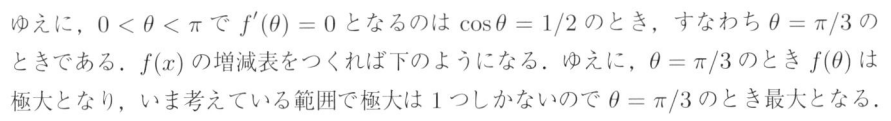

ゆえに, $0 < \theta < \pi$ で $f'(\theta) = 0$ となるのは $\cos\theta = 1/2$ のとき, すなわち $\theta = \pi/3$ のときである. $f(x)$ の増減表をつくれば下のようになる. ゆえに, $\theta = \pi/3$ のとき $f(\theta)$ は極大となり, いま考えている範囲で極大は1つしかないので $\theta = \pi/3$ のとき最大となる. すなわち, $\theta = \pi/3$ のとき $f(x)$ は最大となり最大値は $f\left(\dfrac{\pi}{3}\right) = \dfrac{3\sqrt{3}}{4}a^2$ である.

θ	0		$\pi/3$		π
$f'(\theta)$		+	0	−	
$f(\theta)$		↗		↘	

問題 3.1 (1) $f(x) = e^x$, $g(x) = 1 + x + \dfrac{x^2}{2}$ とし,
$$h(x) = f(x) - g(x) = e^x - \left(1 + x + \dfrac{x^2}{2}\right) \quad (x > 0)$$
とする. いま, $f(x), g(x)$ は $x \geqq 0$ で連続で, $f(0) = g(0) = 1$ である.

$$h'(x) = f'(x) - g'(x) = e^x - 1 - x$$

であるので，さらに微分してみると，

$$h''(x) = e^x - 1 > e^0 - 1 = 0 \quad (x > 0) \quad \therefore \quad x > 0 \text{ のとき } h'(x) > h'(0) = 0$$

また $h(0) = f(0) - g(0) = 0$ であるから，p.25 の例題 3 (1) の結果より，

$$f(x) > g(x) \quad (x > 0) \quad \text{つまり} \quad e^x > 1 + x + \frac{x^2}{2}$$

(2) $f(x) = \sin x + \cos x - (1 + x - x^2)$ とおくと，

$$f'(x) = \cos x - \sin x - 1 + 2x$$

そして $f'(x)$ の導関数を $f''(x)$ で表すと，

$$f''(x) = -\sin x - \cos x + 2 = 2 - \sqrt{2}\sin\left(x + \frac{\pi}{4}\right)$$

となり，$f''(x) > 0$. ここで $x > 0$ のときは $f'(x)$ は増加関数であり，かつ $f'(0) = 0$. したがって $x > 0$ のときは $f'(x) > 0$. したがって，$x > 0$ のとき $f(x)$ は増加関数，かつ $f(0) = 0$. よって，$x > 0$ のときは $f(x) > 0$. ゆえに，$\sin x + \cos x > 1 + x - x^2$.

問題 3.2 $f(x) = \dfrac{x^p}{p} + \dfrac{1}{q} - x$ とおくと $f'(x) = x^{p-1} - 1$. $x \geqq 0$ で $f(x)$ の増減表を考えれば

$$f(x) \geqq f(1) = \frac{1}{p} + \frac{1}{q} - 1 = 0$$

ゆえに，$\dfrac{x^p}{p} + \dfrac{1}{q} \geqq x$

x	0		1	
$f'(x)$		$-$	0	$+$
$f(x)$		↘	0	↗

問題 4.1 (1) $x \to 0$ のとき $\dfrac{e^x - e^{-x}}{\sin x}$ は $\dfrac{0}{0}$ 型の不定形である．よって

$$\lim_{x \to 0} \frac{e^x - e^{-x}}{\sin x} = \lim_{x \to 0} \frac{e^x + e^{-x}}{\cos x} = 2$$

(2) 1^∞ 型の不定形である．$y = \left(\dfrac{x+1}{x-1}\right)^x$ とおき両辺の対数をとると，

$$\log y = x \log \frac{x+1}{x-1} = \frac{\log \dfrac{x+1}{x-1}}{1/x}$$

となるので，$\lim_{x \to \infty} \log y$ は $\dfrac{0}{0}$ 型の不定形．よって

$$\lim_{x \to \infty} \log y = \lim_{x \to \infty} \frac{\dfrac{x-1}{x+1} \cdot \dfrac{-2}{(x-1)^2}}{-1/x^2} = \lim_{x \to \infty} \frac{2x^2}{(x+1)(x-1)} = 2$$

ゆえに，$y \to e^2 \quad (x \to \infty)$

(3) $x \to 0$ のとき, $\dfrac{x - \log(1+x)}{x^2}$ は $\dfrac{0}{0}$ 型の不定形である．よって

$$\lim_{x \to 0} \frac{x - \log(1+x)}{x^2} = \lim_{x \to 0} \frac{1 - 1/(1+x)}{2x} = \lim_{x \to 0} \frac{1}{2(1+x)} = \frac{1}{2}$$

(4) $x^{1/x}$ は ∞^0 型の不定形である．よって $y = x^{1/x}$ とおき両辺の対数をとると，$\log y = \dfrac{1}{x} \log x$ となる．$\dfrac{\log x}{x}$ は $\dfrac{\infty}{\infty}$ の不定形である．ゆえに，

$$\lim_{x \to \infty} \frac{\log x}{x} = \lim_{x \to \infty} \frac{1/x}{1} = \lim_{x \to \infty} \frac{1}{x} = 0 \quad \therefore \quad \lim_{x \to \infty} x^{1/x} = 1$$

(5) $x(e^{1/x} - 1) = \dfrac{e^{1/x} - 1}{1/x}$ と変形すると，$x \to \infty$ のとき $\dfrac{0}{0}$ 型の不定形となる．$1/x = y$ とおくと，$x \to \infty$ のとき，$y \to 0$ となる．よって，

$$\lim_{x \to \infty} \frac{e^{1/x} - 1}{1/x} = \lim_{y \to 0} \frac{e^y - 1}{y} = 1$$

(6) $\displaystyle\lim_{x \to \pi/2} (\tan x - \sec x) = \lim_{x \to \pi/2} \frac{\sin x - 1}{\cos x} = \lim_{x \to \pi/2} \frac{\cos x}{-\sin x} = 0$

(7) $y = \left(\dfrac{1}{x}\right)^{\sin x}$ とおくと，$\log y = \sin x (-\log x)$ であるから，

$$\lim_{x \to +0} \sin x (-\log x) = \lim_{x \to +0} \frac{-\log x}{\operatorname{cosec} x} = \lim_{x \to +0} \frac{-1/x}{-\operatorname{cosec} x \cdot \cot x}$$
$$= \lim_{x \to +0} \frac{\sin x}{\cos x} \frac{\sin x}{x} = 0 \quad \text{よって,} \quad \lim_{x \to +0} y = 1$$

(8) $\displaystyle\lim_{x \to \pi/4 - 0} \tan 2x \cot\left(x + \frac{\pi}{4}\right) = \lim_{x \to \pi/4 - 0} \frac{\tan 2x}{\tan(x + \pi/4)}$

$$= \lim_{x \to \pi/4 - 0} \frac{2 \sec^2 2x}{\sec^2(x + \pi/4)} = 2 \lim_{x \to \pi/4 - 0} \left\{\frac{\cos(x + \pi/4)}{\cos 2x}\right\}^2 \cdots \text{①}$$

$$\lim_{x \to \pi/4 - 0} \frac{\cos(x + \pi/4)}{\cos 2x} = \lim_{x \to \pi/4 - 0} \frac{-\sin(x + \pi/4)}{-2\sin 2x} = \frac{1}{2}$$

①のところに代入して，$2 \displaystyle\lim_{x \to \pi/4 - 0} \left\{\frac{\cos(x + \pi/4)}{\cos 2x}\right\}^2 = 2 \cdot \left(\frac{1}{2}\right)^2 = \frac{1}{2}$．よって

$$\lim_{x \to \pi/4 - 0} \tan 2x \cot\left(x + \frac{\pi}{4}\right) = \frac{1}{2}$$

(9) $y = x^x$ とおき両辺の対数をとると，$\log y = x \log x$．したがって，

$$\lim_{x \to +0} x \log x = \lim_{x \to +0} \frac{\log x}{1/x} = \lim_{x \to +0} \frac{1/x}{-1/x^2} = \lim_{x \to +0} (-x) = 0$$

よって，$\displaystyle\lim_{x \to +0} x^x = 1$

(10) $\tan^{-1} x \to \dfrac{\pi}{2} \ (x \to \infty)$ であるから 1^∞ の形の不定形である． $y = \left(\dfrac{2}{\pi} \tan^{-1} x\right)^x$ とおくと， $\log y = x \log\left(\dfrac{2}{\pi} \tan^{-1} x\right) = \dfrac{\log\left(\dfrac{2}{\pi} \tan^{-1} x\right)}{1/x}$ は $\dfrac{0}{0}$ の不定形である．よって

$$\lim_{x \to \infty} \log y = \lim_{x \to \infty} \dfrac{\log\left(\dfrac{2}{\pi} \tan^{-1} x\right)}{1/x} = \lim_{x \to \infty} \dfrac{\dfrac{1}{\tan^{-1} x} \cdot \dfrac{1}{1+x^2}}{-1/x^2} = \lim_{x \to \infty} \dfrac{-x^2}{(1+x^2) \tan^{-1} x}$$

$$= \lim_{x \to \infty} \dfrac{-1}{(1+1/x^2) \tan^{-1} x} = -\dfrac{2}{\pi} \quad \text{よって，} \quad \lim_{x \to \infty} y = e^{-2/\pi}$$

(11) $\displaystyle\lim_{x \to 0}\left(\dfrac{1}{x^2} - \dfrac{\cot x}{x}\right) = \lim_{x \to 0}\dfrac{\sin x - x\cos x}{x^2 \sin x}$

ここに $\dfrac{\sin x - x\cos x}{x^2 \sin x}$ は $x \to 0$ のとき $\dfrac{0}{0}$ の不定形である．したがって，

$$\lim_{x \to 0}\dfrac{x \sin x}{2x \sin x + x^2 \cos x} = \lim_{x \to 0}\dfrac{\sin x}{2\sin x + x\cos x} = \lim_{x \to 0}\dfrac{\cos x}{3\cos x - x \sin x} = \dfrac{1}{3}$$

よって， $\displaystyle\lim_{x \to 0}\left(\dfrac{1}{x^2} - \dfrac{\cot x}{x}\right) = \dfrac{1}{3}$

(12) $x \to 0$ のとき $\dfrac{\tan x - \sin x}{x^3}$ は $\dfrac{0}{0}$ 型の不定形である．よって

$$\lim_{x \to 0}\dfrac{\tan x - \sin x}{x^3} = \lim_{x \to 0}\dfrac{\sec^2 x - \cos x}{3x^2} = \lim_{x \to 0}\dfrac{1 - \cos^3 x}{3x^2 \cos^2 x}$$

$$= \lim_{x \to 0}\dfrac{1}{3\cos^2 x}\lim_{x \to 0}\dfrac{1 - \cos^3 x}{x^2} = \dfrac{1}{3}\lim_{x \to 0}\dfrac{1 - \cos^3 x}{x^2}$$

$$= \dfrac{1}{3}\lim_{x \to 0}\dfrac{3\cos^2 x \ \sin x}{2x} = \dfrac{1}{2}\lim_{x \to 0}\left(\dfrac{\sin x}{x}\right) \cdot \cos^2 x = \dfrac{1}{2}$$

問題 5.1 (1) $u = \sin x$ とおくと， $u^{(k)} = \sin\left(x + \dfrac{k\pi}{2}\right)$ である．また，一方 $v = x^3$ とおくと， $v' = 3x^2, v'' = 6x, v''' = 6, v^{(4)} = 0$ であるから，p.27 のライプニッツの定理より，

$$(x^3 \sin x)^{(n)} = (\sin x)^{(n)} x^3 + \binom{n}{1}(\sin x)^{(n-1)} \cdot (x^3)' + \binom{n}{2}(\sin x)^{(n-2)}(x^3)''$$

$$+ \binom{n}{3}(\sin x)^{(n-3)}(x^3)'''$$

$$= x^3 \sin\left(x + \dfrac{n\pi}{2}\right) + 3nx^2 \sin\left(x + \dfrac{n-1}{2}\pi\right)$$

$$+ 3n(n-1)x \sin\left(x + \dfrac{n-2}{2}\pi\right) + n(n-1)(n-2)\sin\left(x + \dfrac{n-3}{2}\pi\right)$$

(2) p.27 のライプニッツの定理から

$$\{(x^2+x+1)e^x\}^{(n)} = (e^x)^n \cdot (x^2+x+1)$$
$$+{}_n\mathrm{C}_1(e^x)^{(n-1)}(x^2+x+1)' + {}_n\mathrm{C}_2(e^x)^{(n-2)}(x^2+x+1)''$$
$$= e^x\left\{x^2+x+1+n(2x+1)+\frac{n(n-1)}{2}\cdot 2\right\}$$
$$= e^x\{x^2+(2n+1)x+n^2+1\}$$

(3) p.27 のライプニッツの定理を用いる．

$$(x^3\log x)^{(n)} = (-1)^{n-1}(n-1)!\,x^{-n}\cdot x^3 + n(-1)^{n-2}(n-2)!\,x^{-(n-1)}\cdot 3x^2$$
$$+n(n-1)/2\cdot(-1)^{n-3}(n-3)!\,x^{-(n-2)}\cdot 6x$$
$$+n(n-1)(n-2)/3!\cdot(-1)^{n-4}(n-4)!\,x^{-(n-2)}\cdot 6$$
$$= (-1)^{n-1}(n-1)!\,x^{3-n} + (-1)^{n-2}3n(n-2)!\,x^{3-n}$$
$$+(-1)^{n-3}n(n-1)(n-3)!\cdot 3x^{3-n}$$
$$+(-1)^{n-4}n(n-1)(n-2)(-1)^{n-4}(n-4)!\,x^{3-n}$$

(4) $y = \dfrac{x}{x^2-1}$ を部分分数に展開すると，$y = \dfrac{1}{2}\left\{\dfrac{1}{x-1}+\dfrac{1}{x+1}\right\}$ となる．よって，

$$y^{(n)} = \frac{1}{2}\left\{\left(\frac{1}{x-1}\right)^{(n)}+\left(\frac{1}{x+1}\right)^{(n)}\right\} = \frac{1}{2}\{((x-1)^{-1})^{(n)}+((x+1)^{-1})^{(n)}\}$$
$$= \frac{1}{2}\{(-1)(-2)\cdots(-n)(x-1)^{-1-n}+(-1)(-2)\cdots(-n)(x+1)^{-1-n}\}$$
$$= \frac{1}{2}(-1)^n\cdot n!\left(\frac{1}{(x-1)^{n+1}}+\frac{1}{(x+1)^{n+1}}\right)$$

問題 6.1 (1) p.28 のマクローリンの定理 ($n=3$) により

$$\log(1+x) = x - \frac{x^2}{2} + \frac{x^3}{3}\frac{1}{(1+\theta x)^3} \quad (0<\theta<1)$$

よって

$$\lim_{x\to 0}\left\{\frac{1}{x}-\frac{1}{x^2}\left(x-\frac{x^2}{2}+\frac{x^2}{3}\frac{1}{(1+\theta x)^3}\right)\right\} = \lim_{x\to 0}\left\{\frac{1}{x}-\frac{1}{x}+\frac{1}{2}-\frac{x}{3}\frac{1}{(1+\theta x)^3}\right\}$$
$$= \frac{1}{2}$$

(2) p.28 のマクローリンの定理 ($n=2$) により

$$e^x = 1+x+\frac{x^2}{2!}e^{\theta x} \quad (0<\theta<1), \quad e^{-x} = 1-x+\frac{x^2}{2!}e^{-\theta' x} \quad (0<\theta'<1)$$

これらより，
$$\lim_{x\to 0}\frac{1}{x}\left\{\left(1+x+\frac{x^2}{2!}e^{\theta x}\right)-\left(1-x+\frac{x^2}{2!}e^{-\theta' x}\right)\right\}$$
$$=\lim_{x\to 0}\left(\frac{1}{x}+1+\frac{x}{2!}e^{\theta x}-\frac{1}{x}+1-\frac{x}{2!}e^{-\theta' x}\right)$$
$$=\lim_{x\to 0}\left\{2+\frac{x}{2!}(e^{\theta x}-e^{-\theta' x})\right\}=2$$

(3) p.28 のマクローリンの定理 $(n=2)$ により
$$\sin x = x - \frac{x^3}{3!} + \frac{x^5}{5!}\cos\theta x \quad (0<\theta<1)$$
であるから，
$$\lim_{x\to 0}\frac{x-\sin x}{x^3} = \lim_{x\to 0}\frac{1}{x^3}\left\{x-\left(x-\frac{x^3}{3!}+\frac{x^5}{5!}\cos\theta x\right)\right\}$$
$$=\lim_{x\to 0}\frac{1}{x^3}\left(\frac{x^3}{3!}-\frac{x^5}{5!}\cos\theta x\right) = \lim_{x\to 0}\left(\frac{1}{3!}-\frac{x^2}{5!}\cos\theta x\right) = \frac{1}{6}$$

問題 6.2 (1) 与えられた関数を部分分数に展開すると
$$\frac{1}{1-3x+2x^2} = \frac{1}{(2x-1)(x-1)} = \frac{2}{1-2x} - \frac{1}{1-x}$$
となる．これらを p.28 のマクローリン級数に展開すると
$$\frac{2}{1-2x} = 2\sum_{n=0}^{\infty}(2x)^n, \quad |2x|<1\,;\; \frac{1}{1-x}=\sum_{n=0}^{\infty}x^n, \quad |x|<1$$
となるから，$|2x|<2|x|<1$ の共通部分の $|x|<1/2$ で，
$$\frac{1}{1-3x+2x^2} = \sum_{n=0}^{\infty}(2^{n+1}-1)x^n$$
のように展開される．

(2) p.28 の公式で $\alpha=1/2$ とおいてマクローリン級数に展開する．
$$\sqrt{1+x}=(1+x)^{1/2}=1+\sum_{n=1}^{\infty}\frac{1}{2}\left(\frac{1}{2}-1\right)\cdots\left(\frac{1}{2}-n+1\right)x^n/n! \quad (-1<x<1)$$

(3) e^x, e^{-x} をそれぞれ p.28 のマクローリン級数に展開する．
$$e^x = \sum_{n=0}^{\infty}\frac{x^n}{n!} \quad (-\infty<x<\infty), \quad e^{-x} = \sum_{n=0}^{\infty}(-1)^n\frac{x^n}{n!} \quad (-\infty<x<\infty)$$
であるから，原点の近くであれば当然 $\sinh x = \dfrac{e^x-e^{-x}}{2} = \sum_{n=1}^{\infty}\dfrac{x^{2n-1}}{(2n-1)!}$ となる．

問題 7.1 （1） $f'(x) = \dfrac{x^2+1-2x^2}{(x^2+1)^2} = \dfrac{1-x^2}{(x^2+1)^2}$

であるから，$f'(x)=0$ となるのは $x=1,-1$ のときである．ゆえに $f(x)$ の増減表はつぎのようになる．

x		-1		1	
$f'(x)$	$-$	0	$+$	0	$-$
$f(x)$	↘	極小	↗	極大	↘

さらに，
$$f''(x) = \dfrac{-2x(x^2+1)^2 - (1-x^2)\cdot 2(x^2+1)\cdot 2x}{(x^2+1)^4} = \dfrac{2x(x-\sqrt{3})(x+\sqrt{3})}{(x^2+1)^3}$$

であるから，$f''(x)=0$ となるのは，$x=-\sqrt{3}, x=0, x=\sqrt{3}$ である．よって，

x		$-\sqrt{3}$		0		$\sqrt{3}$	
$f''(x)$	$-$	0	$+$	0	$-$	0	$+$
$f(x)$	∩	変曲点	∪	変曲点	∩	変曲点	∪

ゆえに，極大値は $f(1)=1/2$，極小値は $f(-1)=-1/2$ で変曲点は $(-\sqrt{3}, -\sqrt{3}/4), (0,0)$ および $(\sqrt{3}, \sqrt{3}/4)$ である．以上のことからグラフは次図のようになる．

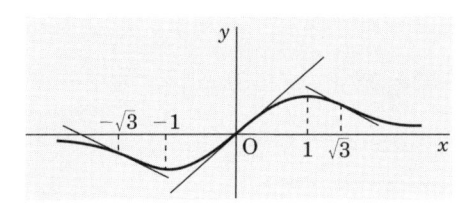

（2）$y' = -e^{-x}\sin x + e^{-x}\cos x = \sqrt{2}e^{-x}\cos(x+\pi/4)$, $y'' = -2e^{-x}\cos x$
であるから，$y'=0$ となるのは $x=\pi/4, 5\pi/4$，$y''=0$ となるのは $x=\pi/2, 3\pi/2$ である．したがって $y=e^{-x}\sin x$ の増減凹凸はつぎのようになる．

x	0		$\pi/4$		$5\pi/4$		2π
y'	1	$+$	0	$-$	0	$+$	$e^{-2\pi}$
y	0	↗	極大	↘	極小	↗	0

x	0		$\pi/2$		$3\pi/2$		2π
y''	-2	$-$	0	$+$	0	$-$	$2e^{-2\pi}$
y		∩	変曲点	∪	変曲点	∩	

極大値 $x = \dfrac{\pi}{4}$ のとき $y = e^{-\pi/4}/\sqrt{2}$.

極小値 $x = \dfrac{5\pi}{4}$ のとき $y = -e^{-(5/4)\pi}/\sqrt{2}$.

変曲点 $\left(\dfrac{\pi}{2}, e^{-\pi/2}\right)$, $\left(\dfrac{3\pi}{2}, -e^{-3\pi/2}\right)$.

また $|e^{-x}\sin x| \leqq e^{-x}$ であるから曲線は 2 つの曲線 $y = e^{-x}$ と $y = -e^{-x}$ の間にある. そして, $x = \pi/2$ のときは $e^{-x}\sin x = e^{-x}$, $x = 3\pi/2$ のときは $e^{-x}\sin x = -e^{-x}$ である. 以上のことからグラフは右上図のようになる.

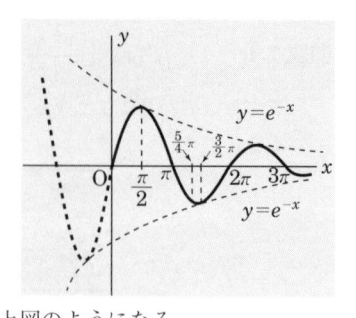

(3) $y' = \log x + 1$ であるから, $y' = 0$ となるのは $x = 1/e$ のときである. ゆえに増減表はつぎのようになる.

x	0		$1/e$	
y'		$-$	0	$+$
y		↘	$-1/e$	↗

さらに $y'' = 1/x$ であるから $x > 0$ で常に $y'' > 0$. したがってグラフは下に凸である. また,

$$\lim_{x \to +0} x \log x = \lim_{x \to +0} \dfrac{\log x}{1/x} = \lim_{x \to +0} \dfrac{1/x}{-1/x^2} = \lim_{x \to +0} (-x) = 0$$

よって, グラフは原点に近づく. 以上のことからグラフは右上の図のようになる.

(4) $y' = \dfrac{1 - \log x}{x^2}$ であるから, $y' = 0$ となるのは $x = e$ のときである. ゆえに $y = \dfrac{\log x}{x}$ の増減表はつぎの左の表のようになる.

x	0		e	
y'		$+$	0	$-$
y		↗	$1/e$	↘

x	0		$e^{3/2}$	
y''		$-$	0	$+$
y		∩	変曲点	∪

さらに $y'' = \dfrac{-x - (1 - \log x) \cdot 2x}{x^4} = \dfrac{2\log x - 3}{x^3}$ であるから, $y'' = 0$ となるのは $x = e^{3/2}$ のときである. よって変曲点は上の右の表より $\left(e^{3/2}, \dfrac{3}{2}e^{-3/2}\right)$. ゆえに, 求める図は右図のようになる.

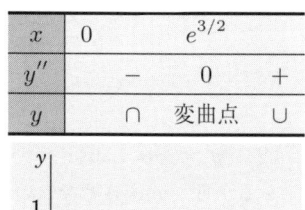

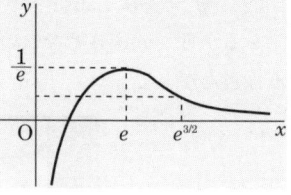

(5) y は x の偶関数であるから曲線は y 軸に関して対称である. そして y の値は常に正であるから曲線は x 軸の上の方にある. また, $x = 0$ のときは $y = 2$ であるから曲線

は y 軸と $(0,2)$ で交わる．つぎに，

$$y' = -\frac{8}{(x^2+4)^2} \cdot (x^2+4)' = -\frac{16x}{(x^2+4)^2}$$

$$y'' = -16\frac{(x^2+4)^2 - x \times 2(x^2+4) \times 2x}{(x^2+4)^4} = \frac{16(3x^2-4)}{(x^2+4)^3}$$

$\displaystyle\lim_{x\to\pm\infty}\frac{8}{x^2+4} = 0$ であるから，直線 $y=0$，すなわち x 軸は漸近線である．

x	0		∞
y'	0	$-$	
y	2	↘	0

x	0		$\frac{2}{\sqrt{3}}$		$+\infty$
y''		$-$	0	$+$	
y		$\cup$	変曲点	$\cap$	

y の増減は左の表のようで，右の表より $\left(\dfrac{2}{\sqrt{3}}, \dfrac{3}{2}\right)$ は変曲点である．以上述べた結果を総合すると，曲線の概形は下のような曲線である．

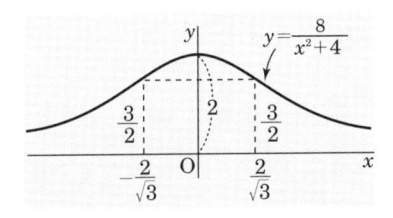

注意　偶関数あるいは奇関数のグラフをかくには右半分をかいて，それを y 軸，あるいは，原点に関して対称に写せばよい．

(6) $y = \dfrac{x^2 - 5x + 6}{x-1}$ のときは

$$y = \frac{x(x-1) - 4(x-1) + 2}{x-1}$$

よって $y = x - 4 + \dfrac{2}{x-1}$，そして $\displaystyle\lim_{x\to\pm\infty}\frac{2}{x-1} = 0$．したがって直線 $y = x-4$ は漸近線である．

そして $x > 1$ のときは $\dfrac{2}{x-1} > 0$，$x < 1$ のときは $\dfrac{2}{x-1} < 0$ であるから，$x > 1$ のときは曲線は漸近線の上側に，$x < 1$ のときは下側にある．

$$y' = 1 - \frac{2}{(x-1)^2} = \frac{\{x-(1-\sqrt{2})\}\{x-(1+\sqrt{2})\}}{(x-1)^2}$$

$$1 - \sqrt{2} \fallingdotseq -0.41\cdots, \quad 1 + \sqrt{2} \fallingdotseq 2.41\cdots$$

よって，増減表はつぎのようになる．

x	$-\infty$		$1-\sqrt{2}$		1		$1+\sqrt{2}$		∞
y'		$+$	0	$-$		$-$	0	$+$	
y	$-\infty$	↗	$-3-2\sqrt{2}$	↘	$\mp\infty$	↘	$2\sqrt{2}-3$	↗	∞

なお, $y=0$ のときは $x=2$, または $3, x=0$ のときは $y=-6$ であるから, 曲線は点 $(2,0),(3,0),(0,-6)$ を通る.

また,
$$\frac{d^2y}{dx^2} = -2(-2)(x-1)^{-3} = \frac{4}{(x-1)^3}$$

したがって, $x>1$ のときは $\dfrac{d^2y}{dx^2} > 0$ で, 曲線は上に凹である. $x<1$ のときは $\dfrac{d^2y}{dx^2} < 0$ で, 曲線は下に凹である.

以上を総合すると, 曲線の概形は右の図のようになる.

問題 8.1 p.34 の例題 8 のニュートン法を用いる.
$$f(2) = -1 < 0, \quad f(2.5) = 45/8 > 0$$
であり
$$f''(x) = 6x > 0 \quad (2 < x < 2.5)$$
であるから, 方程式 $f(x)=0$ は 2 と 2.5 の間にただ 1 つの実解をもつ. 第 1 近似値を $a_1 = 2$ とすると, 第 2 近似値 a_2 は
$$a_2 = 2 - \frac{f(2)}{f'(2)} = 2 + \frac{1}{10} = 2.1$$

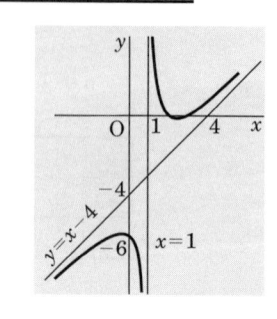

第3章の解答

問題 1.1 （1） $\displaystyle\int \frac{3x^2 - 4x + 2}{\sqrt{x}} dx = \int (3x^{3/2} - 4x^{1/2} + 2x^{-1/2}) dx$

$\displaystyle = \frac{3}{3/2+1} x^{(3/2)+1} - \frac{4}{1/2+1} x^{(1/2)+1} + 2\frac{1}{-1/2+1} x^{(-1/2)+1}$

$\displaystyle = \frac{6}{5}\sqrt{x^5} - \frac{8}{3}\sqrt{x^3} + 4\sqrt{x}$ （p.35 の基本公式 (1)）

（2） 分子を $x^4 - 1 + 1 = (x^2-1)(x^2+1) + 1$ と変形すると，

$\displaystyle\int \frac{x^4}{1-x^2} dx = \int (-x^2 - 1) dx - \int \frac{1}{-1+x^2} dx = -\frac{x^3}{3} - x - \frac{1}{2}\log\left|\frac{x-1}{x+1}\right|$
(p.35 の基本公式 (4))

（3） $\displaystyle\int \frac{1}{\sqrt{x^2+1}} dx = \log|x + \sqrt{x^2+1}|$ （p.35 の基本公式 (6)）

（4） $\displaystyle\int \frac{4}{\sqrt{2x^2-3}} dx = 2\sqrt{2}\int \frac{dx}{\sqrt{x^2-3/2}} = 2\sqrt{2}\log\left|x + \sqrt{x^2 - \frac{3}{2}}\right|$
(p.35 の基本公式 (6))

（5） $\displaystyle\int \left(\frac{4}{x} - \frac{3}{\sqrt{1-x^2}}\right) dx = 4\log|x| - 3\sin^{-1} x$ （p.35 の基本公式 (2),(5)）

（6） $\displaystyle\int \frac{x^2}{x^2+1} dx = \int \left(1 - \frac{1}{x^2+1}\right) dx = x - \tan^{-1} x$ （p.35 の基本公式 (3)）

（7） $\displaystyle\int \left(\frac{3}{x^2} + \frac{2}{1+x^2}\right) dx = -\frac{3}{x} + 2\tan^{-1} x$ （p.35 の基本公式 (3)）

（8） $\displaystyle\int \left(\cos\frac{x}{2} - \sin\frac{x}{2}\right)^2 dx = \int \left(1 - 2\cos\frac{x}{2}\sin\frac{x}{2}\right) dx$

$\displaystyle = \int (1 - \sin x) dx = x + \cos x$ （p.35 の基本公式 (9)）

（9） 部分分数に分解して積分する．
$\displaystyle\frac{1}{(x-3)(x+2)} = \frac{A}{x-3} + \frac{B}{x+2}$ とおく．これを通分すると分子は $A(x+2) + B(x-3)$ となり，$A(x+2) + B(x-3) = 1$ となるように A, B を定めると，$A = \dfrac{1}{5}, B = -\dfrac{1}{5}$ となる．よって

$\displaystyle I = \int \frac{1}{(x-3)(x+2)} dx = \frac{1}{5}\int \frac{1}{x-3} dx - \frac{1}{5}\int \frac{1}{x+2} dx$

$\displaystyle = \frac{1}{5}\log|x-3| - \frac{1}{5}\log|x+2| = \frac{1}{5}\log\left|\frac{x-3}{x+2}\right|$ （p.35 の基本公式 (2)）

問題 1.2 (1) $\left\{\dfrac{(x-a)^{\alpha+1}}{\alpha+1}\right\}' = (\alpha+1)\cdot\dfrac{(x-a)^{\alpha+1-1}}{\alpha+1} = (x-a)^{\alpha}$

(2) $(\log|x\pm a|)' = \dfrac{(x\pm a)'}{x\pm a} = \dfrac{1}{x\pm a} = (x\pm a)^{-1}$

(3) $\theta = \dfrac{1}{a}\tan^{-1}\dfrac{x}{a}$ とおくと, $a\theta = \tan^{-1}\dfrac{x}{a}$. ゆえに $\dfrac{x}{a} = \tan a\theta$ より

$$x = a\tan a\theta$$

両辺を x で微分すると,

$$1 = a\cdot\dfrac{a}{\cos^2 a\theta}\cdot\dfrac{d\theta}{dx}$$

よって $\dfrac{d\theta}{dx} = \dfrac{\cos^2 a\theta}{a^2} = \dfrac{1}{a^2(1+\tan^2 a\theta)} = \dfrac{1}{a^2+(a\tan a\theta)^2}$

$a\tan a\theta = x$ であるから, これは $\dfrac{1}{x^2+a^2}$ に等しい. したがって, $\dfrac{d\theta}{dx} = \dfrac{1}{x^2+a^2}$.

(4) $\left(\dfrac{1}{2a}\log\left|\dfrac{x-a}{x+a}\right|\right)' = \dfrac{1}{2a}\cdot\left(\dfrac{x-a}{x+a}\right)'\bigg/\left(\dfrac{x-a}{x+a}\right)$

$= \dfrac{1}{2a}\cdot\dfrac{(x+a)-(x-a)}{(x+a)^2}\cdot\dfrac{x+a}{x-a}$

$= \dfrac{1}{2a}\cdot\dfrac{2a}{(x+a)^2}\cdot\dfrac{x+a}{x-a} = \dfrac{1}{x^2-a^2}$

(5) $\theta = \sin^{-1}\dfrac{x}{a}$ とおくと, $\dfrac{x}{a} = \sin\theta$, 両辺を x で微分すると,

$$\dfrac{1}{a} = \cos\theta\dfrac{d\theta}{dx} \quad \text{よって} \quad \dfrac{d\theta}{dx} = \dfrac{1}{a\cos\theta}$$

$\cos\theta = \sqrt{1-\sin^2\theta} = \sqrt{1-\left(\dfrac{x}{a}\right)^2} = \sqrt{\dfrac{a^2-x^2}{a^2}}$ であるから,

$$\dfrac{d\theta}{dx} = \dfrac{1}{a\cdot\sqrt{\dfrac{a^2-x^2}{a^2}}} = \dfrac{1}{\sqrt{a^2-x^2}}$$

(6) $(\log|x+\sqrt{x^2+a}|)' = \dfrac{1+\dfrac{1}{2}(x^2+a)^{-1/2}\cdot 2x}{x+\sqrt{x^2+a}}$

$= \dfrac{\sqrt{x^2+a}+x}{\sqrt{x^2+a}} \times \dfrac{1}{x+\sqrt{x^2+a}}$

$= \dfrac{1}{\sqrt{x^2+a}}$

(7) $\left(\sin^{-1}\dfrac{x}{a}\right)' = \dfrac{1}{\sqrt{a^2-x^2}}$ を利用して，

$$\left\{\dfrac{1}{2}\left(x\sqrt{a^2-x^2} + a^2\sin^{-1}\dfrac{x}{a}\right)\right\}'$$

$$= \dfrac{1}{2}\left\{\sqrt{a^2-x^2} + x\cdot\dfrac{1}{2}\cdot(a^2-x^2)^{-1/2}(-2x) + a^2\cdot\dfrac{1}{\sqrt{a^2-x^2}}\right\}$$

$$= \dfrac{1}{2}\cdot\dfrac{a^2-x^2-x^2+a^2}{\sqrt{a^2-x^2}} = \dfrac{1}{2}\cdot\dfrac{2(a^2-x^2)}{\sqrt{a^2-x^2}} = \sqrt{a^2-x^2}$$

(8) $\left(\dfrac{1}{2}\{x\sqrt{x^2\pm a^2} \pm a^2\log(x+\sqrt{x^2\pm a^2})\}\right)'$

$$= \dfrac{1}{2}\left(\sqrt{x^2\pm a^2} + \dfrac{1}{2}\cdot\dfrac{1}{\sqrt{x^2\pm a^2}}\cdot 2x\cdot x \pm a^2\cdot\dfrac{1+\dfrac{1}{2}\cdot\dfrac{1}{\sqrt{x^2\pm a^2}}\cdot 2x}{x+\sqrt{x^2\pm a^2}}\right)$$

$$= \dfrac{1}{2}\left(\sqrt{x^2\pm a^2} + \dfrac{x^2}{\sqrt{x^2\pm a^2}} \pm a^2\cdot\dfrac{1+\dfrac{x}{\sqrt{x^2\pm a^2}}}{x+\sqrt{x^2\pm a^2}}\right)$$

$$= \dfrac{1}{2}\left(\sqrt{x^2\pm a^2} + \dfrac{x^2}{\sqrt{x^2\pm a^2}} \pm a^2\cdot\dfrac{\sqrt{x^2\pm a^2}+x}{\sqrt{x^2\pm a^2}}\cdot\dfrac{1}{x+\sqrt{x^2\pm a^2}}\right)$$

$$= \dfrac{1}{2}\left(\dfrac{x^2\pm a^2 + x^2 \pm a^2}{\sqrt{x^2\pm a^2}}\right) = \sqrt{x^2\pm a^2}$$

(9) $(-\cos x)' = -(-\sin x) = \sin x$

(10) $(\sin x)' = \cos x$

(11) $(\tan x)' = \dfrac{1}{\cos^2 x} = \sec^2 x$

(12) $(-\cot x)' = \left(-\dfrac{1}{\tan x}\right)' = \dfrac{1}{\tan^2 x}\cdot\dfrac{1}{\cos^2 x} = \dfrac{\cos^2 x}{\sin^2 x}\cdot\dfrac{1}{\cos^2 x} = \dfrac{1}{\sin^2 x}$

(13) $(-\log|\cos x|)' = -\dfrac{1}{\cos x}\cdot(-\sin x) = \tan x$

(14) $(\log|\sin x|)' = \dfrac{1}{\sin x}\cdot\cos x = \dfrac{1}{\tan x} = \cot x$

(15) $\left(\log\left|\tan\left(\dfrac{x}{2}+\dfrac{\pi}{4}\right)\right|\right)' = \dfrac{1}{\tan(x/2+\pi/4)}\cdot\dfrac{1}{\cos^2(x/2+\pi/4)}\cdot\dfrac{1}{2}$

$$= \dfrac{1}{2\sin(x/2+\pi/4)\cdot\cos(x/2+\pi/4)}$$

ここで，

$$\text{分母} = 2 \cdot \frac{1}{\sqrt{2}} \left(\sin \frac{x}{2} + \cos \frac{x}{2} \right) \cdot \frac{1}{\sqrt{2}} \left(\cos \frac{x}{2} - \sin \frac{x}{2} \right)$$

$$= \cos^2 \frac{x}{2} - \sin^2 \frac{x}{2} = \frac{1 + \cos x}{2} - \frac{1 - \cos x}{2} = \cos x$$

ゆえに, $\left(\log \left| \tan \left(\frac{x}{2} + \frac{\pi}{4} \right) \right| \right)' = \frac{1}{\cos x} = \sec x.$

(16) $\left(\log \left| \tan \frac{x}{2} \right| \right)' = \frac{1}{\tan(x/2)} \cdot \frac{1}{\cos^2(x/2)} \cdot \frac{1}{2} = \frac{1}{2 \sin(x/2) \cos(x/2)}$

$$= \frac{1}{\sin x} = \operatorname{cosec} x$$

(17) $(e^x)' = e^x$

(18) $y = \frac{1}{m \log a} \cdot a^{mx}$ とおくと, $(m \log a) y = a^{mx}$.

両辺の対数をとると, $\log(my \log a) = \log a^{mx} = mx \log a$.

両辺を x で微分すれば, $\dfrac{1}{my \log a} \cdot m \log a \cdot \dfrac{dy}{dx} = m \log a$.

ゆえに, $\dfrac{dy}{dx} = m \log a \times y = m \log a \times \dfrac{1}{m \log a} \times a^{mx} = a^{mx}.$

問題 2.1 (1) $e^x = t$ すなわち $x = \log t$ とおくと

$$\frac{1}{e^x + e^{-x}} = \frac{1}{t + t^{-1}} = \frac{t}{t^2 + 1}, \quad dx = \frac{dt}{t}$$

よって, $\displaystyle\int \frac{1}{e^x + e^{-x}} dx = \int \frac{t}{t^2 + 1} \frac{dt}{t} = \int \frac{1}{t^2 + 1} dt = \tan^{-1} t = \tan^{-1} e^x$

(2) $x^2 = t$ とおくと, $2x \, dx = dt$. よって

$$\int \frac{3x}{\sqrt{1 - x^4}} dx = \frac{3}{2} \int \frac{dt}{\sqrt{1 - t^2}} = \frac{3}{2} \sin^{-1} t = \frac{3}{2} \sin^{-1} x^2$$

(3) $x^3 = t$ とおくと, $3x^2 dx = dt$. よって

$$\int \frac{x^2}{x^6 - 1} dx = \frac{1}{3} \int \frac{dt}{t^2 - 1} = \frac{1}{3} \times \frac{1}{2} \log \left| \frac{t - 1}{t + 1} \right| = \frac{1}{6} \log \left| \frac{x^3 - 1}{x^3 + 1} \right|$$

(4) $x = a \tan t \left(-\dfrac{\pi}{2} < t < \dfrac{\pi}{2} \right)$ とおくと,

$$t = \tan^{-1} \frac{x}{a}, \quad dx = a \sec^2 t \, dt, \quad (a^2 + x^2)^{3/2} = a^3 \sec^3 t$$

であるので,

$$I = \int \frac{1}{(a^2 + x^2)^{2/3}} dx = \int \frac{1}{a^3 \sec^3 t} \cdot a \sec^2 t \, dt = \frac{1}{a^2} \int \cos t \, dt = \frac{1}{a^2} \sin t$$

これを x で表すためにつぎのような計算をするが, 定積分のときは不要となるので省いてもよい.

$a^2 + x^2 = \dfrac{a^2}{\cos^2 t}$ であるのでこれの逆数 $\dfrac{1}{a^2+x^2} = \dfrac{\cos^2 t}{a^2}$ を求め,$1 - \dfrac{a^2}{a^2+x^2} = 1 - \cos^2 t$ とし,計算すると $\dfrac{x^2}{a^2+x^2} = \sin^2 t$ となる.ゆえに $\dfrac{x}{\sqrt{a^2+x^2}} = \sin t$. よって求める積分は,$I = \dfrac{1}{a^2} \dfrac{x}{\sqrt{a^2+x^2}}$.

問題 2.2 (1) x^2 を微分する方,$\cos x$ を積分する方と考えて部分積分法 (p.36 の公式 (21)) を用いると,

$$\int x^2 \cos x\, dx = x^2 \sin x - \int (2x) \sin x\, dx$$

(もう一回部分積分法を用いて)

$$= x^2 \sin x - \left\{ 2x(-\cos x) + 2 \int \cos x\, dx \right\}$$

$$= x^2 \sin x + 2x \cos x - 2 \sin x$$

(2) $\displaystyle \int \dfrac{x}{(1-x^2)^{3/2}}\, dx = (1-x^2)^{-1/2}$ であるので,

$$I = \int \dfrac{x^2}{(1-x^2)^{3/2}}\, dx = \int x \cdot \dfrac{x}{(1-x^2)^{3/2}}\, dx$$

と考えて,x を微分する方,$\dfrac{x}{(1-x^2)^{3/2}}$ を積分する方と考えて,部分積分法 (p.36 の公式 (21)) を用いる.

$$I = x(1-x^2)^{-1/2} - \int (1-x^2)^{-1/2} dx = \dfrac{x}{\sqrt{1-x^2}} - \sin^{-1} x$$

(3) $(\sin^{-1} x)' = \dfrac{1}{\sqrt{1-x^2}}$ (p.17 の公式 (12) より)

x を積分する方,$\sin^{-1} x$ を微分する方と考えて部分積分法 (p.36 の公式 (21)) により

$$I = \int x \sin^{-1} x\, dx = \dfrac{x^2}{2} \sin^{-1} x - \dfrac{1}{2} \int x^2 \dfrac{1}{\sqrt{1-x^2}}\, dx$$

$$= \dfrac{x^2}{2} \sin^{-1} x - \dfrac{1}{2} \int \dfrac{1-(1-x^2)}{\sqrt{1-x^2}}\, dx$$

$$= \dfrac{x^2}{2} \sin^{-1} x - \dfrac{1}{2} \int \dfrac{1}{\sqrt{1-x^2}} + \dfrac{1}{2} \int \sqrt{1-x^2}\, dx$$

(p.35 の公式 (5) および (7) により)

$$= \dfrac{1}{2} x^2 \sin^{-1} x - \dfrac{1}{2} \sin^{-1} x + \dfrac{1}{4}(x\sqrt{1-x^2} + \sin^{-1} x)$$

$$= \dfrac{1}{2} x^2 \sin^{-1} x - \dfrac{1}{4} \sin^{-1} x + \dfrac{1}{4} x\sqrt{1-x^2}$$

(4) つぎのように書きかえて，部分積分法 (p.36 の公式 (21)) を用いる．
$$I = \int x^3\sqrt{1-x^2}\,dx = \int x^2 \cdot (x\sqrt{1-x^2})\,dx$$
$\left(-\dfrac{1}{3}(1-x^2)^{3/2}\right)' = x\sqrt{1-x^2}$ であるので，x^2 を微分する方，$x\sqrt{1-x^2}$ を積分する方と考える．

$$I = -\dfrac{x^2}{3}(1-x^2)^{3/2} + \dfrac{2}{3}\int x(1-x^2)^{3/2}dx$$
$$= -\dfrac{x^2}{3}(1-x^2)^{3/2} - \dfrac{2}{15}(1-x^2)^{5/2} \quad \left(\because\ \left(-\dfrac{1}{5}(1-x^2)^{5/2}\right)' = x(1-x^2)^{3/2}\right)$$

問題 3.1 (1) 分母より分子の次数が高いので $x^5 + x^4 - 8$ を $x^3 - 4x$ で割って
$$\dfrac{x^5 + x^4 - 8}{x^3 - 4x} = x^2 + x + 4 + \dfrac{4x^2 + 16x - 8}{x^3 - 4x}$$
を得る．部分分数に分解するために，
$$\dfrac{4x^2 + 16x - 8}{x^3 - 4x} = \dfrac{4x^2 + 16x - 8}{x(x-2)(x+2)} = \dfrac{A}{x} + \dfrac{B}{x-2} + \dfrac{C}{x+2}$$
とおいて分母を払うと
$$4x^2 + 16x - 8 = A(x-2)(x+2) + Bx(x+2) + Cx(x-2)$$
これは恒等式であるので x の値は何であっても成立する．そこで

$x = 0$ とおくと $-8 = A(-2)(+2)$ $A = 2$
$x = 2$ とおくと $40 = B \times 2 \times 4$ $B = 5$
$x = -2$ とおくと $-24 = C(-2)(-4)$ $C = -3$

$$\int \dfrac{x^5 + x^4 - 8}{x^3 - 4x}\,dx = \int \left(x^2 + x + 4 + \dfrac{2}{x} + \dfrac{5}{x-2} + \dfrac{-3}{x+2}\right)dx$$
$$= \dfrac{x^3}{3} + \dfrac{x^2}{2} + 4x + 2\log|x| + 5\log|x-2| - 3\log|x+2|$$
$$= \dfrac{1}{3}x^3 + \dfrac{1}{2}x^2 + 4x + \log\left|\dfrac{x^2(x-2)^5}{(x+2)^3}\right|$$

(2) $\dfrac{x^3 + 1}{x(x-1)^3}$ を部分分数に分解する．
$$\dfrac{x^3 + 1}{x(x-1)^3} = \dfrac{A}{x} + \dfrac{B}{x-1} + \dfrac{C}{(x-1)^2} + \dfrac{D}{(x-1)^3}\ \ とおく．$$
$$x^3 + 1 = A(x-1)^3 + Bx(x-1)^2 + Cx(x-1) + Dx$$

$x = 0$ とおくと，$1 = -A$．よって $A = -1$．$x = 1$ とおくと，$2 = D$．よって $D = 2$．
$x = -1$ とおくと，

$$0 = -8A - 4B + 2C - D$$

$x = 2$ とおくと,
$$9 = A + 2B + 2C + 2D$$
これを解いて, $A = -1, B = 2, C = 1, D = 2$. よって
$$I = \int \frac{x^3 + 1}{x(x-1)^3} dx = \int \left(\frac{-1}{x} + \frac{2}{x-1} + \frac{1}{(x-1)^2} + \frac{2}{(x-1)^3} \right) dx$$
$$= \log \frac{(x-1)^2}{|x|} - \frac{1}{x-1} - \frac{1}{(x-1)^2}$$

問題 4.1 （1） $\dfrac{1}{x^3 + 1} = \dfrac{1}{(x+1)(x^2 - x + 1)}$ を部分分数に分解する.
$$\frac{1}{(x+1)(x^2 - x + 1)} = \frac{A}{x+1} + \frac{Bx + C}{x^2 - x + 1}$$
とおくと,
$$1 = A(x^2 - x + 1) + (Bx + C)(x + 1)$$
x^2 の係数を比較すると $A + B = 0$, x の係数を比較すると $-A + B + C = 0$. 定数項を比較すると $A + C = 1$. これを解いて, $A = \dfrac{1}{3}, B = -\dfrac{1}{3}, C = \dfrac{2}{3}$. よって
$$I = \int \frac{1}{x^3 + 1} dx = \frac{1}{3} \int \left(\frac{1}{x+1} + \frac{-x + 2}{x^2 - x + 1} \right) dx$$
$$= \frac{1}{3} \left\{ \int \frac{dx}{x+1} - \frac{1}{2} \int \left(\frac{2x - 1}{x^2 - x + 1} - \frac{3}{x^2 - x + 1} \right) dx \right\}$$
$$= \frac{1}{3} \log |x + 1| - \frac{1}{6} \log |x^2 - x + 1| + \frac{1}{2} \int \frac{dx}{(x - 1/2)^2 + (\sqrt{3}/2)^2}$$
$$= \frac{1}{3} \log |x + 1| - \frac{1}{6} \log |x^2 - x + 1| + \frac{1}{\sqrt{3}} \tan^{-1} \frac{2x - 1}{\sqrt{3}}$$

（2） $\dfrac{x^2}{x^4 + x^2 - 2} = \dfrac{x^2}{(x^2 + 2)(x^2 - 1)} = \dfrac{1}{3} \left(\dfrac{2}{x^2 + 2} + \dfrac{1}{x^2 - 1} \right)$

このように "目の子" で部分分数に分解できるときは, この方が便利である.
$$\int \frac{x^2}{x^4 + x^2 - 2} dx = \frac{2}{3} \int \frac{dx}{x^2 + 2} + \frac{1}{3} \int \frac{dx}{x^2 - 1} = \frac{2}{3} \cdot \frac{1}{\sqrt{2}} \tan^{-1} \frac{x}{\sqrt{2}} + \frac{1}{6} \log \left| \frac{x - 1}{x + 1} \right|$$
$$= \frac{\sqrt{2}}{3} \tan^{-1} \frac{x}{\sqrt{2}} + \frac{1}{6} \log \left| \frac{x - 1}{x + 1} \right|$$

問題 5.1 （1） $\tan \dfrac{x}{2} = t$ とおくと, $dx = \dfrac{2}{1 + t^2} dt$, $\cos x = \dfrac{1 - t^2}{1 + t^2}$, $\sin x = \dfrac{2t}{1 + t^2}$ となる. よって,

$$\int \frac{1+\sin x}{\sin x(1+\cos x)}\,dx = \int \frac{1+\dfrac{2t}{1+t^2}}{\dfrac{2t}{1+t^2}\left(1+\dfrac{1-t^2}{1+t^2}\right)} \cdot \frac{2}{1+t^2}\,dt$$

$$= \int \frac{1+t^2+2t}{2t}\,dt = \frac{1}{2}\int \left(\frac{1}{t}+t+2\right)dt$$

$$= \frac{1}{2}\left(\log|t| + \frac{1}{2}t^2 + 2t\right)$$

$$= \frac{1}{2}\log\left|\tan\frac{x}{2}\right| + \frac{1}{4}\tan^2\frac{x}{2} + \tan\frac{x}{2}$$

(2) $\tan\dfrac{x}{2} = t$ とおけば,

$$I = \int \frac{1-2\cos x}{5-4\cos x}\,dx = \int \frac{1-2(1-t^2)/(1+t^2)}{5-4(1-t^2)/(1+t^2)} \cdot \frac{2}{1+t^2}\,dt$$

$$= \int \frac{-1+3t^2}{1+9t^2} \cdot \frac{2}{1+t^2}\,dt$$

$$= \int \left(\frac{-3}{1+9t^2} + \frac{1}{1+t^2}\right)dt$$

$$= -\tan^{-1}3t + \tan^{-1}t = -\tan^{-1}\left(3\tan\frac{x}{2}\right) + \frac{x}{2}$$

(3) $\tan\dfrac{x}{2} = t$ とおいてもできるが, つぎのようにしてもよい.
分母, 分子に $1-\sin x$ をかけると,

$$I = \int \frac{1-\sin x}{(1+\sin x)(1-\sin x)}\,dx = \int \frac{1-\sin x}{1-\sin^2 x}\,dx = \int \frac{1-\sin x}{\cos^2 x}\,dx$$

$$= \int (\sec^2 x - \tan x\ \sec x)\,dx = \tan x - \sec x$$

(4) p.41 の漸化式 (3) より

$$I = \int \sin^4 x\ \cos^2 x\,dx = \frac{1}{6}\sin^5 x\ \cos x + \frac{1}{6}\int \sin^4 x\,dx$$

ここで p.41 の漸化式 (4) より

$$\int \sin^4 x\,dx = -\frac{1}{4}\sin^3 x\ \cos x + \frac{3}{4}\int \sin^2 x\,dx$$

$$= -\frac{1}{4}\sin^3 x\ \cos x + \frac{3}{4}\left(-\frac{1}{2}\sin x\ \cos x + \frac{1}{2}x\right)$$

よって, $I = \dfrac{1}{6}\left(\sin^5 x\ \cos x - \dfrac{1}{4}\sin^3 x\ \cos x - \dfrac{3}{8}\sin x\ \cos x + \dfrac{3}{8}x\right)$

(5) $\tan x = \dfrac{t}{2}$ とおいてもよいが，$\sin x = t$ とおけば簡単にできる．すなわち，$\cos x\,dx = dt$ であるので，

$$\int \frac{\sin^2 x}{\cos^3 x}\,dx = \int \frac{\sin^2 x\ \cos x}{(1-\sin^2 x)^2}\,dx = \int \frac{t^2}{(1-t^2)^2}\,dt$$

となる．ここで，

$$\frac{t^2}{(1-t^2)^2} = \frac{t^2}{(1+t)^2(1-t)^2} = \frac{A}{(1+t)^2} + \frac{B}{1+t} + \frac{C}{(1-t)^2} + \frac{D}{1-t}$$

とおき，A, B, C, D を求める．

$$A(1-t)^2 + B(1+t)(1-t)^2 + C(1+t)^2 + D(1-t)(1+t)^2 = t^2$$

$t=1$ とすると，$C = 1/4$．$t = -1$ とすると，$A = 1/4$．$t=0$ とすると，$A+B+C+D = 0$．$t = 2$ とすると，$A + 3B + 9C - 9D = 4$ となる．これらから，A, B, C, D を求めると，$A = \dfrac{1}{4},\ B = -\dfrac{1}{4},\ C = \dfrac{1}{4},\ D = -\dfrac{1}{4}$ となる．

よって，求める積分は，

$$\int \frac{t^2}{(1-t^2)^2}\,dt = \frac{1}{4}\int \left\{\frac{1}{(1+t)^2} - \frac{1}{1+t} + \frac{1}{(1-t)^2} - \frac{1}{1-t}\right\}\,dt$$

$$= \frac{1}{4}\left(-\frac{1}{1+t} - \log|1+t| + \frac{1}{1-t} + \log|1-t|\right)$$

$$= \frac{1}{4}\left(\frac{2t}{1-t^2} + \log\left|\frac{1-t}{1+t}\right|\right) = \frac{1}{4}\left(\frac{2\sin x}{\cos^2 x} + \log\left|\frac{1-\sin x}{1+\sin x}\right|\right)$$

(6) $\displaystyle \int \cos^2 x\,dx = \int \frac{1}{2}(1+\cos 2x)\,dx = \frac{1}{2}x + \frac{1}{4}\sin 2x$

問題 6.1 (1) $\sqrt[3]{1+x} = t$ とおくと，$1 + x = t^3$ であるので，$x = t^3 - 1$．よって $dx = 3t^2\,dt$．

$$\int \frac{1}{1+\sqrt[3]{1+x}}\,dx = \int \frac{1}{1+t}\cdot 3t^2\,dt = 3\int \left\{(t-1) + \frac{1}{1+t}\right\}\,dt$$

$$= 3\left(\frac{t^2}{2} - t + \log|1+t|\right)$$

$$= \frac{3}{2}(1+x)^{2/3} - 3(1+x)^{1/3} + 3\log|1+(1+x)^{1/3}|$$

(2) $\sqrt{1-x} = t$ とおくと，$x = 1 - t^2$, $dx = -2t\,dt$．よって

$$I = \int \frac{1}{(1-t^2)\cdot t}(-2t)\,dt = \int \frac{-2}{1-t^2}\,dt = 2\int \frac{1}{t^2-1}\,dt$$

$$= 2\cdot \frac{1}{2}\log\left|\frac{t-1}{t+1}\right| = \log\left|\frac{\sqrt{1-x}-1}{\sqrt{1-x}+1}\right|$$

(3) $\sqrt{\dfrac{x-1}{x+1}} = t$ とおくと, $x = \dfrac{1+t^2}{1-t^2}, dx = \dfrac{4t}{(1-t^2)^2} dt$.

したがって, $\displaystyle\int \sqrt{\dfrac{x-1}{x+1}} dx = \int t \dfrac{4t}{(1-t^2)^2} dt$.

ところが被積分関数を部分分数に分解すると,

$$\dfrac{4t^2}{(1-t^2)^2} = \dfrac{-1}{1+t} + \dfrac{1}{(1+t)^2} + \dfrac{-1}{1-t} + \dfrac{1}{(1-t)^2}$$

であるから

$$\int \dfrac{4t^2}{(1-t^2)^2} dt = -\log|1+t| - \dfrac{1}{1+t} + \log|1-t| + \dfrac{1}{1-t}$$

$$= \log\left|\dfrac{1-t}{1+t}\right| + \dfrac{2t}{1-t^2}$$

変数を x にもどして

$$= \log|x - \sqrt{x^2-1}| + \sqrt{x^2-1}$$

(4) $\sqrt[4]{x} = t$ とおくと, $x = t^4, dx = 4t^3 dt$. よって

$$I = 4\int \dfrac{t}{1+t^2} t^3 dt = 4\int \left((t^2-1) + \dfrac{1}{t^2+1}\right) dt$$

$$= 4\left(\dfrac{t^3}{3} - t + \tan^{-1} t\right) = \dfrac{4}{3}\sqrt[4]{x^3} - 4\sqrt[4]{x} + 4\tan^{-1}\sqrt[4]{x}$$

(5) $\sqrt{\dfrac{x+1}{x+2}} = t$ とおくと $\dfrac{x+1}{x+2} = t^2$. よって $x = \dfrac{2t^2-1}{1-t^2} = \dfrac{1}{1-t^2} - 2$. したがって

$$x+3 = \dfrac{1}{1-t^2} + 1 = \dfrac{2-t^2}{1-t^2}, \quad dx = \dfrac{2t}{(1-t^2)^2} dt$$

$$\therefore \int \dfrac{1}{x+3}\sqrt{\dfrac{x+1}{x+2}} dx = \int \dfrac{1-t^2}{2-t^2} t \dfrac{2t}{(1-t^2)^2} dt = \int \dfrac{2t^2}{(2-t^2)(1-t^2)} dt$$

$$= 2\int \left(\dfrac{2}{t^2-2} - \dfrac{1}{t^2-1}\right) dt$$

$$= 2\left(\dfrac{2}{2\sqrt{2}} \log\left|\dfrac{t-\sqrt{2}}{t+\sqrt{2}}\right| - \dfrac{1}{2}\log\left|\dfrac{t-1}{t+1}\right|\right)$$

$$= \sqrt{2}\log\left|\dfrac{\sqrt{(x+1)/(x+2)} - \sqrt{2}}{\sqrt{(x+1)/(x+2)} + \sqrt{2}}\right| - \log\left|\dfrac{\sqrt{(x+1)/(x+2)} - 1}{\sqrt{(x+1)/(x+2)} + 1}\right|$$

注意 $\dfrac{2t^2}{(2-t^2)(1-t^2)}$ を部分分数に分解するとき, 分母にも分子にも t^2 しかないことに

注目し「視察」により $2\left(\dfrac{2}{t^2-2} - \dfrac{1}{t^2-1}\right)$ とわかればよいが，わからないときはつぎのようにすればよい．

$t^2 = u$ とおくと，$\dfrac{2t^2}{(2-t^2)(1-t^2)} = \dfrac{2u}{(2-u)(1-u)}$ となり，

$$\dfrac{2u}{(2-u)(1-u)} = \dfrac{A}{2-u} + \dfrac{B}{1-u} = \dfrac{-(A+B)u + (A+2B)}{(2-u)(1-u)}$$

これにより，$-A - B = 2, A + 2B = 0$ を解くと，$A = -4, B = 2$ となる．

問題 7.1 （1） p.41 の (7) (i) を用いる．
$2 + x - x^2 = (x+1)(2-x)$ であるから，

$$\sqrt{\dfrac{x+1}{2-x}} = t \text{ とおくと，} x+1 = (2-x)t^2 \text{ よって，} x = \dfrac{2t^2-1}{t^2+1}$$

$$x - 1 = \dfrac{2t^2-1}{t^2+1} - 1 = \dfrac{t^2-2}{t^2+1}, \quad dx = \dfrac{6t}{(t^2+1)^2}\, dt$$

$$\sqrt{2+x-x^2} = (2-x)\sqrt{\dfrac{x+1}{2-x}} = \left(2 - \dfrac{2t^2-1}{t^2+1}\right)t = \dfrac{3t}{t^2+1}$$

したがって

$$\int \dfrac{dx}{(x-1)\sqrt{2+x-x^2}} = \int \dfrac{t^2+1}{t^2-2} \cdot \dfrac{t^2+1}{3t} \cdot \dfrac{6t}{(t^2+1)^2}\, dt$$

$$= \int \dfrac{2}{t^2-2}\, dt = 2 \cdot \dfrac{1}{2\sqrt{2}} \log\left|\dfrac{t-\sqrt{2}}{t+\sqrt{2}}\right|$$

$$= \dfrac{1}{\sqrt{2}} \log\left|\dfrac{\sqrt{x+1} - \sqrt{2}\sqrt{2-x}}{\sqrt{x+1} + \sqrt{2}\sqrt{2-x}}\right|$$

（2） p.41 の (7) (i) を用いる．
$\sqrt{x^2+4x} = t - x$ とおく．

$$x = \dfrac{1}{2}\dfrac{t^2}{t+2}, \quad \sqrt{x^2+4x} = t - x = \dfrac{t^2+4t}{2(t+2)}, \quad \dfrac{dx}{dt} = \dfrac{t^2+4t}{2(t+2)^2}$$

よって，$I = \displaystyle\int \dfrac{\sqrt{x^2+4x}}{x^2}\, dx = \int \dfrac{(t+4)^2}{t^2(t+2)}\, dt$

いま，$\dfrac{(t+4)^2}{t^2(t+2)}$ を部分分数に分解すると $\dfrac{(t+4)^2}{t^2(t+2)} = \dfrac{8}{t^2} + \dfrac{1}{t+2}$ となるので，

$$= \int \dfrac{8}{t^2}\, dt + \int \dfrac{1}{t+2}\, dt = -8\dfrac{1}{t} + \log|t+2|$$

$$= \dfrac{-8}{\sqrt{x^2+4x}+x} + \log|\sqrt{x^2+4x}+x+2|$$

(3) $x + \sqrt{2+x^2} = t$ とおくと,
$$\sqrt{2+x^2} = t - x, \quad x = \frac{t^2 - 2}{2t}, \quad \frac{dx}{dt} = \frac{t^2 + 2}{2t^2}$$

$$I = \int \sqrt{x + \sqrt{2+x^2}}\, dx = \frac{1}{2}\int \sqrt{t}\left(1 + \frac{2}{t^2}\right) dt$$
$$= \frac{1}{2}\left(\int \sqrt{t}\, dt + 2\int t^{-3/2}\, dt\right)$$
$$= \frac{1}{3}t^{3/2} - 2t^{-1/2} = \frac{t^2 - 6}{3\sqrt{t}} = \frac{x^2 + 2 + x^2 + 2x\sqrt{2+x^2} - 6}{3\sqrt{x + \sqrt{x^2+2}}}$$
$$= \frac{2x^2 + 2x\sqrt{2+x^2} - 4}{3\sqrt{x + \sqrt{x^2+2}}}$$

問題 8.1 (1) $e^x = t$ とおくと, $x = \log t$, $dx = \frac{1}{t}\, dt$.

$$\int \frac{1}{e^{2x} - 2e^x}\, dx = \int \frac{1}{t^2 - 2t}\cdot \frac{1}{t}\, dt = \int \frac{dt}{t^2(t-2)}$$
$$= \frac{1}{4}\int \left(\frac{1}{t-2} - \frac{1}{t} - \frac{2}{t^2}\right) dt = \frac{1}{4}\log\left|\frac{t-2}{t}\right| + \frac{1}{2t}$$
$$= \frac{1}{4}\log\left|\frac{e^x - 2}{e^x}\right| + \frac{1}{2e^x}$$

(2) $e^x = t$ とおくと, $x = \log t$, $dx = \frac{1}{t}\, dt$.

$$I = \int \frac{dx}{(e^x + e^{-x})^4} = \int \frac{1}{(t + 1/t)^4}\frac{1}{t}\, dt = \int \frac{t^4}{(t^2+1)^4}\frac{1}{t}\, dt = \int \frac{t^3}{(t^2+1)^4}\, dt$$

さらに, $1 + t^2 = z$ とおくと, $2t\, dt = dz$.

$$I = \int \frac{z-1}{z^4}\cdot \frac{1}{2}\, dz = \frac{1}{2}\int \left(\frac{1}{z^3} - \frac{1}{z^4}\right) dz = \frac{1}{2}\left(-\frac{1}{2z^2} + \frac{1}{3z^3}\right)$$

変数を x にもどして,

$$= \frac{1}{2}\left\{\frac{1}{3(e^{2x}+1)^3} - \frac{1}{2(e^{2x}+1)}\right\}$$

(3) $\sqrt{e^{3x} + 4} = t$ とおくと, $e^{3x} + 4 = t^2$, $e^{3x} = t^2 - 4$, $3e^{3x}dx = 2t\, dt$.

$$I = \int \frac{dx}{\sqrt{e^{3x}+4}} = \int \frac{1}{t}\cdot \frac{2t}{3e^{3x}}\, dt = \frac{2}{3}\int \frac{1}{t^2 - 4}\, dt$$
$$= \frac{2}{3}\cdot \frac{1}{4}\log\left|\frac{t-2}{t+2}\right| = \frac{1}{6}\log\left|\frac{\sqrt{e^{3x}+4} - 2}{\sqrt{e^{3x}+4} + 2}\right|$$

(4) $e^x = t$ とおくと $x = \log t$, $dx = \dfrac{1}{t}dt$.

$$I = \int \frac{e^{2x}}{\sqrt[4]{e^x+1}}\,dx = \int \frac{t^2}{\sqrt[4]{t+1}}\frac{1}{t}\,dt = \int \frac{t}{\sqrt[4]{t+1}}\,dt = \int t\cdot(t+1)^{-1/4}\,dt$$

$$= t\cdot\frac{4}{3}(t+1)^{3/4} - \frac{4}{3}\int (t+1)^{3/4}\,dt = \frac{4}{3}t(t+1)^{3/4} - \frac{4}{3}\cdot\frac{4}{7}(t+1)^{7/4}$$

$$= \frac{4}{3}(e^x+1)^{3/4}\left\{e^x - \frac{4}{7}(e^x+1)\right\} = \frac{4}{21}(e^x+1)^{3/4}(3e^x-4)$$

(5) $\log(1+x) = t$ とおくと $e^t = 1+x$, $dx = e^t dt$.

$$\int \frac{\log(1+x)}{\sqrt{1+x}}\,dx = \int \frac{t}{e^{t/2}}e^t\,dt = \int te^{t/2}\,dt = 2te^{t/2} - 2\int e^{t/2}\,dt$$

$$= 2te^{t/2} - 4e^{t/2} = 2\sqrt{1+x}\{\log(1+x)-2\}$$

(6) $\log x = t$ とおくと, $x = e^t$, $dx = e^t dt$.

$$I = \int x(\log x)^2\,dx = \int t^2 e^t \cdot e^t\,dt = \int t^2\cdot e^{2t}\,dt = t^2\frac{1}{2}e^{2t} - \frac{1}{2}\int 2t\cdot e^{2t}\,dt$$

$$= \frac{1}{2}t^2 e^{2t} - \left(t\cdot\frac{1}{2}e^{2t} - \frac{1}{2}\int e^{2t}\,dt\right) = \frac{1}{2}t^2 e^{2t} - \frac{1}{2}te^{2t} + \frac{1}{4}e^{2t}$$

$$= \frac{1}{4}e^{2t}(2t^2 - 2t + 1) = \frac{1}{4}x^2\left\{2(\log x)^2 - 2\log x + 1\right\}$$

(7) $1 + \log x = t$ とおくと, $\dfrac{1}{x}\,dx = dt$. よって

$$I = \int \frac{\sqrt{1+\log x}}{x}\,dx = \int t^{1/2}\,dt = \frac{1}{1/2+1}t^{1/2+1} = \frac{2}{3}t^{3/2} = \frac{2}{3}\sqrt{(1+\log x)^3}$$

問題 8.2 (1) $4x - x^2 = 4 - (x-2)^2$ であるから $x-2 = t$ とおくと $x = t+2$, $dx = dt$. ゆえに

$$I = \int \frac{x^2}{\sqrt{4x-x^2}}\,dx = \int \frac{(t+2)^2}{\sqrt{4-t^2}}\,dt = \int \frac{-(4-t^2)+4t+8}{\sqrt{4-t^2}}\,dt$$

$$= -\int \sqrt{4-t^2}\,dt - 2\int \frac{-2t}{\sqrt{4-t^2}}\,dt + 8\int \frac{1}{\sqrt{4-t^2}}\,dt$$

$$= -\frac{1}{2}\left(t\sqrt{4-t^2} + 4\sin^{-1}\frac{t}{2}\right) - 4\sqrt{4-t^2} + 8\sin^{-1}\frac{t}{2}$$

$$= \frac{3}{2}\cdot 4\sin^{-1}\frac{t}{2} - \frac{1}{2}\sqrt{4-t^2}(t+8) = 6\sin^{-1}\frac{x-2}{2} - \frac{1}{2}(x+6)\sqrt{4x-x^2}$$

(2) $x = \sec\theta\left(0 < \theta < \dfrac{\pi}{2}\right)$ とおくと, $\tan\theta > 0$ で,

$$\sqrt{x^2-1} = \tan\theta, \quad dx = \sec\theta\tan\theta\,d\theta$$

ゆえに，
$$I = \int \frac{1}{x^2(x^2-1)^{3/2}}\,dx = \int \frac{\sec\theta\,\tan\theta}{\sec^2\theta(\tan\theta)^3}\,d\theta = \int \frac{1}{\sec\theta\,\tan^2\theta}\,d\theta = \int \frac{\cos^3\theta}{\sin^2\theta}\,d\theta$$

ここで $\sin\theta = t$ とおくと $\cos\theta\,d\theta = dt$ であるから，
$$I = \int \left(\frac{1}{t^2} - 1\right)dt = -\frac{1}{t} - t = -\frac{1}{\sin\theta} - \sin\theta$$

$\sin\theta$ は x と同符号をもち，$\sin\theta = \dfrac{\sqrt{x^2-1}}{x}$ である．よって
$$I = -\frac{2x^2-1}{x\sqrt{x^2-1}}$$

(3) $x = \tan\theta$ とおくと，$\dfrac{dx}{d\theta} = \sec^2\theta$, $x^2 + 1 = \tan^2\theta + 1 = \sec^2\theta$.

$$I = \int \frac{dx}{(1-x^2)\sqrt{x^2+1}} = \int \frac{\sec^2\theta\,d\theta}{(1-\tan^2\theta)\sec\theta} = \int \frac{\sec\theta}{1-\tan^2\theta}\,d\theta$$
$$= \int \frac{\cos\theta}{\cos^2\theta - \sin^2\theta}\,d\theta = \int \frac{\cos\theta}{1-2\sin^2\theta}\,d\theta$$

ここでさらに $\sin\theta = t$ とおくと，$\cos\theta\,d\theta = dt$ であるので，
$$I = \int \frac{1}{1-2t^2}\,dt = -\frac{1}{2}\int \frac{1}{t^2 - 1/2}\,dt = -\frac{1}{2\sqrt{2}}\log\left|\frac{\sqrt{2}t-1}{\sqrt{2}t+1}\right|$$

変数を x にもどして
$$= -\frac{1}{2\sqrt{2}}\log\left|\frac{\frac{\sqrt{2}x}{\sqrt{1+x^2}} - 1}{\frac{\sqrt{2}x}{\sqrt{1+x^2}} + 1}\right| = -\frac{1}{2\sqrt{2}}\log\left|\frac{\sqrt{2}x - \sqrt{1+x^2}}{\sqrt{2}x + \sqrt{1+x^2}}\right|$$

(4) $x = \sin\theta$ とおくと，$dx = \cos\theta\,d\theta$.
$$\sqrt{1-x^2} = \sqrt{1-\sin^2\theta} = \cos\theta$$

よって，$I = \displaystyle\int \frac{dx}{(1+x^2)\sqrt{1-x^2}} = \int \frac{\cos\theta\,d\theta}{(1+\sin^2\theta)\cos\theta} = \int \frac{1}{1+\sin^2\theta}\,d\theta$

分母分子を $\cos^2\theta$ で割り $\tan\theta = t$ とおくと，$\sec^2\theta\,d\theta = dt$
$$= \int \frac{\sec^2\theta}{\sec^2\theta + \tan^2\theta}\,d\theta = \int \frac{1}{1+2t^2}\,dt = \frac{1}{2}\int \frac{1}{t^2 + 1/2}\,dt$$
$$= \frac{1}{\sqrt{2}}\tan^{-1}\sqrt{2}t = \frac{1}{\sqrt{2}}\tan^{-1}\frac{\sqrt{2}x}{\sqrt{1-x^2}}$$

(5) $x = \dfrac{1}{t}$ とおき，両辺の対数をとると，$\log x = -\log t$. よって $\dfrac{dx}{x} = -\dfrac{dt}{t}$.

$$\int \frac{1}{x\sqrt{4-x^2}} dx = \int -\frac{1}{t} \frac{t}{\sqrt{4t^2-1}} dt = -\int \frac{1}{2\sqrt{t^2-(1/2)^2}} dt$$

$$= -\frac{1}{2} \int \frac{1}{\sqrt{t^2-(1/2)^2}} dt = -\frac{1}{2} \log\left| t + \sqrt{t^2 - \frac{1}{4}} \right|$$

$$= -\frac{1}{2} \log\left| \frac{2+\sqrt{4-x^2}}{2x} \right|$$

(6) $x = \dfrac{1}{t}$ とおくと，$dx = -\dfrac{1}{t^2} dt$, $\sqrt{27x^2+6x-1} = \dfrac{\sqrt{27+6t-t^2}}{t}$.

$$\int \frac{dx}{x^2\sqrt{27x^2+6x-1}} = \int t^2 \frac{t}{\sqrt{27+6t-t^2}} \left(-\frac{1}{t^2}\right) dt$$

$$= \int \frac{-t}{\sqrt{27+6t-t^2}} dt = \frac{1}{2} \int \frac{6-2t-6}{\sqrt{27+6t-t^2}} dt$$

$$= \sqrt{27+6t-t^2} - 3\int \frac{1}{\sqrt{6^2-(t-3)^2}} dt$$

$$= \sqrt{27+6t-t^2} - 3\sin^{-1}\frac{t-3}{6}$$

$$= \frac{\sqrt{27x^2+6x-1}}{x} - 3\sin^{-1}\frac{1-3x}{6x}$$

(7) $x+1 = \dfrac{1}{t}$ とおくと，$dx = -\dfrac{1}{t^2} dt$.

$$I = \int \frac{dx}{(x+1)\sqrt{1+x-x^2}} = \int t \cdot \frac{t}{\sqrt{-1+3t-t^2}} \left(-\frac{1}{t^2}\right) dt = \int \frac{-1}{\sqrt{-1+3t-t^2}} dt$$

$$= \int \frac{-1}{\sqrt{\left(\sqrt{5}/2\right)^2 - (t-3/2)^2}} dt = -\sin^{-1}\frac{t-3/2}{\sqrt{5}/2} = \sin^{-1}\frac{(3x+1)}{\sqrt{5}(x+1)}$$

問題 9.1 (1) p.37 の例題 1 (6) より，$\displaystyle\int \frac{dx}{\sqrt{16-9x^2}} = \frac{1}{3}\sin^{-1}\frac{3}{4}x$ であるので，

$$\int_0^{2/\sqrt{3}} \frac{dx}{\sqrt{16-9x^2}} = \left[\frac{1}{3}\sin^{-1}\frac{3}{4}x\right]_0^{2/\sqrt{3}} = \frac{1}{3}\left(\sin^{-1}\frac{\sqrt{3}}{2} - \sin^{-1} 0\right) = \frac{\pi}{9}$$

(2) $\displaystyle\int_0^1 e^{-2x} dx = \left[-\frac{1}{2}e^{-2x}\right]_0^1 = \frac{1}{2}(1-e^{-2})$

(3) $\displaystyle\int_0^1 \frac{1}{1+x^2} dx = [\tan^{-1} x]_0^1 = \tan^{-1} 1 - \tan^{-1} 0 = \frac{\pi}{4}$

(4) $\displaystyle\int_0^{\pi/2} \frac{\cos x}{1+\sin x}\,dx = [\log|1+\sin x|]_0^{\pi/2} = \log\left(1+\sin\frac{\pi}{2}\right) - \log 1$

$\qquad\qquad = \log 2 - \log 1 = \log 2$

(5) $\displaystyle\int_0^{1/2} \frac{x^2}{\sqrt{1-x^2}}\,dx = \int_0^{1/2}\left(-\frac{1-x^2-1}{\sqrt{1-x^2}}\right)dx = \int_0^{1/2}\left(-\sqrt{1-x^2} + \frac{1}{\sqrt{1-x^2}}\right)dx$

$\qquad = \left[-\frac{1}{2}(x\sqrt{1-x^2} + \sin^{-1} x) + \sin^{-1} x\right]_0^{1/2} = \left[\frac{1}{2}\sin^{-1} x - \frac{1}{2}x\sqrt{1-x^2}\right]_0^{1/2}$

$\qquad = \frac{1}{2}\left(\sin^{-1}\frac{1}{2} - \frac{1}{2}\sqrt{1-\frac{1}{4}}\right) = \frac{1}{2}\left(\frac{\pi}{6} - \frac{\sqrt{3}}{4}\right)$

問題 10.1 (1) $x = \sin t$ とおくと, $dx = \cos t\,dt$.

$$\sqrt{1-x^2} = \sqrt{\cos^2 t} = \cos t$$

$$\int_0^1 x^2\sqrt{1-x^2}\,dx = \int_0^{\pi/2} \sin^2 t \cdot \cos t \cdot \cos t\,dt = \int_0^{\pi/2} \sin^2 t \cdot \cos^2 t\,dt$$

$$= \frac{1}{4}\int_0^{\pi/2} (\sin 2t)^2\,dt = \frac{1}{8}\int_0^{\pi/2}(1-\cos 4t)\,dt$$

$$= \frac{1}{8}\left[t - \frac{\sin 4t}{4}\right]_0^{\pi/2} = \frac{\pi}{16}$$

(2) $\sqrt[4]{x} = t$ とおくと, $x = t^4$, $dx = 4t^3\,dt$.

$$\int_0^1 \frac{\sqrt[4]{x}}{1+\sqrt{x}}\,dx = 4\int_0^1 \left\{(t^2-1) + \frac{1}{t^2+1}\right\}dt = 4\left[\frac{t^3}{3} - t + \tan^{-1} t\right]_0^1$$

$$= 4\left(\frac{1}{3} - 1 + \frac{\pi}{4}\right) = -\frac{8}{3} + \pi$$

(3) $\tan\dfrac{x}{2} = t$ とおく. $\cos x = \dfrac{1-t^2}{1+t^2}$, $dx = \dfrac{2dt}{1+t^2}$, t が 0 から 1 まで変わるとき, x は 0 から $\pi/2$ まで増加する.

$$\int_0^{\pi/2} \frac{dx}{2+\cos x} = \int_0^1 \frac{2}{3+t^2}\,dt = \left[\frac{2}{\sqrt{3}}\tan^{-1}\frac{t}{\sqrt{3}}\right]_0^1 = \frac{\pi}{3\sqrt{3}}$$

(4) $x = \tan t$ とおくと, $\dfrac{dx}{dt} = \sec^2 t\,dt$.

$$I = \int_{-1}^1 \frac{dx}{(1+x^2)^2} = \int_{-\pi/4}^{\pi/4} \frac{1}{\sec^4 t}\cdot \sec^2 t\,dt = \int_{-\pi/4}^{\pi/4}\cos^2 t\,dt = \frac{1}{2}\int_{-\pi/4}^{\pi/4}(1+\cos 2t)\,dt$$

$$= \frac{1}{2}\left[t + \frac{\sin 2t}{2}\right]_{-\pi/4}^{\pi/4} = \frac{1}{2}\left(\frac{\pi}{4} + \frac{1}{2} + \frac{\pi}{4} + \frac{1}{2}\right) = \frac{\pi}{4} + \frac{1}{2}$$

(5) $x^2 = t$ とおくと, $2x\,dx = dt$.

$$\int_0^{1/\sqrt{2}} \frac{3x}{\sqrt{1-x^4}}\, dx = \frac{3}{2}\int_0^{1/2} \frac{1}{\sqrt{1-t^2}}\, dt = \left[\frac{3}{2}\sin^{-1} t\right]_0^{1/2} = \frac{3}{2}\cdot\frac{\pi}{6} = \frac{\pi}{4}$$

(6) $\sin^{-1}\sqrt{\dfrac{x}{x+1}} = t$ とおくと,

$$\frac{x}{x+1} = \sin^2 t, \quad x = \frac{\sin^2 t}{1-\sin^2 t} = \tan^2 t, \quad dx = 2\tan t\cdot\sec^2 t\, dt$$

$x=0$ のとき $t=0$, $x=1$ のとき $t=\pi/4$ で, t が 0 から $\pi/4$ まで増加するとき, $x=0$ から 1 まで増加する. よって

$$\int_0^1 \sin^{-1}\sqrt{\frac{x}{x+1}}\, dx = \int_0^{\pi/4} t\cdot 2\tan t\cdot\sec^2 t\, dt = [t\tan^2 t]_0^{\pi/4} - \int_0^{\pi/4} \tan^2 t\, dt$$

$$= \frac{\pi}{4} - \int_0^{\pi/4}(\sec^2 t - 1)\, dt = \frac{\pi}{4} - [\tan t - t]_0^{\pi/4}$$

$$= \frac{\pi}{4} - 1 + \frac{\pi}{4} = \frac{\pi}{2} - 1$$

問題 11.1 (1) 部分積分法により

$$\int_0^{\pi/2} x^2\sin x\, dx = \left[-x^2\cos x\right]_0^{\pi/2} + 2\int_0^{\pi/2} x\cos x\, dx$$

$$= 0 + 2\left\{[x\sin x]_0^{\pi/2} - \int_0^{\pi/2}\sin x\, dx\right\}$$

$$= \pi - 2\left[-\cos x\right]_0^{\pi/2} = \pi - 2$$

(2) $\displaystyle\int_0^{a/2} \frac{x^2}{(a^2-x^2)^{3/2}}\, dx = \int_0^{a/2} x\cdot\frac{x}{(a^2-x^2)^{3/2}}\, dx \quad (a>0)$

$$= \left[x(a^2-x^2)^{-1/2}\right]_0^{a/2} - \int_0^{a/2}(a^2-x^2)^{-1/2}dx$$

$$= \frac{a}{2}\left(a^2 - \frac{a^2}{4}\right)^{-1/2} - \left[\sin^{-1}\frac{x}{a}\right]_0^{a/2}$$

$$= \frac{a}{2}\cdot\frac{2}{a\sqrt{3}} - \left[\sin^{-1}\frac{1}{2} - \sin^{-1} 0\right] = \frac{1}{\sqrt{3}} - \frac{\pi}{6}$$

(3) $I = \displaystyle\int_0^1 x^3\sqrt{1-x^2}\, dx = \int_0^1 x^2\cdot(x\sqrt{1-x^2})\, dx$

$\left(-\dfrac{1}{3}(1-x^2)^{3/2}\right)' = x\sqrt{1-x^2}$ であるので

$$I = \left[-\frac{x^2}{3}(1-x^2)^{3/2}\right]_0^1 + \frac{2}{3}\int_0^1 x(1-x^2)^{3/2}dx = \left[-\frac{2}{15}(1-x^2)^{5/2}\right]_0^1 = \frac{2}{15}$$

(4) $\displaystyle\int_0^{\pi/2} x\sin^2 x\,dx = \int_0^{\pi/2} x\left(\dfrac{1-\cos 2x}{2}\right)dx$

$\displaystyle = \left[\dfrac{1}{2}x\left(x-\dfrac{1}{2}\sin 2x\right)\right]_0^{\pi/2} - \int_0^{\pi/2} \dfrac{1}{2}\left(x-\dfrac{1}{2}\sin 2x\right)dx$

$\displaystyle = \dfrac{\pi^2}{8} - \left[\dfrac{x^2}{4}+\dfrac{1}{8}\cos 2x\right]_0^{\pi/2} = \dfrac{\pi^2}{8} - \left(\dfrac{\pi^2}{16}-\dfrac{1}{8}-\dfrac{1}{8}\right) = \dfrac{\pi^2}{16}+\dfrac{1}{4}$

問題 12.1 (1) $\displaystyle\int_0^1 \dfrac{1-x^2}{1+x^2}dx = \int_0^1 \dfrac{-(1+x^2)+2}{1+x^2}dx = \int_0^1\left(-1+\dfrac{2}{1+x^2}\right)dx$

$\displaystyle = \left[-x+2\tan^{-1} x\right]_0^1 = -1+2\tan^{-1} 1 = \dfrac{\pi}{2}-1$

(2) $\sin x = t$ とおくと，$\dfrac{dt}{dx}=\cos x,\,dt=\cos x\,dx$.
$x=0$ のとき $t=0$, $x=\pi/2$ のとき $t=1$. よって

$\displaystyle\int_0^{\pi/2} \dfrac{\cos x}{1+\sin^2 x}dx = \int_0^1 \dfrac{dt}{1+t^2} = \left[\tan^{-1} t\right]_0^1 = \tan^{-1} 1 - \tan^{-1} 0 = \dfrac{\pi}{4}$

(3) $\dfrac{1}{\sqrt{x+a}+\sqrt{x}} = \dfrac{\sqrt{x+a}-\sqrt{x}}{x+a-x} = \dfrac{1}{a}(\sqrt{x+a}-\sqrt{x})$

$\displaystyle\int_0^a \dfrac{dx}{\sqrt{x+a}+\sqrt{x}} = \dfrac{1}{a}\int_0^a (\sqrt{x+a}-\sqrt{x})\,dx = \dfrac{1}{a}\left[\dfrac{2}{3}(x+a)^{3/2} - \dfrac{2}{3}x^{3/2}\right]_0^a$

$= \dfrac{1}{a}\left\{\dfrac{2}{3}(2a)^{3/2} - \dfrac{2}{3}a^{3/2} - \dfrac{2}{3}a^{3/2}\right\} = \dfrac{1}{a}\left(\dfrac{4a}{3}\sqrt{2a} - \dfrac{4a}{3}\sqrt{a}\right)$

$= \dfrac{4}{3}\sqrt{2a} - \dfrac{4}{3}\sqrt{a} = \dfrac{4}{3}(\sqrt{2}-1)\sqrt{a}$

問題 12.2 $\displaystyle\int_0^{\pi/2}\sin^n x\,dx$ において，置換 $x=\dfrac{\pi}{2}-t$ を行えば，t が $\dfrac{\pi}{2}$ から 0 に減少するとき，x は 0 から $\dfrac{\pi}{2}$ に増加する．よって

$\displaystyle\int_0^{\pi/2}\sin^n x\,dx = \int_{\pi/2}^0 \left\{-\sin^n\left(\dfrac{\pi}{2}-t\right)\right\}dt = \int_0^{\pi/2}\cos^n t\,dt$

いま，$I_n = \displaystyle\int_0^{\pi/2}\sin^n x\,dx$ とおけば，$I_1 = \displaystyle\int_0^{\pi/2}\sin x\,dx = 1,\ I_0 = \displaystyle\int_0^{\pi/2}dx = \dfrac{\pi}{2}$
であるので，p.41 の漸化式 (4) によって

$I_n = -\dfrac{1}{n}[\sin^{n-1} x\,\cos x]_0^{\pi/2} + \dfrac{n-1}{n}I_{n-2} = \dfrac{n-1}{n}I_{n-2}$

(i) $n \geqq 2$, 奇数の場合は，上の漸化式を何度も用いると，

$I_n = \dfrac{n-1}{n}\cdot\dfrac{n-3}{n-2}\cdots\dfrac{4}{5}\cdot\dfrac{2}{3}I_1 = \dfrac{n-1}{n}\cdot\dfrac{n-3}{n-2}\cdots\dfrac{4}{5}\cdot\dfrac{2}{3}$

(ii) $n \geq 2$, 偶数の場合も同様にして,
$$I_n = \frac{n-1}{n} \cdot \frac{n-3}{n-2} \cdots \frac{3}{4} \cdot \frac{1}{2} I_0 = \frac{n-1}{n} \cdot \frac{n-3}{n-2} \cdots \frac{3}{4} \cdot \frac{1}{2} \cdot \frac{\pi}{2}$$

問題 13.1 (1) $xy + x + y = 1$, $(x+1)y = -x+1$
$x + 1 \neq 0$ のとき, $y = \dfrac{-x+1}{x+1} = \dfrac{2}{x+1} - 1$. よって
$$S = \int_0^1 \left(\frac{2}{x+1} - 1 \right) dx = [2\log|x+1| - x]_0^1 = 2\log 2 - 1$$

(2) 交点の x 座標を求めると, $\dfrac{x^2}{2} = \dfrac{1}{x^2+1}$, $x^4 + x^2 - 2 = 0$. よって
$$(x+1)(x-1)(x^2+2) = 0 \quad \therefore \quad x = \pm 1$$
$$S = 2\int_0^1 \left(\frac{1}{x^2+1} - \frac{x^2}{2} \right) dx = 2\left[\tan^{-1} x - \frac{x^3}{6} \right]_0^1 = 2\left(\tan^{-1} 1 - \frac{1}{6} \right) = \frac{\pi}{2} - \frac{1}{3}$$

(3) $f(x) = x\sin x \,(0 \leq x \leq 2\pi)$ のグラフの概形は右図のようになる. 区間 $0 \leq x \leq \pi$ では $f(x) \geq 0$ であるのでそのままでよいが, 区間 $\pi \leq x \leq 2\pi$ では $f(x) \leq 0$ となるので $-f(x) \geq 0$ として π から 2π まで積分する.

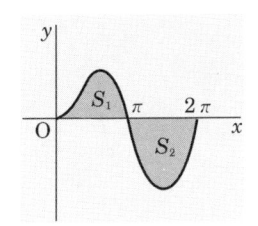

$$S = \int_0^\pi x \sin x \, dx + \int_\pi^{2\pi} (-x \sin x) \, dx = S_1 + S_2$$
$$S_1 = \int_0^\pi x \sin x \, dx = [x(-\cos x)]_0^\pi - \int_0^\pi 1 \cdot (-\cos x) \, dx = \pi + \int_0^\pi \cos x \, dx$$
$$= \pi + [\sin x]_0^\pi = \pi$$
$$S_2 = \int_\pi^{2\pi} (-x \sin x) \, dx = [x \cos x]_\pi^{2\pi} - \int_\pi^{2\pi} \cos x \, dx = 3\pi - [\sin x]_\pi^{2\pi} = 3\pi$$
$$\therefore \quad S = S_1 + S_2 = 4\pi$$

問題 14.1 (1) $I = \displaystyle\int_{-1}^1 \dfrac{dx}{1-x^2}$ の特異点は 1 と -1 である. よって
$$I = \lim_{\substack{\varepsilon' \to +0 \\ \varepsilon \to +0}} \int_{-1+\varepsilon}^{1-\varepsilon'} \frac{dx}{1-x^2} = \lim_{\substack{\varepsilon' \to +0 \\ \varepsilon \to +0}} \left[\frac{1}{2} \log \left| \frac{1+x}{1-x} \right| \right]_{-1+\varepsilon}^{1-\varepsilon'}$$
$$= \frac{1}{2} \lim_{\substack{\varepsilon' \to +0 \\ \varepsilon \to +0}} \left\{ \log \frac{2-\varepsilon'}{\varepsilon'} - \log \frac{\varepsilon}{2-\varepsilon} \right\} = \frac{1}{2} \lim_{\substack{\varepsilon' \to +0 \\ \varepsilon \to +0}} \log \frac{(2-\varepsilon')(2-\varepsilon)}{\varepsilon \varepsilon'} = +\infty$$

(2) $I = \displaystyle\int_0^1 \log x \, dx$ の特異点は $x = 0$ である. よって
$$I = \lim_{\varepsilon \to +0} \int_\varepsilon^1 \log x \, dx = \lim_{\varepsilon \to +0} [x \log x - x]_\varepsilon^1 = \lim_{\varepsilon \to +0} (-1 - \varepsilon \log \varepsilon + \varepsilon)$$
$$= -1 \quad (\because \text{ロピタルの定理により } \varepsilon \to +0 \text{ のとき } \varepsilon \log \varepsilon \to 0)$$

(3) $1 < x < 2$ のときは $|x(x-2)| = x(2-x)$, $x > 2$ のときは $|x(x-2)| = x(x-2)$ である.

$$\therefore\ I = \int_1^2 \frac{dx}{\sqrt{x(2-x)}} + \int_2^3 \frac{dx}{\sqrt{x(x-2)}}. \ \text{よって,}$$

$$I = \lim_{\varepsilon \to +0} \int_1^{2-\varepsilon} \frac{dx}{\sqrt{1-(x-1)^2}} + \lim_{\varepsilon' \to +0} \int_{2+\varepsilon'}^3 \frac{dx}{\sqrt{(x-1)^2-1}}$$

$$= \lim_{\varepsilon \to +0} \left[\sin^{-1}(x-1)\right]_1^{2-\varepsilon} + \lim_{\varepsilon' \to +0} \left[\log|(x-1)+\sqrt{(x-1)^2-1}|\right]_{2+\varepsilon'}^3$$

$$= \lim_{\varepsilon \to +0} \sin^{-1}(1-\varepsilon) + \lim_{\varepsilon' \to +0} \left\{\log|2+\sqrt{3}| - \log|(1+\varepsilon')+\sqrt{(1+\varepsilon')^2-1}|\right\}$$

$$= \pi/2 + \log(2+\sqrt{3})$$

(4) $\sin x + \cos x = \sqrt{2}\sin\left(x+\frac{\pi}{4}\right)$ である. $I = \int_0^\pi \frac{dx}{\sqrt{2}\sin(x+\pi/4)}$ の特異点は $x = 3\pi/4$ である. よって

$$I = \int_0^\pi \frac{1}{\sqrt{2}\sin(x+\pi/4)} dx$$

$$= \int_0^{3\pi/4} \frac{1}{\sqrt{2}\sin(x+\pi/4)} dx + \int_{3\pi/4}^\pi \frac{1}{\sqrt{2}\sin(x+\pi/4)} dx = I_1 + I_2$$

$$I_1 = \lim_{\varepsilon \to +0} \frac{1}{\sqrt{2}} \int_0^{3\pi/4-\varepsilon} \frac{1}{\sin(x+\pi/4)} dx = \lim_{\varepsilon \to +0} \frac{1}{\sqrt{2}} \left[\log\left|\tan\left(\frac{x}{2}+\frac{\pi}{8}\right)\right|\right]_0^{3\pi/4-\varepsilon}$$

$$= \lim_{\varepsilon \to +0} \frac{1}{\sqrt{2}} \left(\log\left|\tan\left(\frac{\pi}{2}-\frac{\varepsilon}{2}\right)\right| - \log\left|\tan\frac{\pi}{8}\right|\right) = +\infty$$

同様に I_2 も発散である. ゆえに $\int_0^\pi \frac{dx}{\sin x + \cos x}$ は発散である.

(5) $I = \int_\alpha^\beta \frac{dx}{\sqrt{(x-\alpha)(\beta-x)}}$ の特異点は $x = \alpha, x = \beta$ である. よって

$$I = \int_\alpha^\beta \frac{1}{\sqrt{\left(\frac{\beta-\alpha}{2}\right)^2 - \left(x - \frac{\alpha+\beta}{2}\right)^2}} dx$$

$$= \lim_{\substack{\varepsilon' \to +0 \\ \varepsilon \to +0}} \int_{\alpha+\varepsilon}^{\beta-\varepsilon'} \frac{1}{\sqrt{\left(\frac{\beta-\alpha}{2}\right)^2 - \left(x - \frac{\alpha+\beta}{2}\right)^2}} dx$$

$$= \lim_{\substack{\varepsilon' \to +0 \\ \varepsilon \to +0}} \left[\sin^{-1} \frac{x-(\alpha+\beta)/2}{(\beta-\alpha)/2}\right]_{\alpha+\varepsilon}^{\beta-\varepsilon'}$$

$$= \lim_{\substack{\varepsilon' \to +0 \\ \varepsilon \to +0}} \left\{ \sin^{-1} \frac{(\beta-\alpha)/2 - \varepsilon'}{(\beta-\alpha)/2} - \sin^{-1} \frac{\varepsilon + (\alpha-\beta)/2}{(\beta-\alpha)/2} \right\}$$

$$= \sin^{-1} 1 - \sin^{-1}(-1) = \frac{\pi}{2} - \left(-\frac{\pi}{2}\right) = \pi$$

問題 14.2 区間 $[-1, 1]$ は特異点 $x = 0$ を含むからこの区間では，問題のようにできない．問題の積分が存在するためには，

$$\int_{-1}^{1} \frac{1}{x^2} dx = \int_{-1}^{0} \frac{1}{x^2} dx + \int_{0}^{1} \frac{1}{x^2} dx$$

とわけるとき，右辺の2項の積分が別々に存在する必要がある．しかし，

$$\lim_{\varepsilon \to +0} \int_{\varepsilon}^{1} \frac{1}{x^2} dx = \lim_{\varepsilon \to +0} \left[-\frac{1}{x}\right]_{\varepsilon}^{1} = \lim_{\varepsilon \to +0} \left(\frac{1}{\varepsilon} - 1\right) = +\infty$$

であるから $\int_{0}^{1} \frac{dx}{x^2}$ は収束しない．$\int_{-1}^{0} \frac{dx}{x^2}$ も同様である．したがって問題の積分は存在しない．

問題 15.1 （1）$\sqrt[3]{e^x - 1} = z$ とおくと $e^x - 1 = z^3$

$$x = \log(1 + z^3), \quad dx = \frac{3z^2}{z^3 + 1} dz$$

$$\int_{0}^{\infty} \frac{dx}{\sqrt[3]{e^x - 1}} = \int_{0}^{\infty} \frac{1}{z} \frac{3z^2}{z^3 + 1} dz = \int_{0}^{\infty} \frac{3z \, dz}{(z+1)(z^2 - z + 1)}$$

$$= \int_{0}^{\infty} \left(\frac{z+1}{z^2 - z + 1} - \frac{1}{z+1}\right) dz$$

$$= \int_{0}^{\infty} \left\{\frac{(2z-1)/2}{z^2 - z + 1} + \frac{3/2}{(z-1/2)^2 + 3/4} - \frac{1}{z+1}\right\} dz$$

$$= \left[\frac{1}{2}\log(z^2 - z + 1) + \frac{3}{2} \cdot \frac{2}{\sqrt{3}} \tan^{-1} \frac{2z-1}{\sqrt{3}} - \log(z+1)\right]_{0}^{\infty}$$

$$= \left[\log \frac{\sqrt{z^2 - z + 1}}{z + 1} + \sqrt{3} \tan^{-1} \frac{2z - 1}{\sqrt{3}}\right]_{0}^{\infty}$$

$$= \lim_{z \to \infty} \left(\log \frac{\sqrt{z^2 - z + 1}}{z + 1} + \sqrt{3} \tan^{-1} \frac{2z-1}{\sqrt{3}}\right) - \left\{\log 1 + \sqrt{3}\left(-\frac{\pi}{6}\right)\right\}$$

$$= \log 1 + \sqrt{3}\frac{\pi}{2} - \log 1 + \sqrt{3}\frac{\pi}{6} = \frac{2\sqrt{3}}{3}\pi$$

（2）$\displaystyle\int_{-\infty}^{0} e^{3x}\sqrt{1 - e^{3x}}\, dx = -\frac{1}{3}\int_{-\infty}^{0} (1 - e^{3x})^{1/2} d(1 - e^{3x})$

$$= -\frac{1}{3} \lim_{a \to -\infty} \left[\frac{2}{3}(1 - e^{3x})^{3/2}\right]_{a}^{0} = -\frac{1}{3}\left\{0 - \lim_{a \to -\infty} \frac{2}{3}(1 - e^{3a})^{3/2}\right\} = \frac{2}{9}$$

(3) $I = \lim\limits_{\substack{M\to\infty\\N\to-\infty}} \int_N^M \dfrac{dx}{(2x+3/2)^2+3/4} = \lim\limits_{\substack{M\to\infty\\N\to-\infty}} \left[\dfrac{1}{2\sqrt{3}/2}\tan^{-1}\dfrac{2x+3/2}{\sqrt{3}/2}\right]_N^M$

$= \lim\limits_{\substack{M\to\infty\\N\to-\infty}} \dfrac{1}{\sqrt{3}}\left(\tan^{-1}\dfrac{4M+3}{\sqrt{3}} - \tan^{-1}\dfrac{4N+3}{\sqrt{3}}\right) = \dfrac{1}{\sqrt{3}}\left\{\dfrac{\pi}{2}-\left(-\dfrac{\pi}{2}\right)\right\} = \dfrac{\pi}{\sqrt{3}}$

(4) $I = \displaystyle\int_1^\infty \dfrac{dx}{x(1+x^2)}$

$\displaystyle\int_1^N \left(\dfrac{1}{x}-\dfrac{x}{1+x^2}\right)dx = \left[\log x - \dfrac{1}{2}\log(1+x^2)\right]_1^N$

$= \log N - \dfrac{1}{2}\log(1+N^2) + \dfrac{1}{2}\log 2 = \dfrac{1}{2}\log\dfrac{N^2}{1+N^2} + \dfrac{1}{2}\log 2$

$\therefore\ I = \lim\limits_{N\to\infty}\displaystyle\int_1^N \dfrac{dx}{x(1+x^2)} = \dfrac{1}{2}\log 2$

(5) $x^2 = t$ とおくと, $2x\dfrac{dx}{dt} = 1$, $x\,dx = \dfrac{1}{2}dt$.

$I = \displaystyle\int_0^\infty e^{-x^2}x^{2n+1}dx = \dfrac{1}{2}\int_0^\infty e^{-t}t^n dt$

$I_n = \displaystyle\int_0^\infty e^{-t}\cdot t^n dt = \left[-e^{-t}\cdot t^n\right]_0^\infty + n\int_0^\infty e^{-t}\cdot t^{n-1}dt = nI_{n-1}$

$\left(\because\ \lim\limits_{N\to\infty}\dfrac{N^n}{e^N} = 0\right)$

$I = \dfrac{1}{2}I_n = \dfrac{1}{2}nI_{n-1} = \dfrac{1}{2}n(n-1)I_{n-2} = \cdots = \dfrac{1}{2}n(n-1)\cdots 2\times I_1$

$I_1 = \displaystyle\int_0^\infty e^{-t}\cdot t\,dt = \left[-te^{-t}\right]_0^\infty + \int_0^\infty e^{-t}dt = \left[-te^{-t}\right]_0^\infty + \left[-e^{-t}\right]_0^\infty = 1$

$\therefore\ I = \dfrac{1}{2}n(n-1)\cdots 2\cdot 1 = \dfrac{n!}{2}$

問題 15.2 積分する範囲を $0 < x < 1$ と $x \geqq 1$ とにわけて考え, $0 < x < 1$ のとき不等式 $e^{-x^2} < 1$ を, $x \geqq 1$ のとき不等式 $e^{-x^2} < xe^{-x^2}$ を用いる.

$I = \displaystyle\int_0^\infty e^{-x^2}dx = \int_0^1 e^{-x^2}dx + \int_1^\infty e^{-x^2}dx < \int_0^1 1\cdot dx + \int_1^\infty xe^{-x^2}dx$

$\displaystyle\int_0^1 1\,dx = [x]_0^1 = 1,$

$\displaystyle\int_1^\infty xe^{-x^2}dx = \lim\limits_{N\to\infty}\left[-\dfrac{1}{2}e^{-x^2}\right]_1^N = \lim\limits_{N\to\infty}\left(-\dfrac{1}{2}e^{-N^2}+\dfrac{1}{2}e^{-1}\right) = \dfrac{1}{2e}$

$\therefore\ I < 1 + \dfrac{1}{2e}$

第 3 章の解答

問題 16.1 星芒形 (アステロイド) の図は p.64 を参照.
$$面積：S = 4\int_0^a (a^{2/3} - x^{2/3})^{3/2} dx$$

ここで $x = a\sin^3\theta$ とおくと，$dx = 3a\sin^2\theta\,\cos\theta\,d\theta$. $x = 0$ のとき $\theta = 0$, $x = a$ のとき，$\theta = \pi/2$ であるから，

$$S = 4\int_0^a (a^{2/3} - x^{2/3})^{3/2} dx = 4\int_0^{\pi/2} 3a^2 \sin^2\theta\,\cos^4\theta\,d\theta$$

$$= 12a^2 \int_0^{\pi/2} (\cos^4\theta - \cos^6\theta)\,d\theta$$

p.48 の三角関数の定積分の公式 (10) より，

$$\int_0^{\pi/2} \cos^4\theta\,d\theta = \frac{3}{4}\cdot\frac{1}{2}\cdot\frac{\pi}{2}, \quad \int_0^{\pi/2} \cos^6\theta\,d\theta = \frac{5}{6}\cdot\frac{3}{4}\cdot\frac{1}{2}\cdot\frac{\pi}{2}$$

$$\therefore\ S = 12a^2 \frac{\pi}{2}\left(\frac{3}{8} - \frac{5}{16}\right) = \frac{3\pi a^2}{8}$$

周の長さ：曲線は x 軸および y 軸に関して対称で，$y \geq 0$ とすると，

$$y = (a^{2/3} - x^{2/3})^{3/2}, \quad |x| \leq a$$

$$\therefore\ \frac{dy}{dx} = \frac{3}{2}(a^{2/3} - x^{2/3})^{1/2}\left(-\frac{2}{3}x^{-1/3}\right) = -\frac{(a^{2/3} - x^{2/3})^{1/2}}{x^{1/3}}$$

$$1 + \left(\frac{dy}{dx}\right)^2 = 1 + \frac{a^{2/3} - x^{2/3}}{x^{2/3}} = \frac{a^{2/3}}{x^{2/3}} \quad (x \neq 0)$$

したがって全長を L とすると，

$$L = 4\lim_{\varepsilon\to +0}\int_\varepsilon^a \sqrt{a^{2/3}x^{-2/3}}\,dx = 4\lim_{\varepsilon\to +0}\int_\varepsilon^a a^{1/3}x^{-1/3}\,dx$$

$$= 4\lim_{\varepsilon\to +0}\left[a^{1/3}\cdot\frac{3}{2}x^{2/3}\right]_\varepsilon^a = \lim_{\varepsilon\to +0} 6a^{1/3}(a^{2/3} - \varepsilon^{2/3}) = 6a$$

問題 16.2 サイクロイドの図は p.64 を参照.

$$\begin{cases} x = a(\theta - \sin\theta) \\ y = a(1 - \cos\theta) \end{cases} \quad a > 0, \quad 0 \leq \theta \leq 2\pi$$

弧の長さ：p.58 の公式 (4) を用いる.

$$\frac{dx}{d\theta} = a(1 - \cos\theta), \quad \frac{dy}{d\theta} = a\sin\theta$$

$$\therefore\ L = 2\int_0^\pi \sqrt{\left(\frac{dx}{d\theta}\right)^2 + \left(\frac{dy}{d\theta}\right)^2}\,d\theta$$

$$= 2\int_0^\pi \sqrt{a^2(1-\cos\theta)^2 + a^2\sin^2\theta}\,d\theta = 2\sqrt{2}a\int_0^\pi \sqrt{1 - \cos\theta}\,d\theta$$

$\cos\left(2\cdot\dfrac{\theta}{2}\right) = 1 - 2\sin^2\dfrac{\theta}{2}$ より,

$$= 4a\int_0^\pi \sin\dfrac{\theta}{2}\,d\theta = 4a\left[-2\cos\dfrac{\theta}{2}\right]_0^\pi = 8a$$

面積: p.57 の公式 (2) を用いる.

$$S = 2\int_0^\pi a^2(1-\cos\theta)^2\,d\theta = 8a^2\int_0^\pi \sin^4\dfrac{\theta}{2}\,d\theta$$

$\dfrac{\theta}{2} = t$ とおくと, $d\theta = 2\,dt$

$$S = 16a^2\int_0^{\pi/2}\sin^4 t\,dt = 16a^2\cdot\dfrac{3}{4}\cdot\dfrac{1}{2}\dfrac{\pi}{2} = 3\pi a^2$$

(p.48 の三角関数の定積分の公式 (10) より)

問題 17.1 (1) 求める面積を S とする (図は p.64 を参照).

$$L = \pi a^2 - 3\times\dfrac{1}{2}\int_0^{\pi/3} a^2\sin^2 3\theta\,d\theta = \pi a^2 - \dfrac{3}{2}a^2\int_0^{\pi/3}\dfrac{1-\cos 6\theta}{2}\,d\theta$$

$$= \pi a^2 - \dfrac{3}{4}a^2\left[\theta - \dfrac{1}{6}\sin 6\theta\right]_0^{\pi/3} = \pi a^2 - \dfrac{3}{4}a^2\times\dfrac{\pi}{3} = \dfrac{3}{4}\pi a^2$$

(2) 求める面積を S とする (図は p.64 を参照).

$$S = 4\times\dfrac{1}{2}\int_0^{\pi/4} a^2\cos 2\theta\,d\theta = 2a^2\left[\dfrac{1}{2}\sin 2\theta\right]_0^{\pi/4} = 2a^2\times\dfrac{1}{2} = a^2$$

問題 17.2 (1) $\dfrac{dy}{dx} = \dfrac{a}{2}\left(\dfrac{1}{a}e^{x/a} - \dfrac{1}{a}e^{-x/a}\right) = \dfrac{1}{2}(e^{x/a} - e^{-x/a})$

求める弧の長さを L とすると,

$$L = \int_{-x_1}^{x_1}\sqrt{1+\dfrac{1}{4}(e^{x/a}-e^{-x/a})^2}\,dx$$

$$= 2\int_0^{x_1}\sqrt{1+\dfrac{1}{4}e^{2x/a} - \dfrac{1}{2} + \dfrac{1}{4}e^{-2x/a}}\,dx$$

$$= 2\int_0^{x_1}\sqrt{\dfrac{1}{4}(e^{x/a}+e^{-x/a})^2}\,dx$$

$$= \int_0^{x_1}(e^{x/a}+e^{-x/a})\,dx = \left[ae^{x/a} - ae^{-x/a}\right]_0^{x_1} = a(e^{x_1/a} - e^{-x_1/a})$$

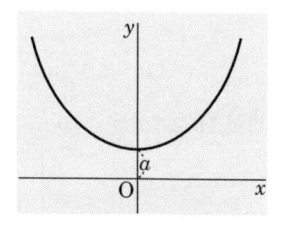

(2) $2y\dfrac{dy}{dx} = 4a$, $\dfrac{dy}{dx} = \dfrac{2a}{y}$, $\left(\dfrac{dy}{dx}\right)^2 = \dfrac{4a^2}{y^2} = \dfrac{4a^2}{4ax} = \dfrac{a}{x}$

求める弧の長さを L とすると, p.58 の (5) より

$$L = \int_0^{x_1} \sqrt{1 + \frac{a}{x}}\, dx = \int_0^{x_1} \frac{\sqrt{x+a}}{\sqrt{x}}\, dx$$

$\sqrt{x} = t$ とおくと $\dfrac{dt}{dx} = \dfrac{1}{2\sqrt{x}},\ 2\,dt = \dfrac{1}{\sqrt{x}}\,dx$

$$= \int_0^{t_1} 2\sqrt{t^2 + a}\, dt = \left[t\sqrt{t^2+a} + a\log|t + \sqrt{t^2+a}| \right]_0^{t_1}$$
$$= t_1\sqrt{t_1^2 + a} + a\log|t_1 + \sqrt{t_1^2 + a}| - a\log\sqrt{a}$$
$$= \sqrt{x_1(x_1 + a)} + a\log(\sqrt{x_1 + a} + \sqrt{x_1}) - a\log\sqrt{a}$$

問題 18.1 心臓形 (カーディオイド) $r = a(1 + \cos\theta)$ の図は下のようになる．

$r = a(1 + \cos\theta)$ であるので，

$$\begin{cases} x = r\cos\theta = a(1 + \cos\theta)\cos\theta \\ y = r\sin\theta = a(1 + \cos\theta)\sin\theta \end{cases} \quad (0 \le \theta \le \pi)$$

体積：p.58 の公式 (9) を用いる．

$\theta = \dfrac{2}{3}\pi$ のとき，

$$x = a\left(1 - \frac{1}{2}\right)\left(-\frac{1}{2}\right) = -\frac{a}{4}$$

$$V = \pi \left(\int_{2\pi/3}^0 - \int_{2\pi/3}^\pi \right) y^2(\theta) \frac{dx}{d\theta}\, d\theta$$
$$= -\pi \left(\int_0^{2\pi/3} + \int_{2\pi/3}^\pi \right) a^2(1+\cos\theta)^2 \sin^2\theta \cdot a(-\sin\theta)(1 + 2\cos\theta)\, d\theta$$
$$= \pi \int_\pi^0 a^3(1 + 2\cos\theta + \cos^2\theta)(1 - \cos^2\theta)(-\sin\theta)(1 + 2\cos\theta)\, d\theta$$

$\cos\theta = t$ とおくと $\dfrac{dt}{d\theta} = -\sin\theta,\ \theta = \pi$ のとき $t = -1,\ \theta = 0$ のとき $t = 1$.

$$V = \pi \int_{-1}^1 a^3(1 + 2t + t^2)(1 - t^2)(1 + 2t)\, dt$$
$$= \pi a^3 \int_{-1}^1 (1 + 4t + 4t^2 - 2t^3 - 5t^4 - 2t^5)\, dt$$
$$= \pi a^3 \left[t + 2t^2 + \frac{4}{3}t^3 - \frac{1}{2}t^4 - t^5 - \frac{1}{3}t^6 \right]_{-1}^1 = \frac{8}{3}\pi a^3$$

表面積：p.59 の (12) により

$$\sqrt{r^2+\left(\frac{dr}{d\theta}\right)^2}=\sqrt{a^2(1+\cos\theta)^2+a^2\sin^2\theta}=a\sqrt{2(1+\cos\theta)}=2a\cos\frac{\theta}{2}$$

求める面積を S とすると，

$$S=2\pi\int_0^\pi 2a\cos\frac{\theta}{2}\cdot a(1+\cos\theta)\sin\theta\,d\theta$$

$$=4\pi a^2\int_0^\pi \cos\frac{\theta}{2}\cdot 2\cos^2\frac{\theta}{2}\cdot 2\sin\frac{\theta}{2}\cos\frac{\theta}{2}\,d\theta$$

ここで，$\cos\dfrac{\theta}{2}=t$ とおくと，$-\left(\sin\dfrac{\theta}{2}\right)\cdot\dfrac{1}{2}d\theta=dt$．よって

$$S=16\pi a^2\int_1^0 t^4(-2dt)=32\pi a^2\int_0^1 t^4 dt=32\pi a^2\left[\frac{t^5}{5}\right]_0^1=\frac{32}{5}\pi a^2$$

問題 18.2　(1) p.58 の公式 (8) を用いる．求める体積を V とすると，

$$V=\pi\int_1^e (\log x)^2 dx$$

いま，$\log x=t$ とおく，$x=e^t$, $dx=e^t dt$．よって

$$V=\pi\int_0^1 t^2 e^t dt=\pi\left\{\left[t^2 e^t\right]_0^1-\int_0^1 2te^t dt\right\}$$

$$=\pi\left\{e-[2te^t]_0^1+2\int_0^1 e^t dt\right\}=\pi\left\{e-2e+2[e^t]_0^1\right\}=\pi(e-2)$$

(2) p.58 の公式 (8) を用いる．求める体積を V とすると，

$$y^2=\frac{1}{x^2}(x-a)(b-x),$$

$$V=\pi\int_a^b \frac{1}{x^2}(x-a)(b-x)\,dx=\pi\int_a^b\left\{-1+(a+b)\frac{1}{x}-\frac{ab}{x^2}\right\}dx$$

$$=\pi\left[-x+(a+b)\log x+\frac{ab}{x}\right]_a^b=\pi\left\{(a+b)\log\frac{b}{a}-2(b-a)\right\}$$

(3) p.58 の公式 (8) を用いる．

$x^2+(y-b)^2=a^2$ より

$$y=b\pm\sqrt{a^2-x^2}$$

求める体積を V とすると，

$$V=\pi\int_{-a}^a \{(b+\sqrt{a^2-x^2})^2-(b-\sqrt{a^2-x^2})^2\}\,dx$$

$$=2\pi\int_0^a\{b^2+2b\sqrt{a^2-x^2}+a^2-x^2-b^2$$

$$\quad+2b\sqrt{a^2-x^2}-a^2+x^2\}dx$$

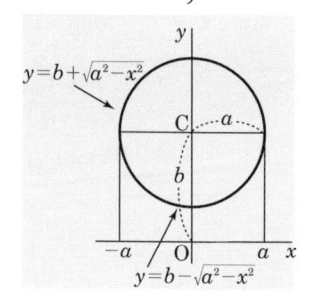

$$= 8\pi b \int_0^a \sqrt{a^2 - x^2}\, dx$$
$$= 8\pi b \frac{1}{2}\left[x\sqrt{a^2-x^2} + a^2 \sin^{-1}\frac{x}{a}\right]_0^a = 4\pi b \times a^2 \sin^{-1} 1 = 2\pi^2 a^2 b$$

問題 19.1 $\int_0^1 \frac{dx}{1+x^2} = \frac{\pi}{4}$ $\quad \therefore \quad \pi = 4\int_0^1 \frac{dx}{1+x^2}$

つぎにシンプソンの公式において $f(x) = \dfrac{1}{1+x^2}$, $a=0$, $b=1$, $2n=10$ とおくと,

$$h = \frac{1}{10}, \quad y_0 = 1, \quad y_{10} = 0.5, \quad y_0 + y_{10} = 1.5$$

$y_1 = 0.9900990 \qquad y_2 = 0.9615385$
$y_3 = 0.9174312 \qquad y_4 = 0.8620690$
$y_5 = 0.8000000 \qquad y_6 = 0.7352941$
$y_7 = 0.6711409 \qquad +)\ y_8 = 0.6097561$
$\underline{+)\ y_9 = 0.5524862} \qquad \quad 3.1686577$
$\qquad\quad 3.9311573 \qquad\qquad\underline{\times 2}$
$\qquad\quad\underline{\quad\times 4} \qquad\qquad\quad 6.3373154$
$\qquad\quad 15.7246292$

$$\therefore \quad \pi \fallingdotseq 4 \times \frac{1}{3} h\{y_0 + 4(y_1 + \cdots + y_9) + 2(y_2 + \cdots + y_8) + y_{10}\}$$
$$= 4 \times \frac{1}{3} \times \frac{1}{10}(1.5 + 15.7246292 + 6.3373154)$$
$$\fallingdotseq 3.1415926$$

問題 19.2 シンプソンの公式において $f(x) = \dfrac{\sin x}{x}$, $a=0$, $b=\dfrac{\pi}{3}$, $2n=2$, $h=\dfrac{\pi}{6}$.

$y_0 \to 1 \quad (x \to 0), \quad y_1 = \dfrac{\sin(\pi/6)}{\pi/6} = \dfrac{3}{\pi}, \quad y_2 = \dfrac{\sin(\pi/3)}{\pi/3} = \dfrac{3\sqrt{3}}{2\pi}$

$$\therefore \int_0^{\pi/3} \frac{\sin x}{x}\, dx \fallingdotseq \frac{1}{3}h(y_0 + 4y_1 + y_2) = \frac{1}{3} \times \frac{\pi}{6} \times \left(1 + \frac{12}{\pi} + \frac{3\sqrt{3}}{2\pi}\right)$$
$$\fallingdotseq \frac{1}{18} \times (3.14159 + 2.59808 + 12) = 0.9855$$

第 4 章の解答

問題 1.1 （1） $y = mx$ 上に点 (x, y) をとると，
$$f(x, y) = \frac{xy}{x^2 + y^2} = \frac{x(mx)}{x^2 + (mx)^2} = \frac{m}{1 + m^2}$$
よって，この直線にそって点 (x, y) を $(0, 0)$ に近づければ，$f(x, y)$ は m によって異なった値に近づくので $\lim_{(x,y)\to(0,0)} f(x, y)$ は存在しない.

また，明らかに $\lim_{x\to 0}\lim_{y\to 0} f(x, y) = 0$, $\lim_{y\to 0}\lim_{x\to 0} f(x, y) = 0$.

（2） $\left|\sin\dfrac{1}{y}\right| \leq 1, \left|\sin\dfrac{1}{x}\right| \leq 1$ であるので，
$$\left|x\sin\frac{1}{y} + y\sin\frac{1}{x}\right| \leq \left|x\sin\frac{1}{y}\right| + \left|y\sin\frac{1}{x}\right| \leq |x| + |y|$$
ゆえに，$\lim_{(x,y)\to(0,0)} |f(x, y)| = 0$ となる．よって $\lim_{(x,y)\to(0,0)} f(x, y) = 0$.

つぎに，$\lim_{y\to 0} x\sin\dfrac{1}{y} = x\lim_{y\to 0}\sin\dfrac{1}{y}$, $\lim_{x\to 0} y\sin\dfrac{1}{x} = y\lim_{x\to 0}\sin\dfrac{1}{x}$ はどちらも存在しないので，$\lim_{x\to 0}\lim_{y\to 0} f(x, y)$, $\lim_{y\to 0}\lim_{x\to 0} f(x, y)$ は存在しない.

問題 2.1 （1） $x = r\cos\theta$, $y = r\sin\theta$ とおくと，
$$f(x, y) = \frac{r^3(\cos^3\theta - \sin^3\theta)}{r^2} = r(\cos^3\theta - \sin^3\theta)$$
となり，$(x, y) \to (0, 0)$ ということは，極座標で考えると θ に無関係に $r \to 0$ ということである．よって $\lim_{(x,y)\to(0,0)} f(x, y) = 0$ である．ゆえに与えられた関数 $f(x, y)$ は $(0, 0)$ で連続である．

（2） $\lim_{(x,y)\to(0,0)} e^{|x|+|y|} = e^0 = 1 = f(0, 0)$

ゆえに $f(x, y)$ は $(0, 0)$ で連続である．

（3） $y = x - kx^3$ とおくと，
$$f(x, y) = \frac{2x^3 - 3kx^5 + 3k^2x^7 - k^3x^9}{kx^3}$$
$$= \frac{2 - 3kx^2 + 3k^2x^4 - k^3x^6}{k}$$
いま $x \to 0$ のとき $y \to 0$ であるので，
$$\lim_{(x,y)\to(0,0)} f(x, y) = \frac{2}{k}$$
これは k の値によって異なるから極限値は存在しない．よって不連続である．

(4) $\left|\dfrac{x^2-y^2}{x^2+y^2}\right| \leqq 1$ であるので，$|f(x,y)| = \left|xy\dfrac{x^2-y^2}{x^2+y^2}\right| \leqq |xy|$. よって

$$\lim_{(x,y)\to(0,0)} |f(x,y)| = 0 \quad \therefore \quad \lim_{(x,y)\to(0,0)} f(x,y) = 0$$

ゆえに，$\displaystyle\lim_{(x,y)\to(0,0)} f(x,y) = f(0,0) = 0$. したがって，点 $(0,0)$ で連続である．

問題 3.1 (1) $\dfrac{\partial z}{\partial x} = \dfrac{1}{2}(x^2+y^2)^{-1/2} \cdot 2x = \dfrac{x}{\sqrt{x^2+y^2}}$

$$\dfrac{\partial z}{\partial y} = \dfrac{1}{2}(x^2+y^2)^{-1/2} \cdot 2y = \dfrac{y}{\sqrt{x^2+y^2}}$$

(2) $\dfrac{\partial z}{\partial x} = y\sin xy + xy\cos(xy)\cdot y = y(\sin xy + xy\cos xy)$

$\dfrac{\partial z}{\partial y} = x\sin xy + xy\cos(xy)\cdot x = x(\sin xy + xy\cos xy)$

(3) $\dfrac{\partial z}{\partial x} = ae^{ax}\cos by, \quad \dfrac{\partial z}{\partial y} = e^{ax}(-\sin by)b = -be^{ax}\sin by$

(4) $z = x^y = e^{y\log x}$ として計算する．

$$\dfrac{\partial z}{\partial x} = e^{y\log x}\cdot\dfrac{y}{x} = x^y\cdot\dfrac{y}{x} = x^{y-1}\cdot y, \quad \dfrac{\partial z}{\partial y} = e^{y\log x}\cdot\log x = x^y\cdot\log x$$

(5) $\dfrac{\partial z}{\partial x} = \dfrac{1}{1+(y/x)^2}\cdot\left(-\dfrac{y}{x^2}\right) = \dfrac{-y}{x^2+y^2}, \quad \dfrac{\partial z}{\partial y} = \dfrac{1}{1+(y/x)^2}\cdot\dfrac{1}{x} = \dfrac{x}{x^2+y^2}$

問題 3.2 (1), (2), (3)は合成関数の偏微分法 (p.71) の公式を用いる．

(1) $z_x = z_u u_x + z_v v_x = v + 3u = 3x + 2y + 3x + 3y = 6x + 5y$

$z_y = z_u u_y + z_v v_y = v + 2u = 3x + 2y + 2x + 2y = 5x + 4y$

(2) $\dfrac{\partial z}{\partial x} = \dfrac{\partial}{\partial u}\tan^{-1}(u+v)\cdot\dfrac{\partial}{\partial x}(2x^2-y^2) + \dfrac{\partial}{\partial v}\tan^{-1}(u+v)\cdot\dfrac{\partial}{\partial x}(x^2 y)$

$\qquad = \dfrac{4x+2xy}{1+(u+v)^2} = \dfrac{4x+2xy}{1+(2x^2-y^2+x^2 y)^2}$

同様にして

$$\dfrac{\partial z}{\partial y} = \dfrac{x^2-2y}{1+(2x^2-y^2+x^2 y)^2}$$

(3) $z_x = \dfrac{\cos u}{v}\cdot\dfrac{-y}{x^2} + \dfrac{-\sin u}{v^2}\cdot 2x$

$\qquad = \left\{\cos\dfrac{y}{x}\Big/(x^2+y^2)\right\}\dfrac{-y}{x^2} - \left\{\sin\dfrac{y}{x}\Big/(x^2+y^2)^2\right\}2x$

$\qquad = -\left\{(x^2+y^2)y\cos\dfrac{y}{x} + 2x^3\sin\dfrac{y}{x}\right\}\Big/x^2(x^2+y^2)^2$

$$z_y = \frac{\cos u}{v} \cdot \frac{1}{x} + \frac{-\sin u}{v^2} \cdot 2y = \left\{\cos\frac{y}{x} \Big/ (x^2+y^2)\right\}\frac{1}{x} - \left\{\sin\frac{y}{x} \Big/ (x^2+y^2)^2\right\}2y$$

$$= \left\{(x^2+y^2)\cos\frac{y}{x} - 2xy\sin\frac{y}{x}\right\} \Big/ x(x^2+y^2)^2$$

問題 4.1 p.70 の定義により $(0,0)$ における x に関する偏微分係数を求める.

$$f_x(0,0) = \lim_{h \to 0} \frac{f(h,0) - f(0,0)}{h} = \lim_{h \to 0} \frac{1}{h}(h^3/h)$$
$$= \lim_{h \to 0} h = 0$$

同様に y に関する偏微分係数は

$$f_y(0,0) = \lim_{k \to 0} \frac{f(0,k) - f(0,0)}{k} = \lim_{k \to 0} \frac{1}{k}(k^3/(-k))$$
$$= \lim_{k \to 0} (-k) = 0$$

となる. よって, 与えられた関数 $f(x,y)$ は $(0,0)$ によって偏微分可能である.

問題 4.2 (1) $z_x = 2x, z_y = 2y$ だから, これらは $(1,1)$ で連続である. よって, $f(x,y)$ は p.71 の定理 7 により全微分可能である. したがって p.71 の定理 10 により, $f_x(1,1) = 2, f_y(1,1) = 2$ であるので, 接平面の方程式は

$$z - 2 = 2(x-1) + 2(y-1)$$

(2) $f_x = \dfrac{-x}{\sqrt{1-x^2-y^2}}, f_y = \dfrac{-y}{\sqrt{1-x^2-y^2}}$ で (a,b,c) はこの球面上にあるので, f_x, f_y は (a,b) で連続である. よって $f(x,y)$ は p.71 の定理 7 により全微分可能である. したがって p.71 の定理 10 により

$$f_x(a,b) = \frac{-a}{\sqrt{1-a^2-b^2}} = -\frac{a}{c}, \quad f_y(a,b) = \frac{-b}{\sqrt{1-a^2-b^2}} = -\frac{b}{c}$$

であるので接平面の方程式は,

$$z - c = -\frac{a}{c}(x-a) - \frac{b}{c}(y-b)$$

つまり, $ax + by + cz = 1$.

問題 5.1 $f_x(0,k) = \lim_{h \to 0} \dfrac{f(h,k) - f(0,k)}{h} = \lim_{h \to 0} \dfrac{k(h^2-k^2)}{h^2+k^2} = -k$

$$f_x(0,0) = \lim_{h \to 0} \frac{f(h,0) - f(0,0)}{h} = \lim_{h \to 0} \frac{0}{h} = 0$$

よって, $f_{xy}(0,0) = \lim_{k \to 0} \dfrac{f_x(0,k) - f_x(0,0)}{k} = \lim_{k \to 0} \dfrac{-k}{k} = -1$

同様に,

$$f_y(h,0) = \lim_{k\to 0} \frac{f(h,k)-f(h,0)}{k} = \lim_{k\to 0} \frac{h(h^2-k^2)}{h^2+k^2} = h$$

$$f_y(0,0) = \lim_{k\to 0} \frac{f(0,k)-f(0,0)}{k} = \lim_{k\to 0} \frac{0}{k} = 0$$

よって $\quad f_{yx}(0,0) = \lim_{h\to 0} \frac{f_y(h,0)-f_y(0,0)}{h} = \lim_{h\to 0} \frac{h}{h} = 1$

注意 この例題は，偏微分する順序を変えると得られる偏導関数の値は必ずしも一致しないことを示している．しかし実際には p.74 の定理 11 が適用できて $f_{xy} = f_{yx}$ となる場合が多い．

問題 5.2 （1） $f_x = \dfrac{-x}{\sqrt{1-x^2-y^2}}, \quad f_{xy} = \dfrac{-xy}{\sqrt{(1-x^2-y^2)^3}},$

$\qquad\qquad f_y = \dfrac{-y}{\sqrt{1-x^2-y^2}}, \quad f_{yx} = \dfrac{-xy}{\sqrt{(1-x^2-y^2)^3}}$

（2） $f_x = -\dfrac{y}{x^2+y^2}, \quad f_{xy} = \dfrac{y^2-x^2}{(x^2+y^2)^2}, \quad f_y = \dfrac{x}{x^2+y^2}, \quad f_{yx} = \dfrac{y^2-x^2}{(x^2+y^2)^2}$

問題 6.1 （1） $f_x = \cos(x+y^2), \quad f_y = 2y\cos(x+y^2), \quad f_{xx} = -\sin(x+y^2),$

$f_{xy} = -2y\sin(x+y^2), \quad f_{yy} = 2\cos(x+y^2) - 4y^2\sin(x+y^2),$

$f_{xxx} = -\cos(x+y^2), \quad f_{xxy} = -2y\cos(x+y^2),$

$f_{xyy} = -2\sin(x+y^2) - 4y^2\cos(x+y^2),$

$f_{yyy} = -12y\sin(x+y^2) - 8y^3\cos(x+y^2), \quad f_{xxxx} = -\sin(x+y^2),$

$f_{xxxy} = -2y\sin(x+y^2), \quad f_{xxyy} = -2\cos(x+y^2) + 4y^2\sin(x+y^2), \quad \cdots$

より

$f(0,0) = 0, \quad f_x(0,0) = 1, \quad f_y(0,0) = 0, \quad f_{xx}(0,0) = f_{xy}(0,0) = 0,$

$f_{yy}(0,0) = 2, \quad f_{xxx}(0,0) = -1, \quad f_{xxy}(0,0) = f_{xyy}(0,0) = f_{yyy}(0,0) = 0,$

$f_{xxxx}(0,0) = f_{xxxy}(0,0) = f_{xyyy}(0,0) = f_{yyyy}(0,0) = 0, \quad f_{xxyy}(0,0) = -2, \quad \cdots$

したがって

$$\sin(x+y^2) = x + y - \frac{x^3}{3!} - \frac{2}{4!}x^2y^2 + \cdots$$

（2） $f_x = \dfrac{-x}{(1+x^2+y^2)^{3/2}}, \quad f_y = \dfrac{-y}{(1+x^2+y^2)^{3/2}}, \quad f_{xx} = \dfrac{2x^2-y^2-1}{(1+x^2+y^2)^{5/2}},$

$f_{xy} = \dfrac{3xy}{(1+x^2+y^2)^{5/2}}, \quad f_{yy} = \dfrac{2y^2-x^2-1}{(1+x^2+y^2)^{5/2}}, \quad f_{xxx} = \dfrac{x(9y^2-6x^2+9)}{(1+x^2+y^2)^{7/2}},$

$f_{xxy} = \dfrac{y(-10x^2+5y^2+3)}{(1+x^2+y^2)^{7/2}}, \quad f_{yyy} = \dfrac{y(9x^2-6y^2+1)}{(1+x^2+y^2)^{7/2}}, \quad \cdots$

（1）と同様の計算によって

$$(1+x^2+y^2)^{-1/2} = 1 - \frac{1}{2!}(x^2+y^2) + \frac{3}{8}(x^2+y^2)^2 - \frac{6}{15}(x^2+y^2)^3 + \cdots$$

問題 6.2 $f_x = 2ax$, $f_y = 2by$, $f_{xx} = 2a$, $f_{xy} = 0$, $f_{yy} = 2b$
$f_{xxx} = f_{xxy} = f_{xyy} = f_{yyy} = 0$ であるから

$$f(x+h, y+k) = f(x,y) + \frac{1}{1!}\left(h\frac{\partial}{\partial x} + k\frac{\partial}{\partial y}\right)f(x,y) + \frac{1}{2!}\left(h\frac{\partial}{\partial x} + k\frac{\partial}{\partial y}\right)^2 f(x,y)$$

$$= ax^2 + by^2 + (2ahx + 2bky) + \frac{1}{2}(h^2 \cdot 2a + k^2 \cdot 2b)$$

$$= ax^2 + by^2 + 2(ahx + bky) + ah^2 + bk^2$$

問題 7.1　(1)　p.75 の定理 13 を用いる．まず連立方程式 $f_x = 0$, $f_y = 0$ の解を求めよう．

$f_x = 3x^2y + y^3 - y = y(3x^2+y^2-1)$, $f_y = x^3 + 3xy^2 - x$ であるので，
$$y(3x^2+y^2-1) = 0, \quad x(x^2+3y^2-1) = 0$$
の解を求めればよい．つまり，

$$\begin{cases} y = 0 \\ x = 0 \end{cases} \quad \begin{cases} y = 0 \\ x^2+3y^2-1 = 0 \end{cases} \quad \begin{cases} 3x^2+y^2-1 = 0 \\ x = 0 \end{cases} \quad \begin{cases} 3x^2+y^2-1 = 0 \\ x^2+3y^2-1 = 0 \end{cases}$$

の 4 つの連立方程式の解を求めることになる．

はじめの 3 つの連立方程式を解くと，その解は
$$(x,y) = (0,0), \quad (x,y) = (\pm 1, 0), \quad (x,y) = (0, \pm 1)$$
となる．4 つめの連立方程式は，最初の式より，$y^2 = -3x^2 + 1$ となりこれを 2 式に代入して，$x^2 + 3(-3x^2+1) - 1 = 0$．よって，$x = \pm 1/2$．これを最初の式に代入すると，
$$(x,y) = (\pm 1/2, 1/2), \quad (x,y) = (\pm 1/2, -1/2)$$
つぎに $f_{xx} = 6xy$, $f_{yy} = 6xy$, $f_{xy} = 3x^2 + 3y^2 - 1$ であるので，
$$D = f_{xy}^2 - f_{xx} \cdot f_{yy} = (3x^2+3y^2-1)^2 - (6xy)(6xy)$$
$D(0,0) = 1 > 0, D(\pm 1, 0) = 4 > 0, D(0, \pm 1) = 4 > 0$ であるので，$(0,0), (\pm 1, 0), (0, \pm 1)$ の各点では極値をもたない．

$D\left(\dfrac{1}{2}, \dfrac{1}{2}\right) < 0$, $f_{xx}\left(\dfrac{1}{2}, \dfrac{1}{2}\right) > 0$ より，$f\left(\dfrac{1}{2}, \dfrac{1}{2}\right) = -\dfrac{1}{8}$ は極小値.

$D\left(-\dfrac{1}{2}, \dfrac{1}{2}\right) < 0$, $f_{xx}\left(-\dfrac{1}{2}, \dfrac{1}{2}\right) < 0$ より，$f\left(-\dfrac{1}{2}, \dfrac{1}{2}\right) = \dfrac{1}{8}$ は極大値.

$D\left(\dfrac{1}{2}, -\dfrac{1}{2}\right) < 0$, $f_{xx}\left(\dfrac{1}{2}, -\dfrac{1}{2}\right) < 0$ より，$f\left(\dfrac{1}{2}, -\dfrac{1}{2}\right) = \dfrac{1}{8}$ は極大値.

$D\left(-\dfrac{1}{2}, -\dfrac{1}{2}\right) < 0$, $f_{xx}\left(-\dfrac{1}{2}, -\dfrac{1}{2}\right) > 0$ より，$f\left(-\dfrac{1}{2}, -\dfrac{1}{2}\right) = -\dfrac{1}{8}$ は極小値.

(2) p.75 の定理 13 を用いる.
$f_x = 4(x^3 - x + y)$, $f_y = 4(y^3 - y + x)$ であるから,
$$f_x = 0, f_y = 0 \quad \text{すなわち} \quad x^3 - x + y = 0 \cdots ①, \quad y^3 - y + x = 0 \cdots ②$$
を解く. ①+②より $x^3 + y^3 = 0$, すなわち $(x+y)(x^2 - xy + y^2) = 0$.
$$x^2 - xy + y^2 = \left(x - \frac{1}{2}y\right)^2 + \frac{3}{4}y^2 > 0 \quad \text{であるので,} \quad x = -y \cdots ③$$
③を①に代入すると, $x(x^2 - 2) = 0$ となり $x = \sqrt{2}, x = -\sqrt{2}, x = 0$.

よって, (i) $x = \sqrt{2}, y = -\sqrt{2}$, (ii) $x = -\sqrt{2}, y = \sqrt{2}$, (iii) $x = 0, y = 0$ となる.
$$f_{xx} = 4(3x^2 - 1), \quad f_{yy} = 4(3y^2 - 1), \quad f_{xy} = 4$$
であるから, $D = f_{xy}{}^2 - f_{xx} \cdot f_{yy}$ とおくと,
$$D(\sqrt{2}, -\sqrt{2}) = 16 - 4 \cdot 5 \cdot 4 \cdot 5 < 0, \quad f_{xx}(\sqrt{2}, -\sqrt{2}) = 20 > 0$$
$$D(-\sqrt{2}, \sqrt{2}) = 16 - 4 \cdot 5 \cdot 4 \cdot 5 < 0, \quad f_{xx}(-\sqrt{2}, \sqrt{2}) = 20 > 0$$
$$D(0, 0) = 0$$
よって, $f(x, y)$ は点 $(\sqrt{2}, -\sqrt{2}), (-\sqrt{2}, \sqrt{2})$ で極小となり, 極小値は
$$f(\sqrt{2}, -\sqrt{2}) = f(-\sqrt{2}, \sqrt{2}) = -8$$
である.

つぎに, $D(0,0) = 0$ であるので, $f(0,0)$ が極値であるかどうかはこれだけでは判定できないので他の方法を考えなくてはならない.

$f(0,0) = 0$ であるので, いま, $x = y \neq 0$ とすると,
$$f(x, y) = f(x, x) = 2x^4 > 0$$
また, $x = 0, -\sqrt{2} < y < \sqrt{2}, y \neq 0$ とすると,
$$f(x, y) = f(0, y) = y^2(y^2 - 2) < 0$$
となる. すなわち, 点 $(0,0)$ の近くでは $f(x,y)$ の値は $f(0,0)$ より大きいことも小さいことも起こり得る. したがって, $f(0,0)$ は極値ではない.

問題 7.2 (1) p.75 の定理 13 を用いる.
$$f_x = \cos x - \cos(x + y), \quad f_y = \cos y - \cos(x + y)$$
であるので, $f_x = 0, f_y = 0$ より,
$$\cos x = \cos y \cdots ①, \quad \cos x = \cos(x + y) \cdots ②$$
となる. いま, $0 < x < \pi, 0 < y < \pi \cdots$ ③である.

①の解は一般的には, $x = 2n\pi \pm y$ (n は整数) である. $n = 0$ のとき, $x = \pm y$ となるが③の条件により, $x = y \cdots$ ④となる. つぎに, $n = 1$ の場合は, $x = 2\pi \pm y$ となるが,

$x = 2\pi + y$ も，$x = 2\pi - y$ も③の条件により不適．$n = -1, \pm 2, \cdots$ の場合も当然不適である．

つぎに②より，一般的には，$x = 2n\pi \pm (x+y)$ となる．$n = 0$ の場合は，$x = x + y$，$x = -x - y$ となり，③の条件より不適．$n = 1$ のときは，$x = 2\pi \pm (x+y)$ となり，$x = 2\pi - x - y$ より $2x = 2\pi - y \cdots$ ⑤となる．

$x = 2\pi + x + y$ のときは，③の条件より不適．よって④，⑤より $x = \dfrac{2}{3}\pi, y = \dfrac{2}{3}\pi$ が，①，②の解である．

つぎに，$f_{xy} = \sin(x+y), f_{xx} = -\sin x + \sin(x+y), f_{yy} = -\sin y + \sin(x+y)$ であるから，

$$D\left(\frac{2}{3}\pi, \frac{2}{3}\pi\right) = f_{xy}{}^2\left(\frac{2}{3}\pi, \frac{2}{3}\pi\right) - f_{xx}\left(\frac{2}{3}\pi, \frac{2}{3}\pi\right)f_{yy}\left(\frac{2}{3}\pi, \frac{2}{3}\pi\right)$$

$$= \left(\sin\frac{4}{3}\pi\right)^2 - \left(-\sin\frac{2}{3}\pi + \sin\frac{4}{3}\pi\right)\left(-\sin\frac{2}{3}\pi + \sin\frac{4}{3}\pi\right)$$

$$= \left(-\frac{\sqrt{3}}{2}\right)^2 - \left(-\frac{\sqrt{3}}{2} - \frac{\sqrt{3}}{2}\right)\left(-\frac{\sqrt{3}}{2} - \frac{\sqrt{3}}{2}\right)$$

$$= -\frac{9}{4} < 0$$

$$f_{xx}\left(\frac{2}{3}\pi, \frac{2}{3}\pi\right) = -\sin\frac{2}{3}\pi + \sin\frac{4}{3}\pi$$

$$= -\sqrt{3} < 0$$

よって，p.75 の定理 13 より，極大値は $f\left(\dfrac{2}{3}\pi, \dfrac{2}{3}\pi\right) = \dfrac{3}{2}\sqrt{3}$ となる．

(2) $f_x = 8x^3 - 10xy, f_y = 4y - 5x^2$ であるので，

$$\begin{cases} f_x = 8x^3 - 10xy = 0 \cdots \text{①} \\ f_y = 4y - 5x^2 = 0 \cdots \text{②} \end{cases}$$

②より $y = \dfrac{5}{4}x^2$ であるので，これを①に代入すると，$-\dfrac{9}{2}x^3 = 0$．よって $x = 0$．ゆえに $y = 0$ となる．また，$f_{xy} = -10, f_{xx} = 24x^2 - 10y, f_{yy} = 4$ であるから

$$\{f_{xy}(0,0)\}^2 - f_{xx}(0,0)f_{yy}(0,0) = 0$$

したがって p.75 の定理 13 を使うことはできない．しかし $f(x, y) = (2x^2 - y)(x^2 - 2y)$ であるから，$\dfrac{x^2}{2} < y < 2x^2$ のとき $f(x, y) < f(0, 0) = 0$；$y < \dfrac{x^2}{2}$ または $x^2 < \dfrac{y}{2}$ のとき $f(x, y) > f(0, 0) = 0$ となり $f(0, 0)$ は極値ではない．

問題 8.1 (1) p.79 の定理 14 (2) より $f(x,y) = x^3 + xy + y^2 - a^2 = 0$ とおくと, $f_x = 3x^2 + y$, $f_y = x + 2y$ より, $f_y \neq 0$ となる点, すなわち $x + 2y = 0$ の点を除いて,

$$\frac{dy}{dx} = -\frac{f_x}{f_y} = -\frac{3x^2 + y}{x + 2y}$$

(2) p.79 の定理 14 (2) より $f(x,y) = \sin x + \sin y - \sin(x+y) = 0$ とおくと,

$$f_x = \cos x - \cos(x+y), \quad f_y = \cos y - \cos(x+y)$$

であるので, $f_y = \cos y - \cos(x+y) = 0$ になるところを除いて,

$$\frac{dy}{dx} = -\frac{f_x}{f_y} = -\frac{\cos x - \cos(x+y)}{\cos y - \cos(x+y)}$$

(3) p.79 の定理 14 (2) より $f(x,y) = \log\sqrt{x^2+y^2} - \tan^{-1}\frac{y}{x} = 0$ とおく. いま,

$$f_x = \frac{1}{2}\frac{2x}{x^2+y^2} - \frac{-y/x^2}{1+(y/x)^2} = \frac{x+y}{x^2+y^2},$$

$$f_y = \frac{1}{2}\frac{2y}{x^2+y^2} - \frac{1/x}{1+(y/x)^2} = \frac{y-x}{x^2+y^2}$$

ゆえに, $f_y \neq 0$. すなわち, $x \neq y$ のとき,

$$\frac{dy}{dx} = -\frac{f_x}{f_y} = -\frac{x+y}{y-x} = \frac{x+y}{x-y}$$

問題 9.1 (1) p.79 の陰関数の極値より, $f(x,y) = 2x^2 + xy + 3y^2 - 1 = 0$ とおくと,

$$f_x = 4x + y, \quad f_y = x + 6y, \quad f_{xx} = 4$$

$f = f_x = 0$ を解けば $x = \pm\frac{1}{\sqrt{46}}, y = \mp\frac{4}{\sqrt{46}}$. これらの点における $y'' = -\frac{f_{xx}}{f_y}$ を求めると

$$-\frac{f_{xx}}{f_y} = -\frac{4}{\pm\frac{1}{\sqrt{46}} \mp \frac{24}{\sqrt{46}}} = \begin{cases} -\dfrac{4}{1/\sqrt{46} - 24/\sqrt{46}} \\ -\dfrac{4}{-1/\sqrt{46} + 24/\sqrt{46}} \end{cases} = \begin{cases} \dfrac{4\sqrt{46}}{23} > 0 \\ -\dfrac{4\sqrt{46}}{23} < 0 \end{cases}$$

ゆえに, $x = \frac{1}{\sqrt{46}}$ で y は極小値 $-\frac{4}{\sqrt{46}}$ をとり, $x = \frac{-1}{\sqrt{46}}$ で極大値 $\frac{4}{\sqrt{46}}$ をとる.

(2) p.79 の陰関数の極値より $f(x,y) = x^3 y^3 + y - x = 0$ とおくと

$$f_x = 3x^2 y^3 - 1, \quad f_y = 3x^3 y^2 + 1, \quad f_{xx} = 6xy^3$$

$f = f_x = 0$ を解けば $x = \left(\frac{9}{8}\right)^{1/5}, y = \left(\frac{4}{27}\right)^{1/5}$. この点において

$$-\frac{f_{xx}}{f_y} = -\frac{6\left(\frac{9}{8}\right)^{1/5}\left(\frac{4}{27}\right)^{3/5}}{3\left(\frac{9}{8}\right)^{3/5}\left(\frac{4}{27}\right)^{2/5}+1} < 0$$

ゆえに $x = \left(\frac{9}{8}\right)^{1/5}$ で y は極大値 $y = \left(\frac{4}{27}\right)^{1/5}$ をとる.

(3) p.79 の陰関数の極値より $f(x,y) = 2x^5 + 3ay^4 - x^2y^3 = 0$ とおく.

$$f_x = 10x^4 - 2xy^3, \quad f_y = 12ay^3 - 3x^2y^2, \quad f_{xx} = 40x^3 - 2y^3$$

$f = f_x = 0$ を解けば $(x,y) = (0,0), (\sqrt[3]{5^4}a, \sqrt[3]{5^5}a)$.

$(x,y) = (0,0)$ のときは $f_y(0,0) = 0$ となってこの曲線の特異点である.

$$-\frac{f_{xx}(\sqrt[3]{5^4}a, \sqrt[3]{5^5}a)}{f_y(\sqrt[3]{5^4}a, \sqrt[3]{5^5}a)} = \frac{2}{a} > 0$$

より $x = 5^{4/3}a$ で極小値 $y = 5^{5/3}a$ となる.

問題 10.1 (1) $f(x,y)$ は原点からの距離の平方であるから極値は存在することはわかる. よって, p.89 の定理 15 (ラグランジュの未定乗数法) が使える.

いま, $z = x + y - 1 + k(x^2 + y^2)$ とおき,

$$z_x = 1 + 2kx, \quad z_y = 1 + 2ky, \quad z_x = 0, \quad z_y = 0$$

より k を消去すると, $x = y$ を得る. これを $x + y - 1 = 0$ に代入して, $x = y = \frac{1}{2}$. このとき, $g\left(\frac{1}{2}, \frac{1}{2}\right) = \frac{1}{2}$ が求める極値である.

(2) ラグランジュの未定乗数法を用いる. $z = x^2 + y^2 + k(x^3 + y^3 - 3xy)$ とおき,

$$z_x = 2x + 3k(x^2 - y), \quad z_y = 2y + 3k(y^2 - x), \quad z_x = z_y = 0$$

より k を消去する.

$$x(y^2 - x) = y(x^2 - y) \quad \text{すなわち} \quad (x-y)(xy + x + y) = 0$$

よって, $x = y$ と $x^3 - 3xy + y^3 = 0$ から, $(x,y) = (0,0), (x,y) = (3/2, 3/2)$. つぎに, $xy + x + y = 0 \cdots$ ①, $x^3 - 3xy + y^3 = 0 \cdots$ ②の連立方程式を解く.

①より $xy = -(x+y) \cdots$ ③, ②より $(x+y)\{(x+y)^2 - 3xy\} - 3xy = 0$ となるので, この式に①を代入すると,

$$(x+y)\{(x+y)^2 + 3(x+y)\} + 3(x+y) = 0$$

$x + y = X$ とおくと, $X(X^2 + 3X + 3) = 0$ となり, $X^2 + 3X + 3 > 0$ であるから, $X = 0$. すなわち, $x + y = 0$ となる. よって, この連立方程式の解は $(x,y) = (0,0)$.

したがって，$f(x,y)$ の極値は $f(0,0)=0$, $f(3/2,3/2)=9/2$ である．$f(x,y)=x^2+y^2$ は幾何学的に考えると，原点からの距離の平方であるから，極小値は 0 であり，極大値は $9/2$ である．

問題 10.2 最短距離の存在は幾何学的にわかっているので，ラグランジュの未定乗数法が使える．

直線 $ax+by+c=0$ 上の点 (x,y) と点 (α,β) との距離の平方は，
$$f(x,y)=(x-\alpha)^2+(y-\beta)^2$$
である．したがって，$ax+by+c=0$ の条件のもとで $f(x,y)$ の最小値を求めればその平方根が求める最短距離である．
$$z=(x-\alpha)^2+(y-\beta)^2+\lambda(ax+by+c)$$
とおくと，
$$z_x=2(x-\alpha)+\lambda a, \quad z_y=2(y-\beta)+\lambda b$$
$z_x=z_y=0$ から λ を消去すると，$bx-ay+a\beta-b\alpha=0$ を得る．これと $ax+by+c=0$ から x,y を求めると，
$$x=\frac{b^2\alpha-ab\beta-ac}{a^2+b^2}, \quad y=\frac{a^2\beta-ab\alpha-bc}{a^2+b^2}$$
この x,y の値が $f(x,y)$ に最小値を与える候補であり，このとき $f(x,y)$ の値は，
$$\left(\frac{b^2\alpha-ab\beta-ac}{a^2+b^2}-\alpha\right)^2+\left(\frac{a^2\beta-ab\alpha-bc}{a^2+b^2}-\beta\right)^2=\frac{(a\alpha+b\beta+c)^2}{a^2+b^2}$$
したがって，もし $f(x,y)$ の最小値があればそれは $\dfrac{(a\alpha+b\beta+c)^2}{a^2+b^2}$ に他ならない．一方，問題の最短距離の存在は幾何学的にわかっているから，求める最短距離は，
$$\frac{|a\alpha+b\beta+c|}{\sqrt{a^2+b^2}}$$
である．

問題 11.1 (1) p.80 の定理 16 より，$f(x,y,\alpha)=(x-\alpha)^2+y^2-1=0$ とおくと，$f_\alpha=-2(x-\alpha)=0$ より $\alpha=x$.

$(x-\alpha)^2+y^2-1=0$ に代入して，包絡線 $y^2-1=0$ を得る．

(2) p.80 の定理 16 より $f(x,y,\alpha)=x^3-\alpha(y+\alpha)^2$ とおくと，$f_\alpha=-(y+\alpha)(y+3\alpha)=0$ より $y+3\alpha=0$ または $y+\alpha=0$.

$y+3\alpha=0$ のときは $\alpha=-y/3$ であるので，これを $f(x,y,\alpha)=0$ に代入して，包絡線は，

$$27x^3 + 4y^3 = 0$$

$y + \alpha = 0$ のとき $f(x, y, \alpha) = 0$ に代入して $x = 0$.

$f_x = 3x^2$, $f_y = -2\alpha(y+\alpha)$ であるから $x = 0$ のとき $f_x = 0$, $y = -3\alpha$ のとき $f_y = 0$ より $x = 0$ は特異点の軌跡である.

問題 11.2 （1） $x^2 - y^2 = a^2$ 上の 1 点 (α, β) を中心とする原点を通る円の方程式は,

$$(x - \alpha)^2 + (y - \beta)^2 = \alpha^2 + \beta^2$$

したがって $x^2 + y^2 - 2\alpha x - 2\beta y = 0$, $\alpha^2 - \beta^2 = a^2$.

$f(x, y, \alpha) = x^2 - 2\alpha x + y^2 - 2\beta y = 0$ とおく. $f(x, y, \alpha)$ と $\alpha^2 - \beta^2 = a^2$ を α で偏微分すれば,

$$-2x - 2y\frac{d\beta}{d\alpha} = 0, \quad 2\alpha - 2\beta\frac{d\beta}{d\alpha} = 0$$

ゆえに $x + \dfrac{\alpha}{\beta}y = 0$.

$\beta = -\dfrac{\alpha y}{x}$ として $f(x, y, \alpha) = 0$ に代入すれば, $x(x^2 + y^2) = 2\alpha(x^2 - y^2)$.

$$\alpha^2 - \beta^2 = a^2, \quad \alpha^2 y^2 = \beta^2 x^2$$

から $a^2 x^2 = \alpha^2(x^2 - y^2)$. この 2 つの式から α を消去すれば,

$$(x^2 + y^2)^2 = 4a^2(x^2 - y^2)$$

これが求める包絡線である.

（2） 線分群は $\dfrac{x}{\alpha} + \dfrac{y}{\beta} = 1$, ただし $\alpha^2 + \beta^2 = a^2$（一定）と書ける.

いま, $f(x, y, \alpha) = \dfrac{x}{\alpha} + \dfrac{y}{\beta} - 1 = 0$ とおき, $f(x, y, \alpha) = 0$ と $\alpha^2 + \beta^2 = a^2$ を α で偏微分すると,

$$f_\alpha = -\frac{x}{\alpha^2} - \frac{y}{\beta^2}\frac{d\beta}{d\alpha} = 0, \quad \alpha + \beta\frac{d\beta}{d\alpha} = 0$$

$\dfrac{d\beta}{d\alpha}$ を消去して, $\beta^3 x = \alpha^3 y$. これと $\alpha^2 + \beta^2 = a^2$ より, $\alpha^2(x^{2/3} + y^{2/3}) = a^2 x^{2/3}$.

また, $\beta^3 x = \alpha^3 y$ と $\dfrac{x}{\alpha} + \dfrac{y}{\beta} = 1$ より $x\left(\dfrac{y}{x}\right)^{1/3} + y = \left(\dfrac{y}{x}\right)^{1/3}\alpha$.

したがって, $\alpha^2 = x^{2/3}(x^{2/3} + y^{2/3})^2$.

ゆえに, $(x^{2/3} + y^{2/3})^3 = a^2$, すなわち, 求める包絡線は,

$$x^{2/3} + y^{2/3} = a^{2/3}$$

第5章の解答

問題 1.1 （1） 右下図を x に関する単純な領域とみる．この領域で積分する．

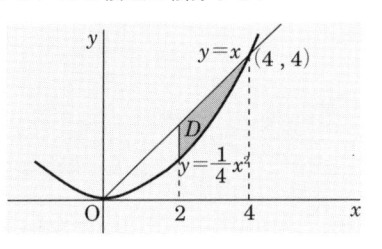

放物線 $y = \dfrac{1}{4}x^2$ と直線 $y = x$ との交点の座標は $(0,0)$ と $(4,4)$ である．ゆえに，

$$\iint_D \frac{x}{x^2+y^2}\,dx\,dy$$
$$= \int_2^4 dx \int_{x^2/4}^x \frac{x}{x^2+y^2}\,dy$$
$$= \int_2^4 \left[x \frac{1}{x} \tan^{-1} \frac{y}{x} \right]_{x^2/4}^x dx$$
$$= \int_2^4 \left(\tan^{-1} 1 - \tan^{-1} \frac{x}{4} \right) dx = \left[\frac{\pi}{4} x \right]_2^4 - \left[x \tan^{-1} \frac{x}{4} \right]_2^4 + \int_2^4 x \frac{1}{1+(x/4)^2} \frac{1}{4}\,dx$$
$$= \frac{\pi}{2} - 4\tan^{-1} 1 + 2\tan^{-1} \frac{1}{2} + [2\log(16+x^2)]_2^4$$
$$= 2\tan^{-1} \frac{1}{2} - \frac{\pi}{2} + 2\log \frac{8}{5}$$

（2） 右図を y に関する単純な領域とみる．はじめに x で積分する．

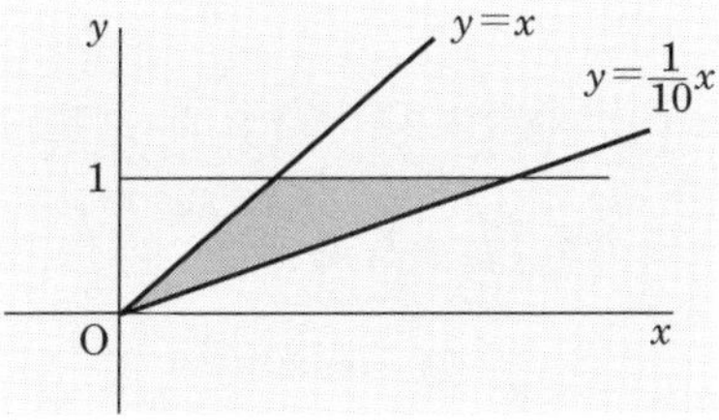

$$I = \int_0^1 dy \int_y^{10y} \sqrt{xy-y^2}\,dx$$
$$= \int_0^1 \left[\frac{2}{3}(xy-y^2)^{3/2} \cdot \frac{1}{y} \right]_y^{10y} dy$$
$$= \frac{2}{3} \int_0^1 \left\{ (10y^2-y^2)^{3/2} \cdot \frac{1}{y} - (y^2-y^2) \cdot \frac{1}{y} \right\} dy$$
$$= \int_0^1 18y^2 dy = [6y^3]_0^1 = 6$$

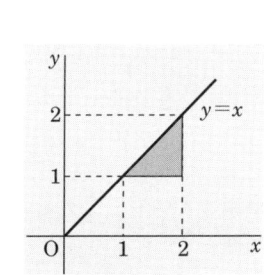

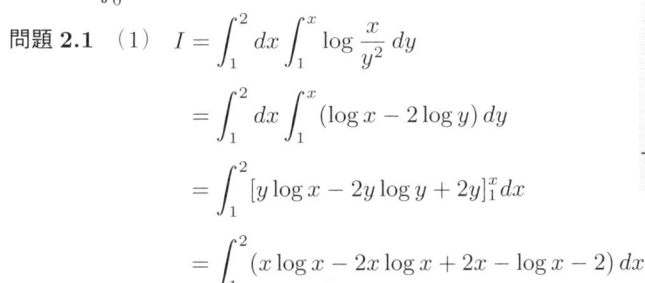

問題 2.1 （1） $I = \displaystyle\int_1^2 dx \int_1^x \log \frac{x}{y^2}\,dy$

$$= \int_1^2 dx \int_1^x (\log x - 2\log y)\,dy$$
$$= \int_1^2 [y\log x - 2y\log y + 2y]_1^x dx$$
$$= \int_1^2 (x\log x - 2x\log x + 2x - \log x - 2)\,dx$$

$$= \int_1^2 (-x\log x - \log x + 2x - 2)\,dx$$

$$= \left[-\frac{x^2}{2}\log x + \frac{x^2}{4} - x\log x + x + x^2 - 2x\right]_1^2$$

$$= \left[-\frac{x^2}{2}\log x + \frac{5}{4}x^2 - x\log x - x\right]_1^2 = \frac{11}{4} - 4\log 2$$

(2) 積分する領域は p.65 の図を参照.

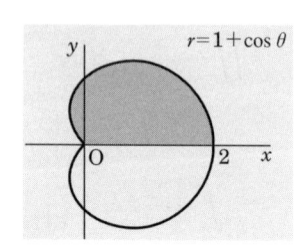

$$I = \int_0^\pi \left\{\int_0^{1+\cos\theta} r^2 \sin\theta\,dr\right\} d\theta$$

$$= \int_0^\pi \left[\frac{r^3}{3}\sin\theta\right]_0^{1+\cos\theta} d\theta$$

$$= \int_0^\pi \frac{1}{3}(1+\cos\theta)^3 \sin\theta\,d\theta$$

$t = \cos\theta$ とおくと, $dt = -\sin\theta\,d\theta$. よって

$$I = \int_0^{\pi/2} + \int_{\pi/2}^{\pi} = \left(-\frac{1}{3}\right)\left\{\int_1^0 (1+t)^3 dt + \int_0^{-1}(1+t)^3 dt\right\}$$

$$= \frac{1}{3}\left\{\left[\frac{(1+t)^4}{4}\right]_0^1 + \left[\frac{(1+t)^4}{4}\right]_{-1}^0\right\} = \frac{4}{3}$$

(3) 積分する領域は p.53 の例題 13 (1) の図を参照.

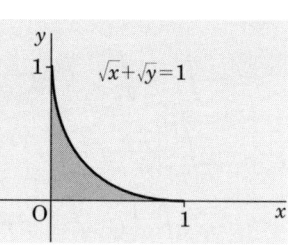

$$I = \iint_D y\,dx\,dy = \int_0^1 dx \int_0^{(1-\sqrt{x})^2} y\,dy$$

$$= \int_0^1 \left[\frac{1}{2}y^2\right]_0^{(1-\sqrt{x})^2} dx = \frac{1}{2}\int_0^1 (1-\sqrt{x})^4 dx$$

$$= \frac{1}{2}\int_0^1 (x^2 - 4x^{3/2} + 6x - 4x^{1/2} + 1)\,dx$$

$$= \frac{1}{2}\left[\frac{1}{3}x^3 - \frac{8}{5}x^{5/2} + 3x^2 - \frac{8}{3}x^{3/2} + x\right]_0^1$$

$$= \frac{1}{2}\left(\frac{1}{3} - \frac{8}{5} + 3 - \frac{8}{3} + 1\right) = \frac{1}{2} \times \frac{1}{15} = \frac{1}{30}$$

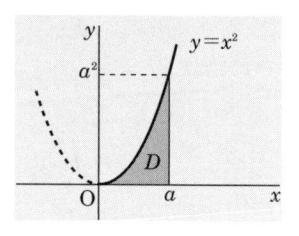

問題 3.1 (1) この積分の範囲は, $x = 0$, $x = a$, $y = x^2$ で囲まれた平面の部分である. よって,

$$I = \int_0^a dx \int_0^{x^2} f(x,y)\,dy = \int_0^{a^2} dy \int_{\sqrt{y}}^a f(x,y)\,dx$$

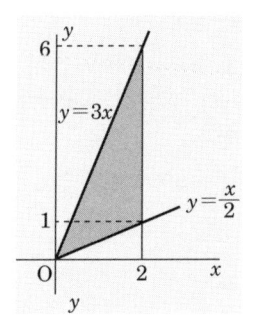

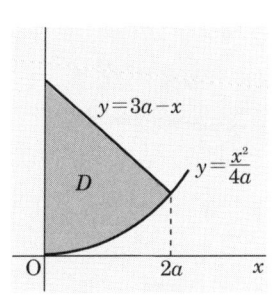

(2) $I = \int_0^2 dx \int_{x/2}^{3x} f(x,y)\,dy$

$= \int_0^1 dy \int_{y/3}^{2y} f(x,y)\,dx + \int_1^6 dy \int_{y/3}^{2} f(x,y)\,dx$ （上左図参照）

(3) $I = \int_0^{2a} dx \int_{x^2/4a}^{3a-x} f(x,y)\,dy$

$= \int_0^a dy \int_0^{2\sqrt{ay}} f(x,y)\,dx + \int_a^{3a} dy \int_0^{3a-y} f(x,y)\,dx$ （上右図参照）

問題 4.1 p.91 の定理 4 (2 重積分の変数の変換) を用いる．与えられた 4 つの放物線が囲む領域は下の右図のようになる．また変数の変換 $x^2 = uy$, $y^2 = vx$ によって，$\Delta : a \leqq u \leqq 2a$, $b \leqq v \leqq 2b$ (下の左図) は D に移る.

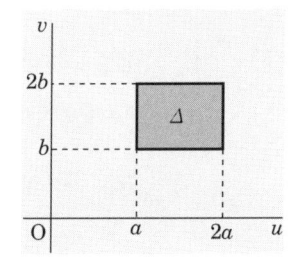

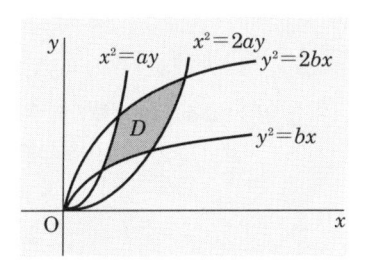

また $y = u^{1/3}v^{2/3}$, $x = u^{2/3}v^{1/3}$ であるので,

$$J = \begin{vmatrix} x_u & x_v \\ y_u & y_v \end{vmatrix} = \begin{vmatrix} \dfrac{2}{3}u^{-1/3}v^{1/3} & \dfrac{1}{3}u^{2/3}v^{-2/3} \\ \dfrac{1}{3}u^{-2/3}v^{2/3} & \dfrac{2}{3}u^{1/3}v^{-1/3} \end{vmatrix} = \dfrac{1}{3}$$

$\therefore \iint_D xy\,dx\,dy = \iint_\Delta (u^{2/3}v^{1/3})(u^{1/3}v^{2/3}) \cdot \dfrac{1}{3}\,du\,dv = \dfrac{1}{3}\int_a^{2a} du \int_b^{2b} uv\,dv$

$= \dfrac{1}{3}\int_a^{2a} u\left[\dfrac{v^2}{2}\right]_b^{2b} du = \dfrac{1}{3}\int_a^{2a} \dfrac{3b^2}{2}u\,du = \dfrac{b^2}{2}\left[\dfrac{u^2}{2}\right]_a^{2a} = \dfrac{3}{4}a^2b^2$

問題 4.2 p.91 の定理 4 (2 重積分の変数の変換) を用いる．

$x+y=u, y=uv$ とおくと，$D: 1/2 \leqq x+y \leqq 1, x \geqq 0, y \geqq 0$ (下の左図) であるので $x+y=u$ より $1/2 \leqq u \leqq 1$ となる．また $y \geqq 0$ より $uv \geqq 0$ となり $u>0$ であるので $v \geqq 0$ となる．また $y=uv$ を $x+y=u$ に代入して $x=u(1-v) \geqq 0$ となる．よって $u>0$ より $v \leqq 1$ を得る．ゆえに uv 平面の有界閉領域は

$$\Delta : 1/2 \leqq u \leqq 1, \quad 0 \leqq v \leqq 1 \text{ (下の右図)}$$

となる．

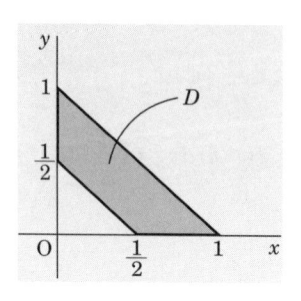

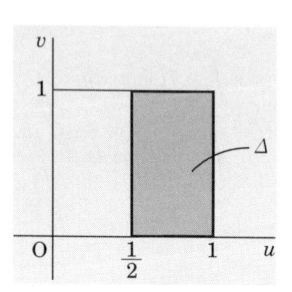

つぎにヤコビアンは $J = \begin{vmatrix} x_u & x_v \\ y_u & y_v \end{vmatrix} = \begin{vmatrix} -v+1 & -u \\ v & u \end{vmatrix} = u$. よって，

$$\iint_D e^{(y-x)/(y+x)} dx\, dy = \iint_\Delta e^{2v-1} u\, du\, dv$$

$$= \int_{1/2}^1 u\, du \int_0^1 e^{2v-1} dv = \left[\frac{u^2}{2}\right]_{1/2}^1 \cdot \left[\frac{1}{2} e^{2v-1}\right]_0^1 = \frac{3}{16}(e - e^{-1})$$

問題 5.1 (1) p.91 の定理 4 (2 重積分の変数の変換) で $x = r\cos\theta, y = r\sin\theta$ とおく．D は中心 $(1/2, 0)$，半径 $1/2$ の円の内部であるから，r, θ の範囲は

$$0 \leqq r \leqq \cos\theta, \quad -\frac{\pi}{2} \leqq \theta \leqq \frac{\pi}{2}$$

となる．この領域を Δ とすると，ヤコビアン $J = r$(p.94 の例題 5 参照) であるので

$$\iint_D x^2 dx\, dy = \iint_\Delta r^2 \cos^2\theta\, r\, dr\, d\theta$$

$$= \int_{-\pi/2}^{\pi/2} d\theta \int_0^{\cos\theta} r^3 \cos^2\theta\, dr = \int_{-\pi/2}^{\pi/2} \cos^2\theta \left[\frac{r^4}{4}\right]_0^{\cos\theta} d\theta$$

$$= \frac{1}{2} \int_0^{\pi/2} \cos^6\theta\, d\theta = \frac{1}{2} \cdot \frac{5}{6} \cdot \frac{3}{4} \cdot \frac{1}{2} \cdot \frac{\pi}{2} = \frac{5\pi}{2^6} \quad \begin{pmatrix} \text{p.48 の三角関数の定積} \\ \text{分の公式 (10) を用いる} \end{pmatrix}$$

(2) p.64 の連珠形 (レムニスケート) の図を参照する．$x = r\cos\theta, y = r\sin\theta$ とおくと，積分する領域は

$$\Delta : -\frac{\pi}{4} \leqq \theta \leqq \frac{\pi}{4}, 0 \leqq r \leqq \sqrt{\cos 2\theta} \quad D : (x^2+y^2)^2 \leqq x^2 - y^2,\ x \geqq 0$$

p.91 の定理 4 により，ヤコビアンは $J = r$ (p.94 の例題 5 参照) であるので，

$$\iint_D \frac{dx\,dy}{(1+x^2+y^2)^2}$$
$$= \int_{-\pi/4}^{\pi/4} d\theta \int_0^{\sqrt{\cos 2\theta}} \frac{r\,dr}{(1+r^2)^2}$$

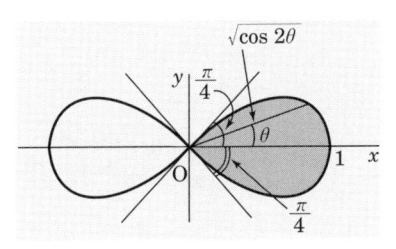

ここで，$J = \displaystyle\int_0^{\sqrt{\cos 2\theta}} \frac{r\,dr}{(1+r^2)^2}$ を求めるために，$r^2 = t$ とおくと，$2r\,dr = dt$ であるので，

$$J = \int_0^{\cos 2\theta} \frac{1}{2} \frac{dt}{(1+t)^2} = \left[-\frac{1}{2}\frac{1}{1+t}\right]_0^{\cos 2\theta}$$
$$= \frac{1}{2}\left(1 - \frac{1}{1+\cos 2\theta}\right) = \frac{1}{2}\left(1 - \frac{1}{2\cos^2\theta}\right)$$

よって，

$$I = \frac{1}{2}\int_{-\pi/4}^{\pi/4} \left(1 - \frac{1}{2\cos^2\theta}\right) d\theta = \frac{1}{2}\left[\theta - \frac{1}{2}\tan\theta\right]_{-\pi/4}^{\pi/4}$$
$$= \frac{1}{2}\left(\frac{\pi}{4} - \frac{1}{2} + \frac{\pi}{4} - \frac{1}{2}\right) = \frac{\pi}{4} - \frac{1}{2}$$

(3) p.91 の定理 4 を用いる．変数を $x = r\cos\theta, y = r\sin\theta$ と r, θ に変換する．積分する領域は

$$\Delta : 0 < r \leqq 1,\quad 0 \leqq \theta < \frac{\pi}{2}$$
$$D : x^2 + y^2 \leqq 1,\quad x \geqq 0,\quad y \geqq 0$$

ヤコビアン $J = r$ (p.94 の例題 5 参照) であるので，

$$\iint_D \tan^{-1}\frac{y}{x}\,dx\,dy$$
$$= \iint_\Delta \theta \cdot r\,dr\,d\theta = \int_0^{\pi/2}\int_0^1 \theta r\,dr\,d\theta$$
$$= \left(\int_0^{\pi/2} \theta\,d\theta\right)\left(\int_0^1 r\,dr\right) = \left[\frac{\theta^2}{2}\right]_0^{\pi/2} \left[\frac{r^2}{2}\right]_0^1 = \frac{\pi^2}{8} \cdot \frac{1}{2} = \frac{\pi^2}{16}$$

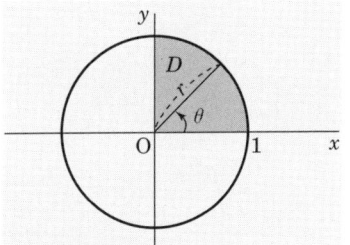

問題 6.1 (1) p.91 で不連続な点がある場合の広義の 2 重積分を定義したが不連続な線分のある場合も同様に考える．

被積分関数は直線 $y = x$ 上の点を除けば D で連続で正である．よって D の近似増加列として

$$D_n : \frac{1}{n} \leq y \leq 1, \quad y \geq x + \frac{1}{n}$$

をとる．$0 < \alpha < 1$ であるので，

$$I_n = \iint_{D_n} \frac{dx\,dy}{(y-x)^\alpha} = \int_{1/n}^1 dy \int_0^{y-1/n} \frac{1}{(y-x)^\alpha} dx$$

$$= \int_{1/n}^1 \left[\frac{-1}{1-\alpha}(y-x)^{1-\alpha} \right]_0^{y-1/n} dy$$

$$= \frac{1}{1-\alpha} \int_{1/n}^1 \left\{ y^{1-\alpha} - \left(\frac{1}{n}\right)^{1-\alpha} \right\} dy = \frac{1}{1-\alpha} \left[\frac{1}{2-\alpha} y^{2-\alpha} - \left(\frac{1}{n}\right)^{1-\alpha} y \right]_{1/n}^1$$

$$= \frac{1}{1-\alpha} \left\{ \frac{1}{2-\alpha} - \left(\frac{1}{n}\right)^{1-\alpha} - \frac{1}{2-\alpha} \left(\frac{1}{n}\right)^{2-\alpha} + \left(\frac{1}{n}\right)^{2-\alpha} \right\}$$

$$\to \frac{1}{(1-\alpha)(2-\alpha)} \quad (n \to \infty)$$

よって $\displaystyle\iint_D \frac{dx\,dy}{(y-x)^\alpha} = \frac{1}{(1-\alpha)(2-\alpha)} \quad (0 < \alpha < 1)$

(2) p.91 の広義の 2 重積分を用いる．

被積分関数は D で正で，原点を除けば連続である．よって D の近似増加列 $\{D_n\}$ として，右図のように D から正方形

$$0 \leq x \leq \frac{1}{n}, \quad 0 \leq y \leq \frac{1}{n}$$

を除いたものを考える．

$$I_n = \iint_{D_n} \frac{dx\,dy}{(x+y)^{3/2}} = \int_0^{1/n} dx \int_{1/n}^1 \frac{dy}{(x+y)^{3/2}} + \int_{1/n}^1 dx \int_0^1 \frac{dy}{(x+y)^{3/2}}$$

$$= \int_0^{1/n} [-2(x+y)^{-1/2}]_{1/n}^1 dx + \int_{1/n}^1 [-2(x+y)^{-1/2}]_0^1 dx$$

$$= -2\int_0^{1/n} (x+1)^{-1/2} dx + 2\int_0^{1/n} \left(x + \frac{1}{n}\right)^{-1/2} dx$$

$$\quad + \int_{1/n}^1 \{(-2)(x+1)^{-1/2} + 2x^{-1/2}\} dx$$

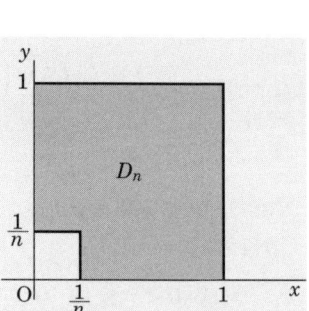

$$= -4[(x+1)^{1/2}]_0^{1/n} + 4\left[\left(x+\frac{1}{n}\right)^{1/2}\right]_0^{1/n}$$
$$+ (-2)2[(x+1)^{1/2}]_{1/n}^1 + 2[2x^{1/2}]_{1/n}^1$$
$$= -4\left(\frac{1}{n}+1\right)^{1/2} + 4 + 4\left(\frac{1}{n}+\frac{1}{n}\right)^{1/2} - 4\left(\frac{1}{n}\right)^{1/2} - 4\sqrt{2}$$
$$+ 4\left(\frac{1}{n}+1\right)^{1/2} + 4 - 4\left(\frac{1}{n}\right)^{1/2}$$
$$\to 4(2-\sqrt{2}) \quad (n\to\infty)$$

よって $\iint_D \dfrac{dxdy}{(x+y)^{3/2}} = 4(2-\sqrt{2})$.

(3) 被積分関数は D で正で,原点以外では連続である.よって,近似増加列をつぎのようにとる. 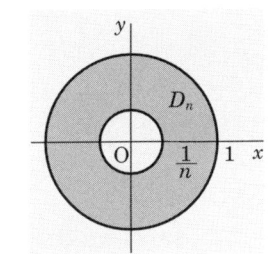
$$D_n : \frac{1}{n^2} \leqq x^2 + y^2 \leqq 1$$

ここで,$x = r\cos\theta, y = r\sin\theta$ とおくと,
$$\iint_{D_n} \frac{dx\,dy}{(x^2+y^2)^{\alpha/2}} = \left(\int_0^{2\pi} d\theta\right)\left(\int_{1/n}^1 \frac{r\,dr}{r^\alpha}\right)$$
$$= 2\pi \int_{1/n}^1 r^{1-\alpha} dr$$

したがって,$\alpha \neq 2$ のとき,
$$\iint_{D_n} \frac{dx\,dy}{(x^2+y^2)^{\alpha/2}} = \frac{2\pi}{2-\alpha}(1 - n^{\alpha-2}) \to \frac{2\pi}{2-\alpha} \quad (\alpha<2) \quad (n\to\infty)$$
$$\to \infty \quad (\alpha>2) \quad (n\to\infty)$$

$\alpha = 2$ のとき,$\iint_{D_n} \dfrac{dx\,dy}{x^2+y^2} = 2\pi\left(\log 1 - \log\dfrac{1}{n}\right) \to \infty$.

ゆえに $\alpha < 2$ のとき,$\iint_D \dfrac{dx\,dy}{(x^2+y^2)^{\alpha/2}}$ は存在して,その値は $\dfrac{2\pi}{2-\alpha}$ である.

問題 7.1 (1) p.92 の無限領域における広義の 2 重積分の場合である.

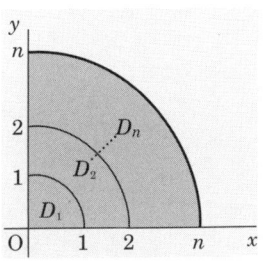

領域 D は $x \geqq 0, y \geqq 0$ であるから近似増加列 $\{D_n\}$ は原点を中心とした半径 n の円と D との共通部分とする.

一方 $e^{-x^2-y^2} > 0$ であるから,p.92 の定理 5 により,この近似増加列について極限を調べればよい.

変数を $x = r\cos\theta, \quad y = r\sin\theta$ と変換すると,

$$\iint_{D_n} e^{-x^2-y^2} dx\,dy = \int_0^{\pi/2} d\theta \int_0^n e^{-r^2} r\,dr = [\theta]_0^{\pi/2} \cdot \left[-\frac{1}{2}e^{-r^2}\right]_0^n$$

$$= \frac{\pi}{2}\left(-\frac{1}{2}e^{-n^2} + \frac{1}{2}\right) = \frac{\pi}{4}(1-e^{-r^2}) \to \frac{\pi}{4} \quad (n\to\infty)$$

よって, $\displaystyle\iint_D e^{-x^2-y^2} dx\,dy = \frac{\pi}{4}$

注意 右図のような $D'_m : 0 \leq x \leq m,\ 0 \leq y \leq m$ によって
定義される $\{D'_m\}$ も D の近似増加列である.

$$I_m = \iint_{D'_m} e^{-x^2-y^2} dx\,dy$$
$$= \left(\int_0^m e^{-x^2} dx\right)\left(\int_0^m e^{-y^2} dy\right)$$
$$= \left(\int_0^m e^{-x^2} dx\right)^2$$

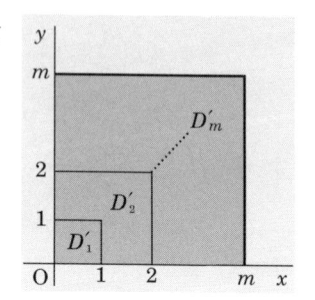

ここで $e^{-x^2-y^2} > 0$ であるので p.92 の定理 5 により近似増加列
が $\{D'_m\}$ のときも $I_m \to \pi/4\,(m\to\infty)$ となる. よって

$$\int_0^\infty e^{-x^2} dx = \frac{\sqrt{\pi}}{2}$$

さらに $\sqrt{2}x = t$ と変数を変換すると,

正規密度関数 $\displaystyle\int_{-\infty}^\infty \frac{1}{\sqrt{2\pi}} e^{-t^2/2} dt = 1$

が得られる.

(2) p.92 の無限領域における広義の 2 重積分の場合
である.

領域 D は $x \geq 0$, $y \geq 0$ であるから近似増加列 $\{D'_m\}$
は原点を中心として半径 m の円と D との共通部分とする.

一方, 被積分関数は正であるから, p.92 の定理 5 を用
いる.

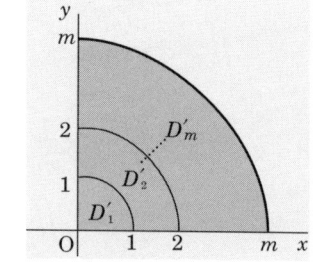

変数を
$$x = r\cos\theta, \quad y = r\sin\theta$$
に変換すると,

$$\iint_{D'_m} x^2 e^{-(x^2+y^2)} dx\,dy = \int_0^{\pi/2} d\theta \int_0^m r^2 \cos^2\theta\, e^{-r^2} r\,dr$$
$$= \left(\int_0^{\pi/2} \cos^2\theta\,d\theta\right)\left(\int_0^m r^3 e^{-r^2} dr\right) = I_1 \times I_2 \text{ とおく.}$$

$$I_1 = \int_0^{\pi/2} \frac{1}{2}(1+\cos 2\theta)\,d\theta = \frac{1}{2}\left[\theta + \frac{1}{2}\sin 2\theta\right]_0^{\pi/2} = \frac{\pi}{4}$$

$r^2 = t$ とおくと, $2r\,dr = dt$ より

$$I_2 = \int_0^{m^2} rte^{-t}\frac{dt}{2r} = \frac{1}{2}\int_0^{m^2} te^{-t}dt$$

$$= \frac{1}{2}[t(-e^{-t})]_0^{m^2} + \frac{1}{2}[-e^{-t}]_0^{m^2} = \frac{1}{2}\left(\frac{m^2}{e^{m^2}} - \frac{1}{e^{m^2}} + 1\right)$$

$$\to 1/2 \quad (m \to \infty)$$

よって $\displaystyle\iint_D x^2 e^{-(x^2+y^2)}dx\,dy = \frac{\pi}{4} \times \frac{1}{2} = \frac{\pi}{8}$

問題 8.1 体積 V は $z = x$ を, $D: 0 \leqq x, x^2 + y^2 \leqq a^2$ で積分して得られる.

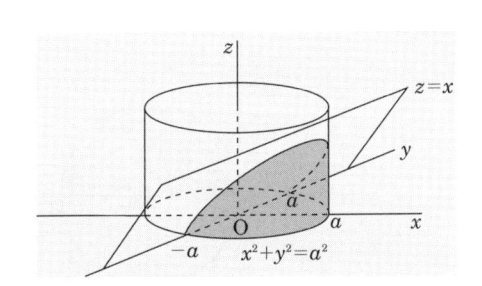

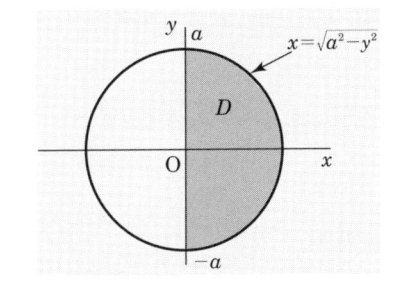

$$V = \iint_D z\,dx\,dy = \int_{-a}^{a} dy \int_0^{\sqrt{a-y^2}} x\,dx = \int_{-a}^{a}\left[\frac{x^2}{2}\right]_0^{\sqrt{a-y^2}} dy$$

$$= \int_{-a}^{a}\frac{a^2-y^2}{2}dy = \frac{1}{2}\left[a^2 y - \frac{y^3}{3}\right]_{-a}^{a} = \frac{1}{2}\left(a^3 - \frac{a^3}{3} + a^3 - \frac{a^3}{3}\right) = \frac{2}{3}a^3$$

問題 8.2 $x \geqq 0, y \geqq 0, z \geqq 0$ の部分を V' とすると, 求める体積 $V = 8V'$ である.

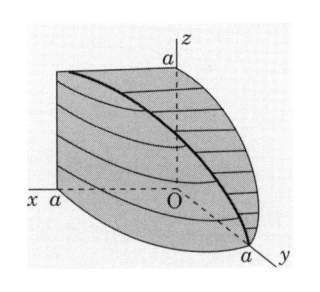

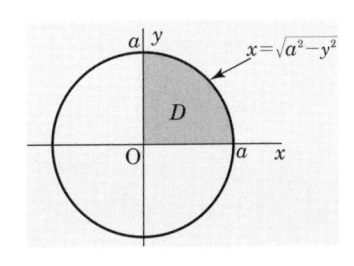

$$V = 8\iint_D z\,dx\,dy = 8\int_0^a dy \int_0^{\sqrt{a^2-y^2}} \sqrt{a^2-y^2}\,dx$$
$$= 8\int_0^a \sqrt{a^2-y^2}[x]_0^{\sqrt{a^2-y^2}}\,dy = 8\int_0^a (a^2-y^2)\,dy = 8\left[a^2 y - \frac{y^3}{3}\right]_0^a = \frac{16}{3}a^3$$

問題 8.3 直径の中心 O から距離 x の点を通って, この直径に垂直な平面で, この切り取った立体を切るとき, 切り口の面積は $S(x) = \dfrac{1}{2}(a^2-x^2)\tan\alpha$.

したがって求める体積 V は, p.58 の (7) より
$$V = \frac{1}{2}\int_{-a}^a (a^2-x^2)\tan\alpha\,dx$$
$$= \frac{\tan\alpha}{2}\left[a^2 x - \frac{x^3}{3}\right]_{-a}^a = \frac{2}{3}a^3\tan\alpha$$

問題 9.1 (1) p.92 の極座標のときの曲面積 (6) を用いる.
$$x^2+y^2+z^2 = a^2 \cdots ①, \quad x^2+y^2 = ax \cdots ②$$

$x = r\cos\theta, y = r\sin\theta$ とおくと, ①より $r^2+z^2 = a^2$, したがって $z \geqq 0$ とすると, $z = \sqrt{a^2-r^2}$, $\dfrac{\partial z}{\partial r} = \dfrac{-r}{\sqrt{a^2-r^2}}$, $\dfrac{\partial z}{\partial \theta} = 0$. よって

$$r^2 + \left(r\frac{\partial z}{\partial r}\right)^2 + \left(\frac{\partial z}{\partial \theta}\right)^2 = r^2 + r^2\frac{r^2}{a^2-r^2}$$
$$= \frac{a^2 r^2}{a^2-r^2}$$

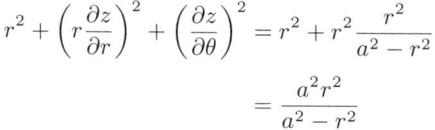

また, ②より $r^2 = ar\cos\theta$, したがって $r = a\cos\theta$ となるから
$$S = 4\int_0^{\pi/2} d\theta \int_0^{a\cos\theta} \frac{ar}{\sqrt{a^2-r^2}}\,dr = 4\int_0^{\pi/2} a\left[-(a^2-r^2)^{1/2}\right]_0^{a\cos\theta} d\theta$$
$$= 4a\int_0^{\pi/2}(a-a\sin\theta)\,d\theta = 4a^2[\theta+\cos\theta]_0^{\pi/2} = 4a^2\left(\frac{\pi}{2}-1\right)$$

(2) p.92 の曲面積 (5) を用いる.
$$x^2+y^2+z^2 = a^2 \cdots ①, \quad x^2+y^2 = ax \cdots ②$$

$y \geqq 0$ とすると, ②から $y = \sqrt{ax-x^2}$, $\dfrac{\partial y}{\partial x} = \dfrac{a-2x}{2\sqrt{ax-x^2}}$, $\dfrac{\partial y}{\partial z} = 0$. よって
$$1 + \left(\frac{\partial y}{\partial x}\right)^2 + \left(\frac{\partial y}{\partial z}\right)^2 = 1 + \frac{a^2-4ax+4x^2}{4(ax-x^2)} = \frac{a^2}{4(ax-x^2)}$$

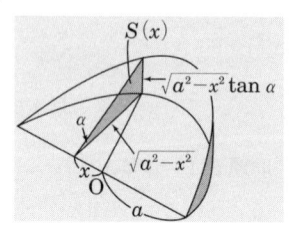

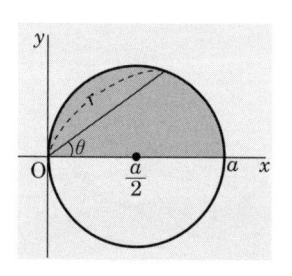

そして，①，②より y を消去して，
$$z^2 = a^2 - ax$$
これは球面と柱面の交線の xz 平面への正射影の xz 平面上の方程式である．いま $z \geqq 0$ とすると $z = \sqrt{a^2 - ax}$ である．よって

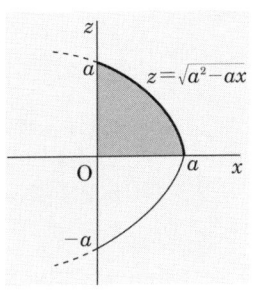

$$\begin{aligned}
S &= 4 \int_0^a dx \int_0^{\sqrt{a^2-ax}} \sqrt{\frac{a^2}{4(ax-x^2)}} \, dz \\
&= 4 \int_0^a \frac{a}{2\sqrt{ax-x^2}} [z]_0^{\sqrt{a^2-ax}} \, dx \\
&= 2a \int_0^a \frac{\sqrt{a}}{\sqrt{x}} \, dx = 2a\sqrt{a} \left[2\sqrt{x}\right]_0^a \\
&= 4a^2
\end{aligned}$$

（3） p.92 極座標のときの曲面積 (6) を用いる． 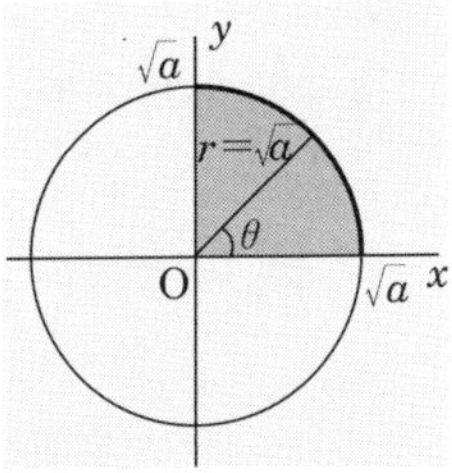
$$D : x^2 + y^2 \leqq a, \quad x \geqq 0, \quad y \geqq 0$$
とする．図形の対称性に注意して，D の上に立つ曲面の面積を求め，それを 4 倍する．

$x = r\cos\theta, y = r\sin\theta$ と極座標に変換する．よって，
$$D' : 0 \leqq r \leqq \sqrt{a}, \quad 0 \leqq \theta \leqq \pi/2$$
また $z = r^2$ となり $\dfrac{\partial z}{\partial r} = 2r, \dfrac{\partial z}{\partial \theta} = 0$. ゆえに
$$\begin{aligned}
S &= 4 \iint_{D'} \sqrt{r^2 + (2r^2)^2} \, dr\, d\theta = 4 \int_0^{\pi/2} d\theta \int_0^{\sqrt{a}} r\sqrt{4r^2+1} \, dr \\
&= 4 \cdot \frac{\pi}{2} \left[\frac{(4r^2+1)^{3/2}}{12}\right]_0^{\sqrt{a}} = \frac{\{(4a+1)^{3/2} - 1\}}{6}\pi
\end{aligned}$$

問題 10.1 （1） 積分する領域 K は右図のように，座標平面と，平面 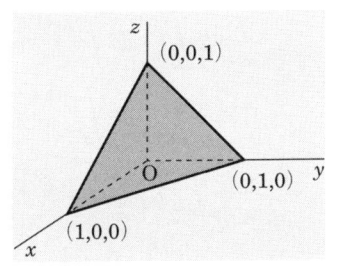
$$x + y + z = 1$$
で囲まれている．ゆえに，
$$\begin{aligned}
I &= \int_0^1 dx \int_0^{1-x} dy \int_0^{1-x-y} \frac{dz}{(x+y+z+1)^3} \\
&= \int_0^1 dx \int_0^{1-x} \left[-\frac{(x+y+z+1)^{-2}}{2}\right]_0^{1-x-y} dy
\end{aligned}$$

$$= \frac{1}{2}\int_0^1 dx \int_0^{1-x} \left\{ \frac{1}{(x+y+1)^2} - \frac{1}{4} \right\} dy$$

$$= \frac{1}{2}\int_0^1 \left[-(x+y+1)^{-1} - \frac{1}{4}y \right]_0^{1-x} dx$$

$$= \frac{1}{2}\int_0^1 \left(\frac{1}{x+1} - \frac{1}{2} + \frac{x-1}{4} \right) dx$$

$$= \frac{1}{2}\left[\log|x+1| - \frac{1}{2}x + \frac{1}{4}\left(\frac{x^2}{2} - x\right) \right]_0^1 = \frac{1}{2}\left(\log 2 - \frac{5}{8} \right)$$

(2) 円柱座標は右図のように与えられる．つまり変換

$$x = r\cos\theta, \quad y = r\sin\theta,$$
$$z = z$$
$$(r \geqq 0,\ 0 \leqq \theta \leqq 2\pi)$$

を用いる．p.99 の注意によって，ヤコビアンは，

$$J = \begin{vmatrix} x_r & x_\theta & x_z \\ y_r & y_\theta & y_z \\ z_r & z_\theta & z_z \end{vmatrix} = \begin{vmatrix} \cos\theta & -r\sin\theta & 0 \\ \sin\theta & r\cos\theta & 0 \\ 0 & 0 & 1 \end{vmatrix} = r$$

$x^2 + y^2 + z^2 \leqq a^2$ より $r^2 + z^2 \leqq a^2$，つまり，$z^2 \leqq a^2 - r^2$．また，$x^2 + y^2 \leqq ax$ より $r^2 \leqq ar\cos\theta$．したがって $r \leqq a\cos\theta$．よって，$K': z^2 \leqq a^2 - r^2, r \leqq a\cos\theta, z \geqq 0$.

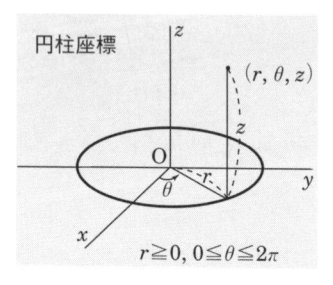

$$I = \iint_{x^2+y^2 \leqq ax} dx\, dy \int_{-\sqrt{a^2-x^2-y^2}}^{\sqrt{a^2-x^2-y^2}} z\, dz$$

$$= \iiint_{K'} zr\, dr\, d\theta\, dz$$

$$= 2\int_0^{\pi/2} d\theta \int_0^{a\cos\theta} r\, dr \int_0^{\sqrt{a^2-r^2}} z\, dz$$

$$= 2\int_0^{\pi/2} d\theta \int_0^{a\cos\theta} \frac{1}{2}\left[z^2\right]_0^{\sqrt{a^2-r^2}} r\, dr = \int_0^{\pi/2} d\theta \int_0^{a\cos\theta} (a^2 - r^2)r\, dr$$

$$= \int_0^{\pi/2} \left[\frac{a^2}{2}r^2 - \frac{r^4}{4} \right]_0^{a\cos\theta} d\theta = \int_0^{\pi/2} \left(\frac{a^4}{2}\cos^2\theta - \frac{a^4}{4}\cos^4\theta \right) d\theta$$

$$= \frac{a^4}{2}\left(\frac{1}{2} \cdot \frac{\pi}{2} - \frac{1}{2} \cdot \frac{3}{4} \cdot \frac{1}{2} \cdot \frac{\pi}{2} \right) = \frac{5}{64}\pi a^4$$

(p.48 の三角関数の定積分の公式 (10) 参照)

第 6 章の解答

問題 1.1 （1） $\dfrac{dy}{dx} = \dfrac{1/x}{1/y}$ となり変数分離形である。p.100 の解法 1 により，

$$\int \frac{1}{x}\,dx - \int \frac{1}{y}\,dy = C, \quad \log|x| - \log|y| = C, \quad \log\left|\frac{x}{y}\right| = C$$

よって，$|x| = e^C|y|$。ここで $\pm e^C$ がまた 1 つの任意定数とすれば，これを m として，$y = mx$ となる。ここに m は任意定数である（以後はただし書きを省くことにする）。

（2） 与式は $\dfrac{dy}{dx} = \dfrac{1/x}{1/\sqrt{1+y^2}}$ であるので変数分離形である。p.100 の解法 1 より，

$$\int \frac{dx}{x} - \int \frac{dy}{\sqrt{1+y^2}} = C_1.$$ したがって，

$$\log|x| - \log(y + \sqrt{1+y^2}) = C_1, \quad y + \sqrt{1+y^2} = e^{-C_1}|x|$$

$y - e^{-C_1}|x| = \sqrt{1+y^2}$ として両辺を 2 乗して

$$y^2 - 2e^{-C_1}|x|y + e^{-2C_1}x^2 = 1 + y^2$$

よって，$y = \dfrac{1}{2}\left(e^{-C_1}|x| - \dfrac{1}{e^{-C_1}|x|}\right) = \dfrac{1}{2}\left(Cx - \dfrac{1}{Cx}\right)$

（3） 与式は $\dfrac{dy}{dx} = \dfrac{2y/x}{1-(y/x)^2}$ となり，同次形である。p.100 の解法 2 により $\dfrac{y}{x} = u$ とおくと，$\dfrac{du}{dx} = \dfrac{\dfrac{2u}{1-u^2} - u}{x}$，つまり $\dfrac{du}{dx} = \dfrac{\dfrac{u(1+u^2)}{1-u^2}}{x}$ となる。これは変数分離形である。よって，

$$\int \frac{1-u^2}{u(1+u^2)}\,du = \int \frac{1}{x}\,dx + C \cdots ①$$

左辺の積分を計算すると，

$$\int \frac{1-u^2}{u(1+u^2)}\,du = \int \left(\frac{1}{u} - \frac{2u}{1+u^2}\right)du$$
$$= \log|u| - \log(1+u^2)$$

これを①に代入して，

$$\log|u| - \log(1+u^2) = \log|x| + \log C_1$$

これより，$\dfrac{|u|}{1+u^2} = C_1|x|$。よって $\dfrac{u}{1+u^2} = Cx$。ゆえに，$x^2 + y^2 = Cy$。

(4) つぎの形の微分方程式 $(aq - bq \neq 0)$ は変数変換により同次形に帰着できる.
$\dfrac{dy}{dx} = f\left(\dfrac{ax+by+c}{px+qy+r}\right)$ が与えられたとき, $\begin{vmatrix} a & b \\ p & q \end{vmatrix} \neq 0$ のときは

$$\begin{cases} ax + by + c = 0 \\ px + qy + r = 0 \end{cases}$$

の解を $\begin{cases} x = \alpha \\ y = \beta \end{cases}$ とし, $\begin{cases} x = u + \alpha \\ y = v + \beta \end{cases}$ とおくと, 与えられた微分方程式は同次形

$$\dfrac{dv}{du} = f\left(\dfrac{au+bv}{pu+qv}\right)$$

に帰着される. この方法により与えられた微分方程式を解く.
$\begin{cases} 4x - y - 6 = 0 \\ 2x + y = 0 \end{cases}$ の解は $\begin{cases} x = 1 \\ y = -2 \end{cases}$ であるので, $\begin{cases} x = u+1 \\ y = v-2 \end{cases}$ とおき, 与式を書き直せば, $\dfrac{dv}{du} = \dfrac{4u-v}{2u+v} = \dfrac{4-v/u}{2+v/u}$ の同次形となる. よって p.100 の解法 2 より, $\dfrac{v}{u} = w$ とおけば,

$$\dfrac{dv}{du} = w + u\dfrac{dw}{du}, \quad w + u\dfrac{dw}{du} = \dfrac{4-w}{2+w}, \quad u\dfrac{dw}{du} = \dfrac{4-3w-w^2}{2+w}$$

を得る. したがって

$$\int \dfrac{w+2}{w^2+3w-4} dw = -\int \dfrac{du}{u} + C_1, \quad \dfrac{1}{5}\log|w-1|^3(w+4)^2 = -\log|u| + C_1$$

ゆえに $(w-1)^3(w+4)^2 u^5 = C$. これを x, y の式になおして整理すれば,

$$\left(\dfrac{y+2}{x-1} - 1\right)^3 \left(\dfrac{y+2}{x-1} + 4\right)^2 (x-1)^5 = C, \quad (y-x+3)^3(4x+y-2)^2 = C$$

(5) つぎの微分方程式 $(aq - bq = 0)$ は変数変換により変数分離形に帰着できる.
$\dfrac{dy}{dx} = f\left(\dfrac{ax+by+c}{px+qy+r}\right)$ が与えられたとき, 連立方程式

$$\begin{cases} ax + by + c = 0 \\ px + qy + r = 0 \end{cases}$$

を考えるが, $\begin{vmatrix} a & b \\ p & q \end{vmatrix} = 0$ のときは, 1通りの解が存在しない. よって $aq - bq = 0$ より $\dfrac{a}{p} = \dfrac{b}{q} = k$ とおくと

$$ax + by + C = k(px + qy) + C$$

となるので, $px + qy = u$ とおけば $\dfrac{du}{dx} = p + q\dfrac{dy}{dx}$. したがって

$$\frac{du}{dx} = p + qf\left(\frac{ku+c}{u+r}\right)$$

となり，変数分離形となる．

この方法により与えられた微分方程式を解く．

$$\frac{dy}{dx} = \frac{1}{2}\left(\frac{du}{dx} - 1\right) = \frac{u-1}{u+1}, \quad \frac{du}{dx} = \frac{2(u-1)}{u+1} + 1 = \frac{3u-1}{u+1}$$

で変数分離形となる p.100 の解法 1 より

$$\int \frac{u+1}{3u-1}\, du = \int dx + C_1, \quad \frac{1}{3}u + \frac{4}{9}\log\left|u - \frac{1}{3}\right| = x + C_1$$

これを整理すれば

$$3u + 4\log\left|u - \frac{1}{3}\right| = 9x + C_2$$

が得られる．これを x, y の式に直せば，つぎのようになる．

$$3x - 3y + C = 2\log|3x + 6y - 1|$$

問題 1.2 曲線上の点 $P(x,y)$ における法線の長さは $\left|y\sqrt{(y')^2 + 1}\right|$ である (右図参照)．

ゆえに題意よりつぎの微分方程式が得られる．

$$y^2((y')^2 + 1) = a^2$$

これから，$\dfrac{dy}{dx} = \pm\dfrac{\sqrt{a^2 - y^2}}{y}$ を得る．

いま，$y \neq \pm a$ とすると，

$$\frac{y}{\sqrt{a^2 - y^2}}\, dy = \pm dx$$

よって，$-\sqrt{a^2 - y^2} = \mp x + C$．つまり

$$(x + C)^2 + y^2 = a^2 \cdots \text{①}$$

これは，中心が x 上にある半径 a の円群である．

つぎに，$y = \pm a$ は特異解である．じつは一般解である円群に接する 2 直線すなわち，円群①の包絡線 (p.84 の問題 11.1 (1) 参照) である．

問題 1.3 与えられた微分方程式は $\dfrac{dy}{dx} = \dfrac{x}{y}$ となり，変数分離形である．p.100 の解法 1 より

$$\int x\, dx - \int y\, dy = C, \quad \frac{x^2}{2} - \frac{y^2}{2} = C$$

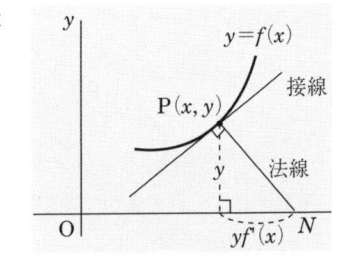

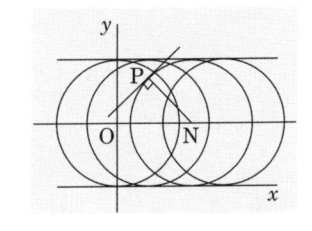

ここで, $x=0$ のとき $y=1$ とすれば $C=-1/2$. ゆえに求める解は
$$-x^2+y^2=1 \quad (y>0)$$

問題 2.1 (1) 与えられた微分方程式は $p(x)=-2$, $q(x)=x^2e^x$ とする 1 階線形微分方程式である. p.101 の解法 3 により
$$y=e^{\int 2dx}\left(\int x^2e^x e^{-\int 2dx}dx+C\right)=e^{2x}\left(\int x^2 e^{-x}dx+C\right)$$
ここで
$$\int x^2 e^{-x}dx=-e^{-x}x^2+2\int e^{-x}x\,dx=-e^{-x}x^2+2\left(-e^{-x}x+\int e^{-x}dx\right)$$
$$=-e^{-x}x^2-2e^{-x}x-2e^{-x}$$
ゆえに, $y=e^{2x}\{C-e^{-x}(x^2+2x+2)\}=Ce^{2x}-(x^2+2x+2)e^x$.

(2) 与えられた微分方程式は $p(x)=2\tan x$, $q(x)=\sin x$ とする 1 階線形微分方程式である. p.101 の解法 3 により,
$$y=\exp\left(-2\int \tan x\,dx\right)\left\{\int \sin x\,\exp\left(2\int \tan x\,dx\right)dx+C\right\}$$
$$=e^{2\log|\cos x|}\left(\int \sin x\,e^{-2\log|\cos x|}dx+C\right)=\cos^2 x\left(\int \frac{\sin x}{\cos^2 x}dx+C\right)$$
$$=\cos^2 x\left(\frac{1}{\cos x}+C\right)=C\cos^2 x+\cos x.$$

(3) 与えられた微分方程式は $p(x)=1/x$, $q(x)=\sin x$ とする 1 階線形微分方程式である. p.101 の解法 3 より,
$$y=e^{-\int (1/x)\,dx}\left\{\int \sin x\,e^{\int (1/x)dx}dx+C\right\}$$
$$=e^{-\log x}\left(\int \sin x\,e^{\log x}dx+C\right)=\frac{1}{x}\left(\int x\sin x\,dx+C\right)$$
$$=\frac{1}{x}\left\{x(-\cos x)+\int \cos x\,dx+C\right\}=-\cos x+\frac{1}{x}\sin x+\frac{C}{x}$$

問題 2.2 (1) 与えられた微分方程式は右辺に y^2 があるので, $p(x)=-1$, $q(x)=x$ とするベルヌーイの微分方程式である. p.101 の解法 4 により, $z=y^{-1}$ とおくと $\dfrac{dz}{dx}=-y^{-2}\dfrac{dy}{dx}$ であるから $-y^2\dfrac{dz}{dx}-y=xy^2$ を得る. すなわち $\dfrac{dz}{dx}+z=-x$ となり 1 階線形である. ゆえに p.100 の解法 1 により
$$z=e^{-\int dx}\left(-\int x\,e^{\int dx}dx+C\right)=e^{-x}\left(-\int xe^x dx+C\right)$$
$$=e^{-x}(e^x-xe^x+C)=1-x+Ce^{-x}$$

ゆえに, $y = \dfrac{1}{Ce^{-x} - x + 1}$.

(2) 与えられた微分方程式は右辺に y^{-1} があるので $p(x) = 1, q(x) = x$ とするベルヌーイの微分方程式である．p.101 の解法 4 で $n = -1$ の場合である．

$z = y^2$ とおくと $\dfrac{dz}{dx} = 2y\dfrac{dy}{dx}$. したがって $\dfrac{dz}{dx} + 2z = 2x$ が得られる．ゆえに

$$z = e^{-2\int dx}\left(\int 2xe^{2\int dx}dx + C\right) = e^{-2x}\left(2\int xe^{2x}dx + C\right)$$
$$= e^{-2x}\left(xe^{2x} - \frac{1}{2}e^{2x} + C\right) = Ce^{-2x} + x - \frac{1}{2}$$

よって，$y^2 = Ce^{-2x} + x - \dfrac{1}{2}$.

問題 3.1 (1) $\dfrac{\partial}{\partial y}(2xy - \cos x) = \dfrac{\partial}{\partial x}(x^2 - 1) = 2x$ であるから完全微分形，ゆえに p.101 の解法 6 により一般解は

$$\int (2xy - \cos x)\,dx + \int\left[x^2 - 1 - \frac{\partial}{\partial y}\left\{\int(2xy - \cos x)\,dx\right\}\right]dy = C$$

よって，$x^2 y - \sin x - y = C$

(2) $\dfrac{\partial}{\partial y}(y^2 + e^x \sin y) = \dfrac{\partial}{\partial x}(2xy + e^x \cos y) = 2y + e^x \cos y$ で完全微分形であるから p.101 の解法 6 により一般解は

$$\int (y^2 + e^x \sin y)\,dx + \int\left[2xy + e^x \cos y - \frac{\partial}{\partial y}\left\{\int(y^2 + e^x \sin y)\,dx\right\}\right]dy = C$$

左辺 $= y^2 x + e^x \sin y + \int\left\{2xy + e^x \cos y - \dfrac{\partial}{\partial y}(y^2 x + e^x \sin y)\right\}dy$

$= y^2 x + e^x \sin y$　よって，$y^2 x + e^x \sin y = C$

問題 3.2 (1) $p(x, y) = 2xy, q(x, y) = -(x^2 - y^2)$ とおくとき，p.101 の積分因子の欄の (ii) を用いる．

$$\frac{1}{p}\left(\frac{\partial q}{\partial x} - \frac{\partial p}{\partial y}\right) = \frac{1}{2xy}(-2x - 2x) = -\frac{2}{y}$$

ゆえに積分因子は $\exp\left(\int\left(-\dfrac{2}{y}\right)dy\right) = \exp(-\log y^2) = \dfrac{1}{y^2}$ となる．これを与式の両辺にかけると $\dfrac{2x}{y} - \left(\dfrac{x^2}{y^2} - 1\right)y' = 0$ となり，この微分方程式は完全微分形である．したがって一般解は p.101 の解法 6 より

$$\int \frac{2x}{y}\,dx + \int\left\{1 - \frac{x^2}{y^2} - \frac{\partial}{\partial y}\int \frac{2x}{y}\,dx\right\}dy = C \quad \text{よって，} \quad \frac{x^2}{y} + y = C$$

(2) $p(x,y) = e^y + xe^y$, $q(x,y) = xe^y$ とおき，p.101 の積分因子の欄の (i) を用いる．

$$\frac{1}{q}\left(\frac{\partial p}{\partial y} - \frac{\partial q}{\partial x}\right) = \frac{1}{xe^y}\left\{\frac{\partial}{\partial y}(e^y + xe^y) - \frac{\partial}{\partial x}xe^y\right\}$$

$$= \frac{1}{xe^y}(e^y + xe^y - e^y) = 1$$

ゆえに，積分因子は

$$\exp\int\left(\frac{p_y - q_x}{q}\right)dx = \exp\int 1\,dx = e^x$$

であるのでこれを両辺にかけて

$$(1+x)e^{x+y}dx + xe^{x+y}dy = 0$$

ゆえに一般解は

$$\int(1+x)e^{x+y}dx + \int\left[xe^{x+y} - \frac{\partial}{\partial y}\left\{\int(1+x)e^{x+y}dx\right\}\right]dy = C$$

$$\therefore\quad xe^{x+y} = C$$

(3) $p(x,y) = y^2(1+y)$, $q(x,y) = x(x-y^2)$ が多項式であるので p.101 の積分因子の欄の (iii) を用いる．つまり

$$\frac{\partial}{\partial y}\{x^m y^{n+2}(1+y)\} = \frac{\partial}{\partial x}\{x^{m+1}y^n(x-y^2)\}$$

となるように m, n を求める．

$$\text{左辺} = (n+2)x^m y^{n+1} + (n+3)x^m y^{n+2}$$

$$= x^m y^n\{(n+2)y + (n+3)y^2\}$$

$$\text{右辺} = (m+2)x^{m+1}y^n - (m+1)x^m y^{n+2}$$

$$= x^m y^n\{(m+2)x - (m+1)y^2\}$$

左辺と右辺が等しくなるのは $m = -2, n = -2$ のときである．したがって積分因子は $\dfrac{1}{x^2 y^2}$ である．これを与えられた微分方程式にかけると $\dfrac{1+y}{x^2}dx + \dfrac{x-y^2}{xy^2}dy = 0$ は完全微分形である．

$$\int\frac{1+y}{x^2}dx = -\frac{1+y}{x}, \quad \int\left\{\frac{x-y^2}{xy^2} + \frac{\partial}{\partial y}\left(\frac{1+y}{x}\right)\right\}dy = \int\frac{dy}{y^2} = -\frac{1}{y}$$

ゆえに一般解は

$$\frac{1+y}{x} + \frac{1}{y} = C$$

問題 3.3 （1） 与式はクレーローの微分方程式であるので，p.101 の解法 5 を用いる．
$f(C) = C^2$ であるから，一般解は
$$y = Cx + C^2 \cdots ①$$
また，$f'(C) = 2C$ であるので，①と $x + 2C = 0$ から C を消去すれば，
$$y = -\frac{x^2}{2} + \frac{x^2}{4} = -\frac{x^2}{4}$$
となり特異解は $y = -\dfrac{x^2}{4}$ である．

（2） 与式はクレーローの微分方程式であるので p.101 の解法 5 を用いる．
$f(C) = \dfrac{1}{C}$ より一般解は
$$y = Cx + \frac{1}{C} \cdots ②$$
また $f'(C) = -\dfrac{1}{C^2}$ であるので，②と $x - \dfrac{1}{C^2} = 0$ より C を消去すれば特異解が得られる．
$$y^2 = \left(Cx + \frac{1}{C}\right)^2 = C^2 x^2 + 2x + \left(\frac{1}{C}\right)^2 = \frac{1}{x} \cdot x^2 + 2x + x = 4x$$
よって特異解は，$y^2 = 4x$ である．

問題 4.1 $[0,1]$ を 10 等分して，$h = 0.1$ とする．

x_i	y_i	$y_i h$
0	1.	0.1
0.1	1.1	0.11
0.2	1.21	0.121
0.3	1.331	0.1331
0.4	1.4641	0.14641
0.5	1.61051	0.161051
0.6	1.77156	0.177156
0.7	1.94872	0.194872
0.8	2.14734	0.214734
0.9	2.36207	0.236207
1.0	2.59828	

注意 与えられた微分方程式 $\dfrac{dy}{dx} = y$ を解くと，$\displaystyle\int \frac{1}{y}\,dy = \int dx + C_1$ となり，$\log y =$

$x + C_1, y = Ce^x$. 初期条件より $C = 1$ であるので, $y = e^x$ を得る. 考える数値は e である. いま求めた数値は 2.59828 であり, $e = 2.718282\cdots$ であるので, 誤差は約 0.12002 で 4.4%程である.

問題 5.1 (1) 与えられた方程式は非斉次の定数係数の 2 階線形微分方程式である. p.102 の (9) を用いる.

$y'' - 3y' + 2y = 0$ の特性方程式 $\lambda^2 - 3\lambda + 2 = 0$ の解は $\lambda = 1, 2$ である. また $y'' - 3y' + 2y = e^{3x}$ の特殊解は p.107 の例題 5 の注意により $y = ae^{3x}$ と予想されるので, これに代入して, $2ae^{3x} = e^{3x}$ となり $a = 1/2$. ゆえに求める一般解は

$$y = C_1 e^x + C_2 e^{2x} + \frac{e^{3x}}{2}$$

(2) 与えられた微分方程式は非斉次の定数係数の 2 階線形微分方程式である. p.102 の (9) を用いる.

$y'' - 2y' + y = 0$ の特性方程式 $\lambda^2 - 2\lambda + 1 = 0$ の解は $\lambda = 1$ (等根) である. また $y'' - 2y' + y = e^x \cos x$ の特殊解は p.107 の例題 5 の注意により $y = (a\cos x + b\sin x)e^x$ と予想される. よってこれを代入すると, $(-a\cos x - b\sin x)e^x = e^x \cos x$ を得る. ゆえに $a = -1, b = 0$ となり特殊解 $y = -e^x \cos x$ を得る. よって求める一般解は

$$y = (C_1 + C_2 x)e^x - e^x \cos x$$

(3) 与えられた微分方程式は非斉次の実数係数の 2 階線形微分方程式である. p.102 の (9) を用いる.

$y'' + y' - 2 = 0$ の特性方程式 $\lambda^2 + \lambda - 2 = 0$ の解は $\lambda = 1, -2$ である. また $y'' + y' - 2y = 2x^2 - 3x$ の特殊解は p.107 の例題 5 の注意により $y = ax^2 + bx + c$ であると予想される. よってこれに代入すると,

$$-2ax^2 + 2(a - b)x + 2a - 2c + b = 2x^2 - 3x$$

ゆえに, $a = -1, 2(a - b) = -3, 2a - 2c + b = 0$. よって, $a = -1, b = 1/2, c = -3/4$. よって求める一般解は,

$$y = C_1 e^x + C_2 e^{-2x} - x^2 + \frac{x}{2} - \frac{3}{4}$$

総合問題の解答

問題 1 $a > 1, a = 1, 0 < a < 1$ の 3 つの場合にわけて考える.

(i) $a > 1$ とし, $a_n = a^{1/n} - 1$ とおけば $a_n > 0$ である. また 2 項定理から, 不等式 $1 + na_n \leqq (1 + a_n)^n$ が得られる.

ところが $a_n = a^{1/n} - 1$ とおいたので, $a_n + 1 = a^{1/n}$. この両辺を n 乗して, $(a_n + 1)^n = a$. このことと, 上記不等式によって, $1 + na_n \leqq a$. すなわち, $0 < a_n \leqq \dfrac{a-1}{n}$. ゆえに $a_n \to 0 \, (n \to \infty)$. したがって, $a^{1/n} \to 1 \, (n \to \infty)$.

(ii) $a = 1$ のときは明らかである.

(iii) $0 < a < 1$ のときは $b = \dfrac{1}{a}$ とおくと $b > 1$ だから上のことから $b^{1/n} \to 1 \, (n \to \infty)$ となる. よって $a^{1/n} \to \dfrac{1}{b^{1/n}} \to 1 \, (n \to \infty)$ となる.

問題 2 $a_n = \dfrac{x^n}{n!}$ とおくと, $\left|\dfrac{a_{n+1}}{a_n}\right| = \dfrac{|x|}{n+1}$. そこで $2|x| \leqq N + 1$ となる自然数 N をとると, $n \geqq N$ のときは

$$\left|\frac{a_{n+1}}{a_n}\right| = \frac{|x|}{n+1} \leqq \frac{N+1}{2(n+1)} \leqq \frac{n+1}{2(n+1)} = \frac{1}{2} \quad \therefore \ |a_{n+1}| \leqq \frac{1}{2}|a_n|$$

よって, これをくり返して用いると

$$|a_{n+1}| \leqq \frac{1}{2}|a_n| \leqq \left(\frac{1}{2}\right)^2 |a_{n-1}| \leqq \cdots \leqq \left(\frac{1}{2}\right)^{n-N} |a_{n-(n-N-1)}|$$
$$= \left(\frac{1}{2}\right)^{n-N} |a_{N+1}| = \left(\frac{1}{2}\right)^n \left(\frac{1}{2}\right)^{-N} |a_{N+1}|$$

よって, $n \to \infty$ のとき $\left(\dfrac{1}{2}\right)^n \to 0$ であるので, $a_n \to 0 \, (n \to \infty)$.

問題 3 $0 < a_1 < 2$ は明らかである. いま $0 < a_n < 2$ と仮定すると,

$$0 < a_{n+1} = \sqrt{2 + a_n} < 2$$

となる. ゆえに数学的帰納法により $0 < a_n < 2$ がすべての n について成り立つ. また,

$$a_{n+1}^2 - a_n^2 = 2 + a_n - a_n^2 = (2 - a_n)(1 + a_n) > 0$$

ゆえに, $a_{n+1}^2 - a_n^2 = (a_{n+1} - a_n)(a_{n+1} + a_n) > 0$ であるので, $a_{n+1} > a_n$. すなわち $\{a_n\}$ は単調増加である. よって $\{a_n\}$ は単調増加で上に有界な数列であるので, p.2 の定理 1 により極限値をもつことがわかる. いまその極限値を α とすると, $\alpha = \sqrt{2 + \alpha}$ となるから, これを解いて $\alpha = 2$ または $\alpha = -1$ となる. ここに $\alpha > 0$ であるので $\alpha = 2$.

問題 4 まず $\{a_n\}$ が単調増加数列であることをいう. 2 項定理を用いて,

を展開する．すなわち，
$$a_n = \left(1 + \frac{1}{n}\right)^n$$

$$a_n = 1 + n\left(\frac{1}{n}\right) + \frac{n(n-1)}{2!}\left(\frac{1}{n}\right)^2 + \frac{n(n-1)(n-2)}{3!}\left(\frac{1}{n}\right)^3 + \cdots$$
$$+ \frac{n(n-1)\cdots(n-(n-1))}{n!}\left(\frac{1}{n}\right)^n$$
$$= 1 + 1 + \frac{1}{2!}\left(1 - \frac{1}{n}\right) + \frac{1}{3!}\left(1 - \frac{1}{n}\right)\left(1 - \frac{2}{n}\right)$$
$$+ \cdots + \frac{1}{n!}\left(1 - \frac{1}{n}\right)\cdots\left(1 - \frac{n-1}{n}\right)$$

同様にして，

$$a_{n+1} = 1 + 1 + \frac{1}{2!}\left(1 - \frac{1}{n+1}\right) + \frac{1}{3!}\left(1 - \frac{1}{n+1}\right)\left(1 - \frac{2}{n+1}\right) + \cdots$$
$$+ \frac{1}{n!}\left(1 - \frac{1}{n+1}\right)\cdots\left(1 - \frac{n-1}{n+1}\right) + \frac{1}{(n+1)!}\left(1 - \frac{1}{n+1}\right)\cdots\left(1 - \frac{n}{n+1}\right)$$

a_n と a_{n+1} とを比較してみれば，後者の各項は前者の各項よりも大きくしかも項数が 1 つ多いから $a_n < a_{n+1}$．つぎに上に有界であることをいえばよい．

$$a_n = 1 + 1 + \frac{1}{2!}\left(1 - \frac{1}{n}\right) + \frac{1}{3!}\left(1 - \frac{1}{n}\right)\left(1 - \frac{2}{n}\right) + \cdots + \frac{1}{n!}\left(1 - \frac{1}{n}\right)\cdots\left(1 - \frac{n-1}{n}\right)$$
$$< 1 + 1 + \frac{1}{2!} + \frac{1}{3!} + \cdots + \frac{1}{n!} < 1 + 1 + \frac{1}{2} + \frac{1}{2^2} + \cdots + \frac{1}{2^n}$$
$$= 1 + \frac{1 - 1/2^{n+1}}{1 - 1/2} < 3$$

よって p.2 の定理 1 により数列 $\{a_n\}$ は収束する．

問題 5 $1 > x \geqq 0,\ x = 1,\ x > 1$ の 3 つの場合に分けて考える．

(i) $1 > x \geqq 0$ のとき，$\lim_{n \to \infty} x^n = 0$

(ii) $x = 1$ のとき，$\lim_{n \to \infty} x^n = 1$

(iii) $x > 1$ のとき，$\lim_{n \to \infty} x^n = +\infty$

したがって
$$f(x) = \begin{cases} x & (1 > x \geqq 0 \text{ のとき}) \\ 1/2 & (x = 1 \text{ のとき}) \\ 0 & (x > 1 \text{ のとき}) \end{cases}$$

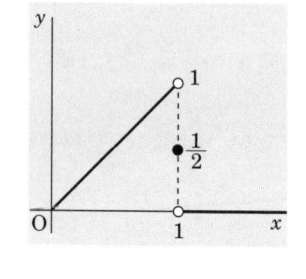

また $\lim_{x \to 1-0} f(x) = 1,\ \lim_{x \to 1+0} f(x) = 0$ となるので，$\lim_{x \to 1} f(x)$ は存在しない．ゆえに $f(x)$ は $x = 1$ で不連続で，その他の点では連続である．

問題 6 （1） $y = \tan^{-1}(\sec x + \tan x)$ とおくと，

$$y' = \frac{\sec x \cdot \tan x + \sec^2 x}{1 + (\sec x + \tan x)^2} = \frac{\sin x/\cos^2 x + 1/\cos^2 x}{1 + (1/\cos x + \sin x/\cos x)^2}$$

$$= \frac{\sin x + 1}{1 + (1 + \sin x)^2} = \frac{1 + \sin x}{2(1 + \sin x)} = \frac{1}{2}$$

（2） $\sin^{-1} x = t$ とおくと，$x = \sin t \,(-\pi/2 \leqq t \leqq \pi/2)$．よって，

$$\sqrt{1 - x^2} = \sqrt{1 - \sin^2 t} = \sqrt{\cos^2 t} = \cos t$$

$$(\because \ -\pi/2 \leqq t \leqq \pi/2 \text{ のとき } \cos t > 0)$$

よって，$y = \dfrac{t \sin t}{\cos t} + \log \cos t$ となる．

$$\frac{dy}{dx} = \frac{dy}{dt} \bigg/ \frac{dx}{dt} = \left\{ \frac{(t\sin t)' \cos t - t\sin t(\cos t)'}{(\cos t)^2} - \frac{\sin t}{\cos t} \right\} \bigg/ \cos t$$

$$= \left\{ \frac{(\sin t + t\cos t)\cos t + t\sin^2 t}{(\cos t)^2} - \frac{\sin t}{\cos t} \right\} \bigg/ \cos t = \frac{t}{\cos^3 t} = \frac{\sin^{-1} x}{(\sqrt{1-x^2})^3}$$

問題 7 （1） $f'(x) = \dfrac{8\cos x}{\sin^3 x}\left(\tan^4 x - \dfrac{1}{4}\right)$

$$= \left(\tan x - \frac{1}{\sqrt{2}}\right)\left(\tan x + \frac{1}{\sqrt{2}}\right)\left\{\tan^2 x + \left(\frac{1}{\sqrt{2}}\right)^2\right\}$$

$0 < x < \pi/2$ であるので，$f'(x) = 0$ となるのは，$\tan x = 1/\sqrt{2}$ のときだけである．

増減表は右の通りである．よって $x = \tan^{-1} 1/\sqrt{2}$ のとき極小となる．$\tan x = 1/\sqrt{2}$ のとき，$\cos x = \sqrt{2}/\sqrt{3}$，$\sin x = 1/\sqrt{3}$ であるので，極小値は 9 である．

x	0		$\tan^{-1} 1/\sqrt{2}$		$\pi/2$
$f'(x)$		$-$	0	$+$	
$f(x)$		↘		↗	

問題 8 楕円上の点 P を $(a\cos\theta, b\sin\theta)$ とするとその点における接線の方程式は

$$\frac{x\cos\theta}{a} + \frac{y\sin\theta}{b} = 1$$

このとき $\mathrm{OA} = \dfrac{a}{\cos\theta}$，$\mathrm{OB} = \dfrac{b}{\sin\theta}$ であるから

$$\mathrm{AB}^2 = \frac{a^2}{\cos^2\theta} + \frac{b^2}{\sin^2\theta}$$

この右辺を $f(\theta)$ とおけば

$$f'(\theta) = 2\left(\frac{a^2 \sin\theta}{\cos^3\theta} - \frac{b^2 \cos\theta}{\sin^3\theta}\right) = \frac{2a^2 \cos\theta}{\sin^3\theta}\left(\tan^4\theta - \frac{b^2}{a^2}\right)$$

グラフの対称性から P は第 1 象限の点としてよい．このとき $0 < \theta < \pi/2$ であるから，この範囲で $f(\theta)$ の増減表をつくれば，つぎのようになる．

$\theta = \tan^{-1}\sqrt{b/a}$ のとき $f(\theta)$ は最小であるが，このとき，$\tan^2\theta = b/a$. したがってこのとき

$$f(\theta) = a^2\sec^2\theta + b^2\csc^2\theta$$
$$= a^2(1+\tan^2\theta) + b^2(1+\cot^2\theta)$$
$$= a^2\frac{a+b}{a} + b^2\frac{a+b}{b} = (a+b)^2$$

θ	0	$\tan^{-1}\sqrt{b/a}$	$\pi/2$
$f'(\theta)$		$-$	0	$+$
$f(\theta)$		↘	最小値	↗

ゆえに AB の最小値は $a+b$ である．

問題 9 $f''(x)$ は連続で $f''(a) \neq 0$ であるから a の十分近くの点では $f''(x) \neq 0$ である．p.27 の定理 9 のテーラーの定理 $(n=2)$ から

$$f(a+h) = f(a) + hf'(a) + \frac{h^2}{2!}f''(a+\theta' h) \quad (0 < \theta' < 1)$$

$f'(x)$ に平均値の定理を用いれば

$$f'(a+\theta h) = f'(a) + \theta h f''(a+\theta'' \theta h) \quad (0 < \theta'' < 1)$$

ゆえに

$$f(a+h) = f(a) + hf'(a+\theta h)$$
$$= f(a) + h\{f'(a) + \theta h f''(a+\theta''\theta h)\}$$
$$= f(a) + hf'(a) + \theta h^2 f''(a+\theta''\theta h)$$

よって $f(a) + hf'(a) + \dfrac{h^2}{2!}f''(a+\theta' h) = f(a) + hf'(a) + \theta h^2 f''(a+\theta''\theta h)$

$f''(a+\theta''\theta h) \neq 0$ としてよいから，$\theta = \dfrac{1}{2}\dfrac{f''(a+\theta' h)}{f''(a+\theta''\theta h)} \to \dfrac{1}{2} \quad (h \to 0)$．

問題 10 $f(x) = e^x$ とおくと，$f^{(n)}(x) = e^x$ であるので，ラグランジュの剰余項は $R_n = \dfrac{x^n}{n!}e^{\theta x}\ (0<\theta<1)$．よって p.113 の総合問題の 2 により，

$$\lim_{n\to\infty}|R_n| = \lim_{n\to\infty}\frac{|x|^n}{n!}e^{\theta|x|} = 0 \quad \text{よって，} R_n \to 0 \quad (n\to\infty)$$

問題 11 $\int f(t)\,dt = F(t)$ とする．

$$\frac{d}{dx}\int_{2x}^{x^2}f(t)\,dt = \frac{d}{dx}[F(t)]_{2x}^{x^2} = \frac{d}{dx}\{F(x^2) - F(2x)\}$$
$$= 2xF'(x^2) - 2F'(2x) = 2xf(x^2) - 2f(2x)$$

問題 12 $x = \pi/4 - t$ とおくと,

$$I = \int_{\pi/4}^{0} \log\left\{1 + \tan\left(\frac{\pi}{4} - t\right)\right\}(-dt) = \int_{0}^{\pi/4} \log\frac{2}{1 + \tan t}\, dt$$

$$= \int_{0}^{\pi/4} \{\log 2 - \log(1 + \tan t)\}\, dt = \frac{\pi}{4}\log 2 - I$$

よって $I = \pi \log 2/8$

問題 13 (1) $n > 2,\ 0 < x < 1$ のときは, $x^2 > x^n > 0$ である. よって $1 + x^2 > 1 + x^n > 1$. したがって $1/\sqrt{1+x^2} < 1/\sqrt{1+x^n} < 1$. ゆえに

$$\int_{0}^{1} \frac{dx}{\sqrt{1+x^2}} < \int_{0}^{1} \frac{dx}{\sqrt{1+x^n}} < \int_{0}^{1} dx$$

ここに,

$$\int_{0}^{1} \frac{dx}{\sqrt{1+x^2}} = [\log(x + \sqrt{1+x^2})]_{0}^{1} = \log(1+\sqrt{2}),\quad \int_{0}^{1} dx = 1$$

ゆえに, $\log(1 + \sqrt{2}) < \int_{0}^{1} \frac{dx}{\sqrt{1+x^n}} < 1$

(2) $x > 0$ のとき, $|\sin x| \leqq 1$ であるから, $\left|\dfrac{\sin x}{x}\right| = \dfrac{|\sin x|}{x} \leqq \dfrac{1}{x}$. p.47 の (6) より,

$$\left|\int_{n\pi}^{(n+1)\pi} \frac{\sin x}{x}\, dx\right| \leqq \int_{n\pi}^{(n+1)\pi} \left|\frac{\sin x}{x}\right| dx \leqq \int_{n\pi}^{(n+1)\pi} \frac{dx}{x}$$

$$= [\log x]_{n\pi}^{(n+1)\pi} = \log(n+1)\pi - \log n\pi = \log\frac{n+1}{n}$$

ゆえに, $\left|\int_{n\pi}^{(n+1)\pi} \frac{\sin x}{x} dx\right| \leqq \log\frac{n+1}{n}$

問題 14 (1) $I_{n-1} = \int 1 \cdot \dfrac{dx}{(x^2+1)^{n-1}}$ に部分積分を用いると,

$$I_{n-1} = \frac{x}{(x^2+1)^{n-1}} - \int x\left\{-\frac{2(n-1)x}{(x^2+1)^n}\right\} dx$$

$$= \frac{x}{(x^2+1)^{n-1}} + 2(n-1)\int \frac{x^2 + 1 - 1}{(x^2+1)^n} dx$$

$$= \frac{x}{(x^2+1)^{n-1}} + 2(n-1)I_{n-1} - 2(n-1)I_n$$

したがって, $I_n = \dfrac{1}{2(n-1)}\left\{\dfrac{x}{(x^2+1)^{n-1}} + (2n-3)I_{n-1}\right\}$.

(2) $I_n = \int 1 \cdot (\log x)^n dx$ に部分積分を用いる.

$$I_n = x(\log x)^n - \int xn(\log x)^{n-1}\frac{1}{x}dx = x(\log x)^n - nI_{n-1}$$

問題 15 $f_x(x,y) = 0$ であるので $f(x,y)$ は y だけの関数 $f(x,y) = f(c_1, y)$ となる. これを y で偏微分して $f_y(c_1, y) = 0$ であるから $f(x,y) = f(c_1, c_2) = C$. ただし, c_1, c_2, C は定数とする.

問題 16 $z = f(x,y) = \varphi(u), u = \dfrac{y}{x}$ とすると,

$$\frac{\partial z}{\partial x} = \varphi'(u)\frac{-y}{x^2}, \quad \frac{\partial z}{\partial y} = \frac{\varphi'(u)}{x}, \quad x\frac{\partial z}{\partial x} + y\frac{\partial z}{\partial y} = -\frac{y}{x}\varphi'(u) + \frac{y}{x}\varphi'(u) = 0$$

逆に, $x\dfrac{\partial z}{\partial x} + y\dfrac{\partial z}{\partial y} = 0$ と仮定する. $u = \dfrac{y}{x}$ とおき,

$$z = f(x,y) = f(x, ux) = \varphi(x, u)$$

とすると,

$$\frac{\partial z}{\partial x} = \frac{\partial \varphi}{\partial x} + \frac{\partial \varphi}{\partial u}\frac{\partial u}{\partial x} = \varphi_x + \varphi_u\frac{-y}{x^2}, \quad \frac{\partial z}{\partial y} = \frac{\partial \varphi}{\partial u}\frac{\partial u}{\partial y} = \varphi_u\frac{1}{x}$$

ゆえに, $0 = x\dfrac{\partial z}{\partial x} + y\dfrac{\partial z}{\partial y} = x\left(\varphi_x + \varphi_u\dfrac{-y}{x^2}\right) + y\left(\dfrac{\varphi_u}{x}\right) = x\varphi_x, \quad \varphi_x = 0$

よって, φ が u のみの関数, すなわち f は $\dfrac{y}{x}$ のみの関数である.

問題 17 $x + y + z = a$ であるから,

$$z = a - x - y, \quad u = xyz$$

とおくと,

$$u = xy(a - x - y)$$

$x > 0, y > 0, a - x - y > 0$ という xy 平面の内部 (右図) でこの関数の最大値を求める問題となる.

さて, $u = f(x,y) = xy(a - x - y)$ は図のような三角形の周まで含めた有界閉領域 $D : x \geqq 0, y \geqq 0, a - x - y \geqq 0$ で連続であるから, p.67 の定理 4 より $u = f(x,y)$ は D で最大値をとる. しかし D の周上の点における $f(x,y)$ の値はつねに 0 であるから, D の内部の点で $f(x,y)$ は最大値に到達する. つぎに D の内部で極値を求めてみよう.

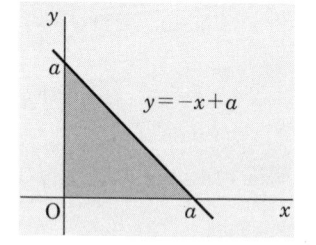

$u_x = y(a - 2x - y) = 0, u_y = x(a - x - 2y) = 0$ より,

$$\begin{cases} x = 0 \\ y = 0, \end{cases} \quad \begin{cases} x = 0 \\ y = a, \end{cases} \quad \begin{cases} x = a \\ y = 0, \end{cases} \quad \begin{cases} x = a/3 \\ y = a/3 \end{cases}$$

を得る．このうちで点 (x,y) が D の内部にあるのは $x = y = a/3$ である．よって，$x = y = a/3$ のとき，$(u_{xy})^2 - u_{xx}u_{yy} = -a^2/3 < 0$ で $u_{xx} = -2a/3 < 0$ となるので，p.75 の定理 13 より $u(x,y)$ は $x = y = a/3$ で極大となり，極大値は $(a/3)^3$ である．D の内部で極大値は 1 つであるのでこの値が最大値となる．ゆえに xyz は $x = y = z = a/3$ のとき最大となり最大値は $(a/3)^3$ である．

問題 18 $x = ar\cos\theta, y = br\sin\theta$ と変数変換すると，uv 平面の領域

$$D': 0 \leqq r \leqq 1, \quad 0 \leqq \theta \leqq 2\pi$$

は xy 平面の領域 $D: \dfrac{x^2}{a^2} + \dfrac{y^2}{b^2} \leqq 1$ に対応する．p.91 の定理 4 より，ヤコビアンは

$$J = \begin{vmatrix} a\cos\theta & b\sin\theta \\ -ar\sin\theta & br\cos\theta \end{vmatrix} = abr$$

よって

$$\begin{aligned}
I &= \iint_{D'} r^2(a^2\cos^2\theta + b^2\sin^2\theta)\, abr\, dr\, d\theta \\
&= ab\int_0^1 dr \int_0^{2\pi} r^3(a^2\cos^2\theta + b^2\sin^2\theta)\, d\theta \\
&= ab\int_0^1 r^3 dr \int_0^{2\pi} \{a^2 + (b^2 - a^2)\sin^2\theta\}\, d\theta \\
&= 4ab\int_0^1 r^3 dr \int_0^{\pi/2} \{a^2 + (b^2 - a^2)\sin^2\theta\}\, d\theta \\
&= 4ab\left[\frac{1}{4}r^4\right]_0^1 \left\{\frac{\pi}{2}a^2 + \frac{\pi}{4}(b^2 - a^2)\right\} = \frac{1}{4}ab(a^2 + b^2)\pi
\end{aligned}$$

問題 19 まず $x = au$, $y = bv$, $z = cw$ と変換すると，$K: \dfrac{x^2}{a^2} + \dfrac{y^2}{b^2} + \dfrac{z^2}{c^2} \leqq 1$ は $K': u^2 + v^2 + w^2 \leqq 1$ に対応する．このときヤコビアンは

$$J = \begin{vmatrix} x_u & x_v & x_w \\ y_u & y_v & y_w \\ z_u & z_v & z_w \end{vmatrix} = \begin{vmatrix} a & 0 & 0 \\ 0 & b & 0 \\ 0 & 0 & c \end{vmatrix} = abc$$

となる．よって

$$I = a^3 b^3 c \iiint_{K'} u^2 v^2\, du\, dv\, dw$$

さらに極座標 $u = r\sin\theta\,\cos\varphi$, $v = r\sin\theta\,\sin\varphi$, $z = r\cos\theta$ に変換すると，ヤコビアンは p.99 の例題 10 の注意により $J = r^2\sin\theta$ となる．

$K': u^2+v^2+w^2 \leq 1$ は $K'': 0 \leq r \leq 1,\ 0 \leq \theta \leq \pi,\ 0 \leq \varphi \leq 2\pi$ に対応するので,

$$\begin{aligned}
I &= a^3 b^3 c \int_0^\pi d\theta \int_0^{2\pi} d\varphi \int_0^1 r^6 \sin^5\theta \ \cos^2\varphi \ \sin^2\varphi \, dr \\
&= a^3 b^3 c \left(\int_0^1 r^6 dr \right) \left(\int_0^\pi \sin^5\theta \, d\theta \right) \left\{ 4 \int_0^{\pi/2} (\sin^2\varphi - \sin^4\varphi) \, d\varphi \right\} \\
&= a^3 b^3 c \left(\int_0^1 r^6 dr \right) \left(2 \int_0^{\pi/2} \sin^5\theta \, d\theta \right) 4 \left(\int_0^{\pi/2} \sin^2\varphi \, d\varphi - \int_0^{\pi/2} \sin^4\varphi \, d\varphi \right) \\
&= a^3 b^3 c \left(\frac{1}{7} \right) \left(2 \frac{4}{5} \frac{2}{3} \right) 4 \left(\frac{1}{2}\frac{\pi}{2} - \frac{3}{4}\frac{1}{2}\frac{\pi}{2} \right)
\end{aligned}$$

(p.48 の三角関数の定積分の公式 (10) を参照)

$$= \frac{4a^3 b^3 c \pi}{105}$$

索引

あ 行

1 階線形微分方程式　100
1 階微分方程式の近似解法　102
一般解　100
一般項　1
陰関数　79
陰関数の極値　79
陰関数の存在定理　79

上に凹　29
上に凸　29
上に有界　2

オイラー・コーシーの解法　102

か 行

開区間　1
開集合　66
解 (微分方程式の)　100
片側連続　6
下端　46
カバリエリの原理　58
関数の極限　5
完全微分形　101
ガンマ関数　108
ガンマ関数とベータ関数の関係　111
ガンマ関数の基本性質　108

逆関数　7
逆関数の存在　7
逆三角関数　8
逆正弦関数　7
逆正接関数　8
逆双曲線正弦　118

逆双曲線正接　118
逆双曲線余弦　118
逆余弦関数　8
狭義の減少関数　7, 22
狭義の増加関数　7, 22
極限値　5, 66
極座標　57
極座標のときの曲面積　92
極小　22
極小値　22
曲線群　80
曲線の特異点　80
極大　22
極大値　22
極値　22
極値の判定　75
曲面積　92
近似増加列　91

区間で連続　6
クレーローの微分方程式　101

減少関数　7

広義積分　54
広義の 2 重積分　91
高次導関数　27
高次偏導関数　74
コーシーの剰余項　27
コーシーの平均値の定理　21
コーシー問題 (常微分方程式の)　100

さ 行

3 重積分　92

下に凹　29
下に凸　29
下に有界　2
実数　1
収束する　1
上端　46
初期条件 (常微分方程式の)　100
初期値問題 (常微分方程式の)　100
除去可能な不連続点　12
振動する　2
シンプソンの公式　59

数列の極限　2
数列の収束　2

正規形 (微分方程式の)　100
斉次の微分方程式　102
積分因子　101
積分可能　46
積分定数　35
積分領域　85
接線の方程式　15
接平面の方程式　71
線形性　46
全微分　70
全微分可能　70
全微分可能性　71
全微分可能性と偏微分可能性　71
全微分可能性と連続性　71

増加関数　7
双曲線関数　13

た　行

第1種楕円積分　60
第2種楕円積分　60
単調減少　2
単調増加　2

置換積分法　36
中間値の定理　7

定積分　46

定積分の特異点　54
定積分の平均値の定理　47
テーラー級数展開　28
テーラーの定理　27, 75

導関数　16
同次形　100
特異解　100
特殊解　100
特性方程式　102

な　行

2次偏導関数　74
2重積分　85
2重積分可能　85
2重積分の順序交換　87
2重積分の積分可能性　86
2重積分の変数の変換　91
2変数関数の極値　75
2変数関数の平均値の定理　75
2変数の関数の点 A における連続性　67
2変数の関数の領域 D における連続性　67
ニュートン法　34

は　行

発散する　1

非斉次の微分方程式　102
被積分関数　85
左側極限値　5
左側微分係数　15
微分可能　15
微分係数　15
微分する　16
微分積分学の基本定理　47
微分方程式　100
微分方程式を解く　100

不定積分　35
部分積分法　36
不連続　6
不連続 (2変数の関数)　67

索　引

平均値の定理　21
閉区間　1
閉集合　66
閉領域　66
ベータ関数　108
ベータ関数の基本性質　109
ベルヌーイの微分方程式　101
偏角　57
変曲点　29
変数分離形　100
偏微分可能　70
偏微分作用素　74
偏微分する　70
偏微分の順序変換　74

包絡線　80

ま 行

マクローリン級数展開　28
マクローリンの定理　28

右側極限値　5
右側微分係数　15
右側連続　6

無限領域における広義の2重積分　92

や 行

有界閉領域　66

有界閉領域における広義の2重積分　91
有理関数の積分法　36

ら 行

ラグランジュの剰余項　27
ラグランジュの未定乗数法　80

リーマン和　46, 85
領域　66

累次積分　86

連続　6
連続関数の定積分可能性　46
連続 (2変数の関数)　67

ロピタルの定理　22
ロルの定理　21

欧 字

ε 論法　2
D_i の直径　85
n 階線形微分方程式　100
n 階の微分方程式　100
x に関する偏導関数　70
x に関する偏微分係数　70
x に関して単純な領域　86
y に関して単純な領域　86
y に関する偏導関数　70
y に関する偏微分係数　70

著者略歴

寺田文行
てらだふみゆき
1948年 東北帝国大学理学部数学科卒業
現　在　早稲田大学名誉教授

坂田　泩
さかたひろし
1957年 東北大学大学院理学研究科数学専攻 (修士課程)
　　　修了
現　在　岡山大学名誉教授

新・演習数学ライブラリ＝2
演習と応用 微分積分

2000年 4月25日 ⓒ　　　初　版　発　行
2013年 1月25日　　　　初版第12刷発行

著　者　寺田文行　　　発行者　木下敏孝
　　　　坂田　泩　　　印刷者　山岡景仁
　　　　　　　　　　　製本者　関川安博

発行所　株式会社　サイエンス社
〒151-0051　東京都渋谷区千駄ヶ谷1丁目3番25号
営業 ☎ (03) 5474-8500 (代)　振替 00170-7-2387
編集 ☎ (03) 5474-8600 (代)
FAX ☎ (03) 5474-8900

印刷　三美印刷　　　　　　製本　関川製本所

《検印省略》

本書の内容を無断で複写複製することは，著作者および
出版者の権利を侵害することがありますので，その場合
にはあらかじめ小社あて許諾をお求め下さい。

サイエンス社のホームページのご案内
http://www.saiensu.co.jp
ご意見・ご要望は
rikei@saiensu.co.jp まで。

ISBN4-7819-0947-7

PRINTED IN JAPAN

基本例解テキスト 微分積分
寺田・坂田共著　2色刷・A5・本体1450円

大学で学ぶ 微分積分
沢田・渡辺・安原共著　2色刷・A5・本体1000円

微分積分の基礎
寺田・中村共著　2色刷・A5・本体1480円

新微分積分
寺田文行著　A5・本体1100円

基本 微分積分
坂田 汦著　2色刷・A5・本体1850円

理工基礎 微分積分学Ⅰ,Ⅱ
足立恒雄著　2色刷・A5・本体各1600円

理工系のための微分積分入門
米田 元著　2色刷・A5・本体1800円

基本演習 微分積分
寺田・坂田共著　2色刷・A5・本体1600円

基礎演習 微分積分
金子・竹尾共著　2色刷・A5・本体1850円

＊表示価格は全て税抜きです．

サイエンス社

基本例解テキスト 線形代数
寺田・坂田共著　2色刷・A5・本体1450円

基本 線形代数
坂田・曽布川共著　2色刷・A5・本体1600円

線形代数の基礎
寺田・木村共著　2色刷・A5・本体1480円

線形代数 増訂版
寺田文行著　A5・本体1262円

基礎 線形代数 ［新訂版］
洲之内治男著　田中和永改訂　A5・本体1600円

理工基礎 線形代数
高橋大輔著　2色刷・A5・本体1600円

要説 線形代数
森田康夫著　2色刷・A5・本体1600円

基本演習 線形代数
寺田・木村共著　2色刷・A5・本体1700円

＊表示価格は全て税抜きです．

サイエンス社

━━━━━ 新版 演習数学ライブラリ ━━━━━

新版 演習線形代数
寺田文行著　　2色刷・A5・本体1980円

新版 演習微分積分
寺田・坂田共著　　2色刷・A5・本体1850円

新版 演習微分方程式
寺田・坂田共著　　2色刷・A5・本体1900円

新版 演習ベクトル解析
寺田・坂田共著　　2色刷・A5・本体1700円

＊表示価格は全て税抜きです．

━━━━━ サイエンス社 ━━━━━

積 分 公 式

(1) $\displaystyle\int \frac{dx}{x^2+a^2} = \frac{1}{a}\tan^{-1}\frac{x}{a} \quad (a \neq 0)$

(2) $\displaystyle\int \frac{dx}{x^2-a^2} = \frac{1}{2a}\log\left|\frac{x-a}{x+a}\right| \quad (a \neq 0)$

(3) $\displaystyle\int \frac{dx}{\sqrt{a^2-x^2}} = \sin^{-1}\frac{x}{a} \quad (a > 0)$

(4) $\displaystyle\int \frac{dx}{\sqrt{x^2+a}} = \log|x+\sqrt{x^2+a}| \quad (a \neq 0)$

(5) $\displaystyle\int \sqrt{a^2-x^2}\,dx = \frac{1}{2}\left(x\sqrt{a^2-x^2} + a^2\sin^{-1}\frac{x}{a}\right) \quad (a > 0)$

(6) $\displaystyle\int \sqrt{x^2+a^2}\,dx = \frac{1}{2}\{x\sqrt{x^2+a^2} + a^2\log(x+\sqrt{x^2+a^2})\} \quad (a \neq 0)$

(7) $\displaystyle\int \frac{A}{(x-a)^n}\,dx = \begin{cases} A\log|x-a| & (n=1) \\ \dfrac{A}{-n+1}(x-a)^{-n+1} & (n \neq 1) \end{cases}$

(8) $\displaystyle\int \frac{Bx+C}{(x^2+px+q)^n}\,dx \quad (p^2-4q<0).$ ここで $x+\dfrac{p}{2}=t$, $q-\dfrac{p^2}{4}=a^2$ とおくと, (8)はつぎの(8_1), (8_2)に帰着される.

(8_1) $\displaystyle\int \frac{t}{(t^2+a^2)^n}\,dt = \begin{cases} \dfrac{1}{2}\log|t^2+a^2| & (n=1) \\ \dfrac{1}{2(-n+1)}(t^2+a^2)^{-n+1} & (n \neq 1) \end{cases}$

(8_2) $I_n = \displaystyle\int \frac{dt}{(t^2+a^2)^n}$ とおくと,

$\displaystyle I_n = \frac{1}{a^2}\left\{\frac{t}{(2n-2)(t^2+a^2)^{n-1}} + \frac{2n-3}{2n-2}I_{n-1}\right\} \quad (n \geq 2)$

$\displaystyle I_1 = \frac{1}{a}\tan^{-1}\frac{t}{a}$

(9) $\displaystyle\int_0^{\pi/2} \sin^n x\,dx = \int_0^{\pi/2} \cos^n x\,dx = \begin{cases} \dfrac{n-1}{n}\dfrac{n-3}{n-2}\cdots\dfrac{4}{5}\dfrac{2}{3} & (n \geq 2,\ 奇数) \\ \dfrac{n-1}{n}\dfrac{n-3}{n-2}\cdots\dfrac{3}{4}\dfrac{1}{2}\dfrac{\pi}{2} & (n \geq 2,\ 偶数) \end{cases}$